UTB 8385

D1731574

Eine Arbeitsgemeinschaft der Verlage

Böhlau Verlag · Köln · Weimar · Wien
Verlag Barbara Budrich · Opladen · Farmington Hills
facultas.wuv · Wien
Wilhelm Fink · München
A. Francke Verlag · Tübingen und Basel
Haupt Verlag · Bern · Stuttgart · Wien
Julius Klinkhardt Verlagsbuchhandlung · Bad Heilbrunn
Lucius & Lucius Verlagsgesellschaft · Stuttgart
Mohr Siebeck · Tübingen
C. F. Müller Verlag · Heidelberg
Orell Füssli Verlag · Zürich
Verlag Recht und Wirtschaft · Frankfurt am Main
Ernst Reinhardt Verlag · München · Basel
Ferdinand Schöningh · Paderborn · München · Wien · Zürich
Eugen Ulmer Verlag · Stuttgart
UVK Verlagsgesellschaft · Konstanz
Vandenhoeck & Ruprecht · Göttingen
vdf Hochschulverlag AG an der ETH Zürich

Jörg Hagmann

Repetitorium
Biochemie

Appendix A von Andreas Wicki / Jörg Hagmann
Appendices B–D von Andreas Wicki

orell füssli Verlag AG

Prof. Dr. Jörg Hagmann (Institut für Biochemie und Genetik,
Departement Biomedizin der Universität Basel) lehrt an der medizinischen
Fakultät der Universität Basel

© 2008 Orell Füssli Verlag AG, Zürich
www.ofv.ch
Alle Rechte vorbehalten

Druck: fgb • freiburger graphische betriebe, Freiburg

ISBN 978-3-8252-8385-8

———

Bibliografische Information der Deutschen Bibliothek:
Die Deutsche Bibliothek verzeichnet diese Publikation in der Deutschen
Nationalbibliografie; detaillierte bibliografische Daten sind im Internet
http://dnb.ddb.d-nb.de abrufbar.

Inhalt

i

Dank

Ich danke Herrn Professor Gerhard Christofori (Institut für Biochemie und Genetik der Universität Basel) und seinen Mitarbeitern. Sie haben mir die Umgebung geboten, in der dieses Buch entstehen konnte.

Dr. Andreas Wicki hat nicht nur den größten Teil des Appendix beigetragen, sondern auch die übrigen Kapitel mehrmals sorgfältig durchgelesen. Vielen Dank!

Herrn Heinrich M. Zweifel (Orell Füssli Verlag) danke ich für die hervorragende Betreuung. Ich hoffe, dass das Zielpublikum das Lehrbuch ebenso aufmerksam liest, wie er es tat.

Und die Studenten haben mich immer wieder auf Fehler in den Probekapiteln hingewiesen und hin und wieder protestiert: «Das versteht man nicht!». Auch bei Ihnen bedanke ich mich.

I wrote this book in ConTEXt, an open source type-setting language based on TEX. A very, very enjoyable experience, for which I would like to thank Hans Hagen, the creator of ConTEXt, and all the contributors to the ConTEXt mailing list without whose helpful suggestions I could not have done it: Hraban, Idris, Mojca, Peter, Steffen, Taco, Thomas, Wolfgang and many more.

Dieses Buch ist meinem Vater und dem Andenken an meine Mutter gewidmet.

Basel, im Februar 2008   JÖRG HAGMANN

1 | Einführung und Gebrauchsanweisung

Wie kommt es zu einem «Hungerast»? Die Biochemie hat die Antwort.

Was macht eigentlich die «Creatinkinase», deren Konzentration im Blut nach einem Herzinfarkt ansteigt? Steht auf Seite 197.

Blutgruppen-Diät, Hollywood-Stardiät, Kohlsuppen-Diät, Vollweib-Diät ... – der biochemische Verstand hilft Ihnen, den gröbsten Unfug auszusondern.*

Die Biochemie gibt uns die meisten Schlüssel zum Verständnis der Krankheiten und ihrer Heilung in die Hand, und man sollte annehmen dürfen, dass sich zukünftige Ärzte und Ärztinnen mit Begeisterung in das Fach vertiefen. Aber die Erfahrung zeigt: so ist es nicht. Die Biochemie gilt als schwierig und ist unbeliebt. Woran liegt's?

Natürlich handelt es sich um eine *abstrakte*, wenig anschauliche Materie, die sich in Formeln darstellt; das mögen viele nicht. Wichtiger aber scheint mir dies: Die Biochemie lässt sich nicht in Einzelteile zerlegen. Alles hängt zusammen. Um zu verstehen, wie der Kohlenhydratstoffwechsel gesteuert wird, muss man auch den Fettstoffwechsel kennen, und umgekehrt. Das erschwert den Einstieg.

Die Schwierigkeit wird oft unnötig vergrößert, wenn im Rahmen von «Reform»bestrebungen die klassischen vorklinischen Fächer Biochemie, Anatomie und Physiologie ihre Eigenständigkeit verlieren und ihr Stoff auf «Themen» verteilt wird. Aber der Biochemieunterricht muss der innern Logik des Faches folgen und darf sich den Aufbau nicht von außen aufzwingen lassen!

1.1 Der Aufbau dieses Repetitoriums

Die Appendices

Meist beginnen Lehrbücher der Biochemie mit einer Beschreibung der **Bausteine** (Zucker, Aminosäuren, Lipide und Nucleinsäuren). Ich habe diesen Teil in die «Toolbox» im Appendix verbannt (Appendix A). In der

Toolbox
Seite 237

---

* Gibt es alles – ich habe nicht nachgeholfen!

Toolbox können Sie das, was Sie vergessen haben, nachschlagen. Falls Sie aber noch nichts wissen, sollten Sie dieses Kapitel zuerst lesen.

pK-Werte
Seite 255

Appendix B fasst die pK-Werte der wichtigsten Säuren und Basen zusammen. Diese Werte gehören meist zum Prüfungsstoff.

Funktionelle Gruppen
Seite 257

Carbonylgruppen, Aminogruppen usw. heißen **funktionelle Gruppen**. Wie die aussehen und reagieren steht im Appendix C.

Enzymdefekte
Seite 259

Viele Enzyme, die in diesem Buch beschrieben werden, führen im Falle eines Defektes zu **angeborenen Stoffwechselkrankheiten**. Eine Liste dieser Krankheiten finden Sie im Appendix D. Werfen Sie das Buch nach der Vorklinik nicht weg! Benutzen Sie es stattdessen zum Nachschlagen und Auffrischen der biochemischen Grundlagen.

1.2 Der Hauptteil

Der Energiehaushalt ist das A und O der Biochemie. Wachstum, Bewegung, Denken und die Resorption der Nahrung brauchen Energie. Der Turnover – der ständige Auf- und Abbau – der Moleküle, aus denen der Körper besteht, braucht Energie. Und schließlich braucht es auch Energie, um den Organismus in einem Zustand fern vom thermodynamischen Gleichgewicht, das heißt am Leben, zu (er)halten.

Energie
Seite 13

Das Buch beginnt deshalb mit einem Kapitel über Energie. Sie finden darin Angaben über Begriffe und Einheiten, über die Thermodynamik und darüber, wie die Energie, die in den organischen Molekülen der Nahrung steckt, in die «Währung» übersetzt wird, die von fast allen Prozessen angenommen wird: in ATP (Adenosintriphosphat).

Enzyme
Seite 22

Die chemischen Reaktionen des Körpers laufen meist nicht spontan ab, sondern benötigen einen **Katalysator**. Die Katalysatoren heißen **Enzyme** – wie sie funktionieren, steht ebenfalls in Kapitel 2.

Der Kern des Stoffwechsels: Kapitel 3 bis 6

Schauen Sie sich Abbildung 1.1 an, sie zeigt eine – vereinfachte! – Darstellung des metabolischen Netzwerks (Metabolismus = Stoffwechsel). Die Knoten stellen «Metaboliten» (Intermediärprodukte des Stoffwechsels) dar, die Linien dazwischen symbolisieren die biochemischen Prozesse, die benachbarte Metaboliten ineinander verwandeln. Ein Wirrwarr, aber die nord-süd-verlaufende Achse in der Mitte würde auch auffallen, wenn sie nicht rot eingefärbt wäre. In dieses Zentrum münden viele Stoffwechselwege, aus ihm führen andere in die Peripherie. Es handelt sich um – von oben nach unten – die **Glycolyse**, den **Citratzyklus** und die **Atmungskette**. Damit beginne ich die Besprechung der Stoffwechselvorgänge.

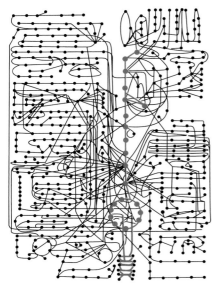

Abbildung 1.1 Das metabolische Netzwerk. Erklärungen im Text.

Glycolyse
Seite 31

In der *Glycolyse* (Kapitel 3) wird Glucose, ein Molekül mit 6 C-Atomen, in zwei **Pyruvate** à je 3 C-Atome gespalten. Dabei entstehen netto zwei ATP. Das wichtigste an diesem Abschnitt des Stoffwechsels: Er verläuft **anaerob**, das heißt, er benötigt keinen Sauerstoff.

Gluconeogenese
Seite 35

Der umgekehrte Weg, die Synthese von Glucose aus Pyruvat, ist auch möglich. Sie heißt **Gluconeogenese** und wird im selben Kapitel behandelt.

Pyruvat-
dehydrogenase
Seite 45

Während die Glycolyse im Cytosol erfolgt, laufen die darauf folgenden Prozesse in den *Mitochondrien* ab. Pyruvat verliert ein C-Atom und wird in **Acetyl-CoA** verwandelt (Kapitel 4). Dieser Schritt ist *irreversibel*, was zur Folge hat, dass aus C-2-Einheiten keine Glucose synthetisiert werden kann.

Citratzyklus
Seite 46

Im **Citratzyklus** wird Acetyl-CoA zu CO_2 oxidiert. Die *Oxidation* eines Substrats ist immer mit der *Reduktion* eines anderen Substrats, das die Elektronen empfängt, verbunden. Im Citratzyklus entstehen so die **Reduktionsäquivalente** $NADH/H^+$ und $FADH_2$.

Atmungskette
Seite 59

Die Reduktionsäquivalente NADH und $FADH_2$, die übrigens nicht nur aus dem Citratzyklus stammen, werden schließlich in der **Atmungskette** reoxidiert. Die Energie, die dabei frei wird, dient der ATP-Synthese. Der Prozess heißt **oxidative Phosphorylierung**.

Hexosemono-
phosphat-
Zyklus
Seite 73

Ich habe es eben erwähnt: Der Abbau der Glucose zu CO_2 verläuft, wie andere *katabole* Prozesse auch, **oxidativ**. Dementsprechend handelt es sich bei **anabolen** Prozessen vorwiegend um **reduktive** Vorgänge. Und so, wie die oxidativen Reaktionen Elektronen*empfänger* benötigen, braucht es für Reduktionen Elektronen*spender*. Der wichtigste Spender ist **NADPH**. Er wird in erster Linie im **Hexosemonophosphat-Zyklus** (=Hexosephosphat-Shunt) generiert, einem alternativen Glucoseabbau-Pfad. Da die Elektronen des NADPH Abnehmer in den verschiedensten Synthesewegen finden, habe ich dieses Thema im Kapitel 6 untergebracht. Und da NADPH nicht nur an der Synthese neuer Moleküle mitwirkt, behandle ich seine weiteren Funktionen ebenfalls in Kapitel 6.

NADPH
Seite 78

Kapitel 7 bis 11

Kapitel 6 schließt den ersten Teil ab. Der zweite beschäftigt sich mit dem Wirrwarr schwarzer Linien und Knoten, der in Abbildung 1.1 die zentrale rote Achse umgarnt. Der Plan sieht so aus (Abbildung 1.2):

Verdauung
Resorption
Seite 85

Wir verfolgen zunächst das Schicksal, das die Energieträger der Nahrung (Kohlenhydrate, Fette und Eiweisse) erleiden, nachdem sie den Weg in den Mund gefunden haben. Kapitel 7 enthält Angaben über die Verdauungsvorgänge im Mund, im Magen und im Dünndarm sowie über die Resorption der dabei entstandenen Spaltprodukte.

Transport
Speicherung
Seite 101

Ist die Schranke der Verdauungsepithelien überwunden, werden die resorbierten Moleküle im Organismus verteilt und – falls sie nicht sofort Verwendung finden – gespeichert (Kapitel 8). *Wasserlösliche* Moleküle gelangen mit dem Pfortaderblut zur Leber und darüber hinaus in die Peripherie. *Fettlösliche* müssen sich zuerst mit amphiphilen Transportvehikeln, den **Chylomicronen**, verbinden, bevor sie mit der Lymphe in den Blutkreislauf schwimmen. Chylomicronen gehören zu den **Lipoproteinen**, deren verschiedene Typen den Transport lipophiler (fettlöslicher) Moleküle von Organ zu Organ gewährleisten. An dieser Stelle werden deshalb *alle* Lipoproteine und ihre medizinische Bedeutung behandelt.

Lipoproteine
Seite 107

Glycogen
Seite 101

Triglyceride
Seite 112

Kohlenhydrate und Fettsäuren besitzen ihre eigenen Speicher: im **Glycogen** wird Glucose aufbewahrt, in den **Triglyceriden** der Fetttröpfchen die Fettsäuren. Sowohl Glycogen wie auch Lipidtröpfchen kommen in den meisten Zellen vor, wenn auch nicht überall gleich konzentriert. Speicherung und Mobilisierung der Glucose und der Fettsäuren werden zusammen mit dem Transport im Kapitel 8 behandelt.

Monosaccharide
Seite 117

Die nächsten drei Kapitel (9 bis 11) beschreiben den Abbau und die Synthese der Monosaccharide, der Lipide und der Aminosäuren. Den Abbau und die Synthese der *Glucose* haben wir in Kapitel 3 kennengelernt. Kapitel 9 zeigt, wie die beiden anderen für den Energiehaushalt wichtigen

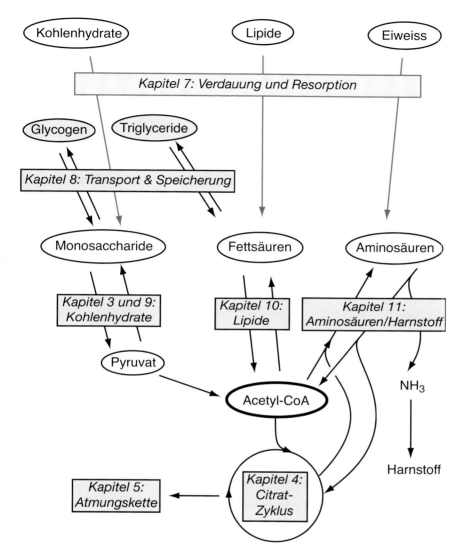

Abbildung 1.2 Struktur des Stoffwechsels und des Buches. Erklärungen im Text.

Monosaccharide, die **Fructose** und die **Galactose**, in den Glucosemetabolismus eingebettet sind.

Der Energiestoffwechsel – Verdauung, Resorption, Transport, Speicherung und Oxidation der Energieträger – bestimmt die Reihenfolge unserer Themen. Aber der Stoffwechsel dient nicht nur der Energiegewinnung. Es braucht ebenfalls, zum Beispiel, *strukturelle* Moleküle und Signalübermittler. Die Kapitel über den Kohlenhydrat-, Lipid- und Proteinstoffwechsel behandeln deshalb auch solche Themen. Im Kapitel 9 betrifft dies die

Glycoproteine
Glycolipide
Seite 121

verzweigten Polysaccharid-Polymere, die auf Proteinen (**Glycoproteine**) und Lipiden (**Glycolipide**) sitzen.

β-Oxidation
Seite 130

Fettsäure-
synthese
Seite 136

Fettsäuren bestehen, von Ausnahmen abgesehen, aus einer geraden Zahl C-Atomen und werden in den Mitochondrien zu *Acetyl-CoA* abgebaut. Der Prozess heißt β-**Oxidation** und wird im Kapitel 10 beschrieben. Der umgekehrte Weg – die Synthese von Fettsäuren aus Acetyl-CoA – erfolgt im Cytosol (und im Abschnitt 10.3).

Cholesterin
Seite 146

Auch das Kapitel 10 befasst sich mit Stoffwechselwegen, die nicht der Energieversorgung dienen: mit dem *Cholesterinstoffwechsel* (aus Cholesterin gewinnt der Körper keine Energie!) und dem Metabolismus der ungesättigten Fettsäuren, die in den Zellmembranen und als Ausgangsmaterial für die **Eicosanoidsynthese** eine Rolle spielen.

Aminosäuren
Seite 153

Triglyceride und Kohlenhydrate decken zwar den Löwenanteil am Energiebedarf, doch auch das Kohlenstoffgerüst der *Aminosäuren* liefert Energie. Da die 20 proteinogenen Aminosäuren unterschiedliche Strukturen besitzen, sind ihre Abbau- und Synthesewege entsprechend vielfältig. Sie sind im Kapitel 11 beschrieben.

Harnstoff-
zyklus
Seite 166

Der **Ammoniak** (NH_3), der beim Abbau der Aminosäuren frei wird, muss – weil giftig – in harmlosen **Harnstoff** verwandelt und durch die Nieren ausgeschieden werden. Den **Harnstoffzyklus** finden Sie deshalb ebenfalls im Kapitel über die Aminosäuren (11).

Kapitel 12 und 13

Bis und mit Kapitel 11 haben wir uns vom *Energie*stoffwechsel führen lassen und Themen, die mit der Energieversorgung nicht direkt zu tun haben, dort mitgenommen, wo es passend schien (Cholesterin im Kapitel über die Lipide, Glycoproteine im Kohlenhydratkapitel usw.). Mit dem Kapitel 12 verlassen wir den roten Faden der Energie und befassen uns zunächst mit der Biochemie der **Nucleinsäuren** und des **Häms**.

Nucleinsäuren
Seite 171

Die Nucleinsäuren sind das biochemische Substrat der *Genetik*, die bisher in Lehrbüchern der Biochemie abgehandelt wurde. In den letzten Jahren hat sich die *Molekularbiologie* aber zu einem separaten Fachgebiet entwickelt, so dass ich mich im Kapitel über die Nucleinsäuren (12) auf die Synthese und den Abbau der Purine und Pyrimidine beschränken kann. Angaben über den gentischen Code, über Transkription und Translation etc. finden Sie in Lehrbüchern der Zellbiologie.

Häme sind ringförmige Moleküle, deren Zentrum mit einem **Eisenatom** besetzt ist. Sie sind farbig und spielen beim *Sauerstofftransport* (Hämoglobin und Myoglobin), aber auch im *Elektronentransport* (Atmungskette) und in *Redoxreaktionen* eine Rolle. Synthese und Abbau des Häms sind in Kapitel 13 beschrieben, während ihre Funktion in Redoxreaktionen schon vorher, im Abschnitt 6.2, vorgestellt wurde.

Häm
Seite 181

Eisen braucht der Organismus in erster Linie für die verschiedenen Häme. Den Eisenstoffwechsel habe ich deshalb ebenfalls im Hämkapitel versorgt.

Eisen
Seite 189

Die Organe und die Ernährung

Die Biochemie ist systemübergreifend: Verschiedene Organe und Zellen benutzen normalerweise die gleichen Stoffwechselpfade (den Citratzyklus, die β-Oxidation etc.). Allerdings existieren quantitative und qualitative Unterschiede, denn viele Enzyme werden nicht von allen Zellen exprimiert. Das ist der Grund für die *Spezialisierung*.

Muskel
Seite 195
Herz
Seite 200
Fettgewebe
Seite 205

In den Kapiteln 14 bis 15 finden Sie Angaben über einige ausgewählte Organe: über Skelettmuskel, Herz und Fettgewebe im Kapitel 14, und über Nieren und Nebennieren im Kapitel 15. Im Abschnitt über die Nebennieren (15.7) steht auch, wie Catecholamine und Steroidhormone synthetisiert werden.

Niere
Seite 209
Nebenniere
Seite 218

Das Kapitel über die Ernährung, die Vitamine und die Spurenelemente schließt den Hauptteil ab (16).

Ernährung
Seite 223
Vitamine
Seite 227

1.3 Wie will dieses Buch gelesen werden?

Das Buch ist als *Repetitorium* konzipiert. Es enthält nur das Wichtig(st)e. Ich habe mir aber Mühe gegeben, einen flüssigen, lesbaren Text zu verfassen, und nicht in den Telegrammstil zu verfallen – mit Ausnahme der «Toolbox», s. oben. Mit «**Pr**» im Seitenrand werden Sie auf Dinge hingewiesen, die in Prüfungen erfahrungsgemäss Schwierigkeiten bereiten. Und «**Pa**» zeigt auf Beispiele aus der Pathologie.

Pr

Pa

Das Buch lässt sich aber auch als Einführung in die Biochemie verwenden. In diesem Falle rate ich Ihnen, den Hauptteil *am Stück* zu lesen, mit einem Finger in der Toolbox, die Sie am besten vorher schon einmal durchgeblättert haben. Halten Sie sich nicht lange bei Dingen auf, die Sie (noch) nicht verstehen, und lassen Sie sich nicht aus der Ruhe bringen, wenn schon Gelesenes vergessen geht. So erwerben Sie sich in kurzer Zeit den wichtigen Gesamtüberblick. Die Lücken können Sie im zweiten Durchgang auffüllen.

Und schließlich dürfen Sie das *Repetitorium* auch in der Klinik und in der Praxis konsultieren. Denn vergessen Sie nicht: Auch wenn Sie dem Strudel der Fangfragen im reissenden Strom der Prüfung erfolgreich ausgewichen sind, das rettende Land der Klinik heil erreicht haben und im ersten Moment der Euphorie glauben, dem Monster, das Ihnen vom vorklinischen Ufer aus böse nachblickt, für immer entkommen zu sein –

die Biochemie ist überall!

2 | Energie und Enzyme

Energie: Wir benutzen den Begriff in der Umgangssprache und ahnen, was damit gemeint ist. In diesem Buch lassen wir es mit der Ahnung bewenden. Aber wir müssen in der Lage sein, chemisch gebundene Energie zu quantifizieren, damit wir verstehen, wie **exergone** Prozesse mit **endergonen** zusammenhängen (exergon – die Reaktion liefert Energie; endergon – die Reaktion braucht Energie).

Eine Zelle speichert Energie in *chemischen Bindungen*, als *Ionengradient* und als *Membranpotential*. In diesem Kapitel geht es um die Energie, die in den chemischen Bindungen steckt.

Abschnitt 2.1 führt die Begriffe ein und erklärt, wie sie zusammenhängen. Er zeigt auch, dass der energieliefernde *oxidative* Abbau von Molekülen die energiefressende, *reduktive* Synthese körpereigener Bausteine antreibt, und dass ATP, ein Molekül mit *energiereichen Bindungen*, die beiden Prozesse miteinander verbindet.

Damit biochemische Substrate miteinander reagieren, braucht es Katalysatoren: die *Enzyme*. Abschnitt 2.2 beschreibt deren Kinetik, Regulation, Hemmung und Einteilung.

2.1 Energie

Begriffe und Gleichungen

Die *Einheiten der Energie* heissen **Joule** und **Kalorie**:

Pr

$1 Cal = 4,2 J$

$1 J = 0,24 Cal$

- 1 **Joule** (J) ist die Energie, die benötigt wird, um über einen Meter die Kraft 1 Newton auszuüben, oder während einer Sekunde die Leistung 1 Watt zu erbringen.
- 1 **Kalorie** (cal) ist die Wärmemenge, die 1 Gramm Wasser um ein Grad Celsius erwärmt.
- 1 Kalorie = 4,2 Joule

Beachte: Oft wird, vor allem wenn es um die Ernährung geht, der Begriff «Kalorie» verwendet, wenn 1000 Kalorien (= 1 **Kilokalorie**) gemeint sind. Eine Tafel Schokolade hat dann 530 «Kalorien», während es in Wirklichkeit 530 **Kilo**kalorien (= 530'000 Kalorien = 2'220'000 Joule = 2'220 Kilojoule) sind.

Es folgen zwei Beziehungen zwischen den thermodynamischen Grössen, die Sie sich merken müssen (Gleichungen 2.1 und 2.2):

$$\Delta G = \Delta H - T\Delta S \qquad (2.1)$$

G = Gibbs' freie Energie (freie Enthalpie)   J/mol
H = Reaktionsenthalpie   J/mol
T = Absolute Temperatur in Kelvin ($T = t(°C) + 273$)   K
S = Reaktionsentropie $J \cdot K^{-1} \cdot mol^{-1}$

Erklärung: Die Gibbs'sche ist die *brauchbare*, arbeitverrichtende Energie. Die Reaktionsenthalpie umfasst die *gesamte* Energie des Systems. Entropie ist ein Maß für die Ordnung eines Systems.[*] Mit Δ (= Delta) bezeichnen wir die *Veränderung*, die während einer Reaktion stattfindet. Somit zeigt die Gleichung 2.1, dass die Veränderung der Gesamtenergie (H) einer Reaktion aus dem «freien» (brauchbaren) Teil (ΔG) und der «unbrauchbaren» Komponente $T\Delta S$ besteht.

$$\Delta G = \Delta G^{°\prime} + RT \ln \frac{[C] \cdot [D]}{[A] \cdot [B]} \qquad (2.2)$$

$G^{°\prime}$ = Standard Gibbs' freie Energie   J/mol
R = Gaskonstante $8314\ J \cdot K^{-1} \cdot mol^{-1}$
$[A], [B], [C], [D]$ = Konzentrationen von A etc. $M (= mol \cdot l^{-1})$

Erklärung: Wir möchten das ΔG der Reaktion $A + B \rightarrow C + D$ kennen, denn es erzählt uns, ob die Reaktion spontan ablaufen kann, oder ob sie Energie benötigt (s. unten). Da ΔG aber nicht nur von der Art der Moleküle, sondern auch von deren Konzentration und dem pH-Wert des Systems abhängt, müssten wir die Veränderung der freien Energie für jede neue Konstellation messen. Um dies zu umgehen, haben die Biochemiker *Standardbedingungen* festgelegt: pH = 7.0, 25°C, 1 atm (Druck) und ein-molare Konzentration aller beteiligten Partner. Das unter diesen Bedingungen gemessene ΔG wird als $\Delta G^{°\prime}$ bezeichnet. Die Gleichung 2.2 zeigt, wie man aus $\Delta G^{°\prime}$, den Konzentrationen und der Temperatur ΔG erhält.

Ein Beispiel: Das $\Delta G^{°\prime}$ der Reaktion Glucose + ATP $\rightarrow$ Glucose-6-Phosphat + ADP beträgt $-20{,}9\ kJ \cdot mol^{-1}$. Die intrazellulären Konzentrationen der Reaktionspartner könnten 0,5 mM Glucose, 0,05 mM Glucose-6-phosphat, 3 mM ATP und 0,8 mM ADP betragen. In der Gleichung 2.2

---

[*] Die Unordnung nimmt mit steigender Temperatur zu. Außerdem gilt: Feste Stoffe sind geordneter als flüssige, flüssige geordneter als gasförmige. S steigt deshalb während den Übergängen *fest → flüssig* und *flüssig → gasförmig* sprunghaft an.

eingesetzt, erhalten wir damit bei einer Körpertemperatur von 37°C (310°K) die *wirkliche* freie Energieveränderung $\Delta G = -24,0$ kJ $\cdot$ mol^{-1}. Angenommen, wir versammeln die 4 Reaktionsprodukte in den angegebenen Konzentrationen zusammen mit einem Katalysator (in diesem Falle dem Enzym *Hexokinase*, s. Kapitel 3) in einem geeigneten Milieu: Wird die Reaktion spontan ablaufen? Die Antwort finden Sie im nächsten Abschnitt.

Beachte: Meist kennen wir ΔG, die *wirkliche* Änderung der freien Energie, nicht, da sich die intrazellulären Konzentrationen der Substrate und Produkte nur schwer messen lassen.

Exergon und endergon

Ein **negativer** Wert für ΔG bedeutet, dass Energie *freigesetzt* wird. Die Reaktion ist **exergon** und kann ohne zusätzliche Energiezufuhr ablaufen (wie im Beispiel oben). Umgekehrt benötigt eine Reaktion, deren ΔG **positiv** ist, Energie: Sie ist **endergon.*** $\Delta G = 0$ schließlich kennzeichnet eine Reaktion, die sich im Gleichgewicht befindet:

$$\Delta G = 0 \quad \Rightarrow \quad \Delta G^{\circ\prime} = -RT \ln \frac{[C] \cdot [D]}{[A] \cdot [B]} \quad \text{und} \quad \frac{[C] \cdot [D]}{[A] \cdot [B]} = K_{eq}$$
$$(2.3)$$

K_{eq} = Gleichgewichtskonstante: $[A], [B], [C]$ und $[D]$ im Gleichgewicht.

$\Delta G = 0$ heißt nicht, dass nichts geschieht. Denn obwohl sich *netto* nichts verändert, läuft die Reaktion gleichzeitig und gleich schnell nach beiden Seiten. Und auch Reaktionen, deren $\Delta G \neq 0$ ist, bewegen sich gleichzeitig vorwärts und rückwärts, doch überwiegt entweder die Vorwärts- (wenn $\Delta G < 0$) oder die Rückwärtsreaktion (wenn $\Delta G > 0$) (Gleichung 2.4).

$$v_f = v_r \quad (\Delta G = 0); \quad v_f > v_r \quad (\Delta G < 0); \quad v_f < v_r \quad (\Delta G > 0)$$
$$(2.4)$$

v_f = Vorwärtsgeschwindigkeit $(A + B \rightarrow C + D)$ mol/$(1 \cdot$ min)
v_r = Rückwärtsgeschwindigkeit $(A + B \leftarrow C + D)$ mol/$(1 \cdot$ min)

---

* Das ΔG der Rückreaktion entspricht demjenigen der Vorwärtsreaktion – mit entgegengesetztem Vorzeichen. Also: Wenn $A + B \rightarrow C + D$ ein ΔG von -8 kJ/mol aufweist, beträgt das ΔG in der umgekehrten Richtung $(C + D \rightarrow A + B)$ +8 kJ/mol.

Je negativer ΔG ist, desto kleiner wird v_r. $\Delta G \ll 0$ bedeutet darum, dass eine Reaktion *de facto* irreversibel ist, und dass sie, auch wenn die Produkte- die Substratkonzentration weit überwiegt, den Rückwärtsgang nicht einlegen wird.

Gekoppelte Reaktionen

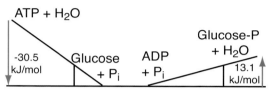

Abbildung 2.1 Gekoppelte Reaktion. Einzelheiten s. Text.

Synthetische Reaktionen verlaufen meist **endergon** – intuitiv verständlich, wenn aus einfachen Bausteinen komplizierte Gebilde zusammenwachsen. Sie müssen aber an **exergone** Reaktionen gekoppelt sein, die mehr Gibbs Energie freisetzen, als die Synthese benötigt, d.h.: $\Delta G_{exergon}+\Delta G_{endergon} < 0$. Die Abbildung 2.1 zeigt das Prinzip: Um Glucose zu phosphorylieren, sind unter Standardbedingungen 13,1 kJ/mol nötig ($\Delta G^{\circ\prime} = +13,1$ kJ/mol). Die Hydrolyse von ATP liefert, ebenfalls unter Standardbedingungen, 30,5 kJ/mol ($\Delta G^{\circ\prime} = -30,5$ kJ/mol). Sind die beiden Reaktionen, wie in Abb. 2.1, aneinander gekoppelt, lassen sich die beiden $\Delta G^{\circ\prime}$ zusammenzählen:

Glucose + P_i → Glucose-6-phosphat + H_2O $\qquad \Delta G^{\circ\prime} = +13,1$ kJ/mol
ATP + H_2O → ADP + P_i $\qquad \Delta G^{\circ\prime} = -30,5$ kJ/mol

---

Glucose + ATP → Glucose-6-phosphat + ADP $\qquad \Delta G^{\circ\prime} = -17,4$ kJ/mol

Energiereiche Bindungen

Im Prinzip können alle zueinander passenden Reaktionen aneinander gekoppelt werden. Doch hat sich im Laufe der Evolution ein Molekül ins Zentrum geschoben, dessen Hydrolyse Power für die meisten energiefressenden Reaktionen liefert: ATP. Die Hydrolyse der dritten (γ) Phosphatgruppe (ATP + H_2O → ADP + P_i) geht unter Standardbedingungen mit einem $\Delta G^{\circ\prime}$ von $-30,5$ kJ/mol einher, man spricht von einer **energiereichen Bindung** (Abb. 2.2 und Tab. 2.1).

Definition: eine energiereiche Bindung ist eine Bindung, deren Hydrolyse unter Standardbedingungen mehr als 25 kJ/mol ($\Delta G^{\circ\prime} \leqq -25$ kJ/mol) freisetzt.

Oft wird – nicht ganz korrekt, aber seien wir nicht zu pedantisch – von energiereichen **Ver**bindungen gesprochen. «Energiereich» bezieht sich aber nicht auf das ganze Molekül (die Verbindung), sondern ist auf bestimmte Bindungen innerhalb des Moleküls beschränkt. Auf jeden Fall heißt energiereich NICHT:

1. Dass das Molekül besonders viel Energie enthält. Glucose-6-phosphat gehört nicht zu den energiereichen (Ver)bindungen, enthält aber viel mehr Energie als ATP mit seinen 2 energiereichen Bindungen – sonst könnten die Glycolyse und der Citratzyklus aus Glucose nicht 38 ATP freisetzen!
2. Dass die Bindung instabil ist. Trotz stark negativem $\Delta G^{\circ\prime}$ wird ohne Katalysator nur wenig ATP hydrolysiert.
3. Dass die Bindung besonders stark ist. C–C - Bindungen sind stärker, gehören aber nicht zu den energiereichen Bindungen.

Tabelle 2.1 und Abbildung 2.2 stellen die wichtigsten Beispiele vor. Beachten Sie insbesondere:

Molekül	$\Delta G^{\circ\prime}$(kJ/mol)
Phosphoenolpyruvat	-61,9
1,3-Bisphosphoglycerat	-49,4
Phosphocreatin	-43,1
Pyrophosphat (PP$_i$)	-33,5
ATP $\rightarrow$ AMP + PP$_i$	-32,2
Acetyl-CoA	-31,5
ATP $\rightarrow$ ADP + P$_i$	-30,5
ADP $\rightarrow$ AMP + P$_i$	-28,5

Tabelle 2.1 Energiereiche Bindungen: Beispiele.

2 Säuren:

(gemischtes) Säureanhydrid

Alkohol + Säure:

(Phosphat)ester

- Energiereiche Bindungen sind oft **Säureanhydride**. Sind zwei Phosphate beteiligt, spricht man von **Phosphoanhydriden, gemischte Anhydride** bestehen aus zwei verschiedenen Säuren (Beispiel: Bisphosphoglycerat).
- ATP und GTP besitzen beide **zwei** energiereiche Phosphoanhydrid-Bindungen (zwischen dem α- und dem β- und zwischen dem β- und dem γ-Phosphat). Phosphat**ester**-Bindungen sind hingegen nicht

17

energiereich – AMP, GMP oder Glucose-phosphate gehören deshalb nicht zu den – für einmal salopp gesprochen – energiereichen «Verbindungen» (Abb. 2.2).

- Die Nucleotide ATP, GTP, CTP und UTP enthalten ähnlich energiereiche Bindungen. Deshalb stehen sie miteinander im Gleichgewicht: ATP + XDP $\rightleftharpoons$ ADP + XTP, $\Delta G^{\circ\prime} \cong 0$.
- Coenzym A bildet energiereiche Bindungen mit Säuren (Beispiel: Acetyl-CoA aus Essigsäure und Coenzym A). Coenzym A-Verbindungen sind wahrscheinlich entwicklungsgeschichtlich älter als ATP.

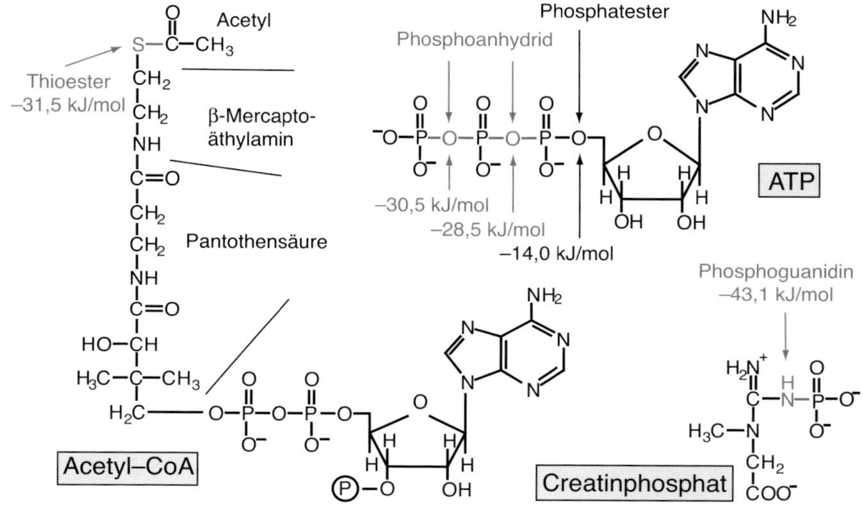

Abbildung 2.2 Drei Moleküle mit energiereichen Bindungen. Die $\Delta G^{\circ\prime}$ - Werte sind angegeben, im Falle des ATP beziehen sie sich auf die Reaktionen ATP $\rightarrow$ ADP + P_i, ADP $\rightarrow$ AMP + P_i und AMP $\rightarrow$ Adenosin + P_i.

Oxidation und Reduktion

Substrate verwandeln sich in Produkte, bis ΔG null wird und das Verhältnis Produkte:Substrate den Wert K_{eq} erreicht hat. Das gilt für das Reagenzglas. Im *lebenden* Organismus laufen Reaktionen nicht bis zum thermodynamischen Gleichgewicht – außer im Tod. Solange sie leben, halten sich Tiere, Pflanzen und Bakterien fern vom thermodynamischen Gleichgewicht, und damit sie dort bleiben, braucht es zweierlei: Regulierbare **Katalysatoren** (= Enzyme), die darüber entscheiden, ob und wie schnell eine Reaktion abläuft. Davon handelt der nächste Abschnitt (2.2). Und

Energiezufuhr – für heterotrophe Lebewesen, zu denen der Mensch gehört, chemisch gebundene Energie in Form von Fett, Eiweiß und Kohlenhydraten.

πάντα ῥεῖ*: Ein System fern vom Gleichgewicht befindet sich in dauerndem Fluss. Auch wenn Schnappschüsse zu verschiedenen Zeitpunkten keine großen Veränderungen in den Konzentrationen einzelner Metaboliten zeigen mögen, werden diese in einem **dynamischen** System fortlaufend erneuert. Besonders deutlich zeigt sich dies im Falle von ATP, dessen Gesamtmenge im erwachsenen Menschen zu einem bestimmten Zeitpunkt etwa 50 g beträgt, während pro Tag ungefähr 70kg(!) synthetisiert und verbraucht werden.[†]

Abbildung 2.3 zeigt die Zusammenhänge. Das System nimmt chemisch gebundene Energie (H, Reaktionsenthalpie) auf. Ein Teil davon wird in die energiereichen Bindungen des ATP investiert, der Rest verlässt den Organismus als Wärme (T) und Entropie (S). Die im ATP zwischengelagerte Energie dient der Synthese körpereigener Moleküle, transportiert Ionen und Metaboliten durch die Membranen, und kontrahiert Actomyosin. Auch auf dieser Seite entstehen Verluste in Form von Wärme und Entropie.

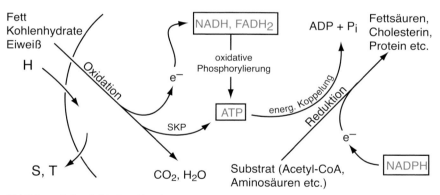

Abbildung 2.3 Oxidativer Katabolismus – reduktive Synthese. e⁻: Elektronen; H: Gesamtenergie (Enthalpie); S: Entropie; SKP: Substratkettenphosphorylierung (s. Kapitel 3); T: Wärme.

Auf der **katabolen** Seite verlaufen die Prozesse **oxidativ**, auf der **anabolen reduktiv**. Zur Erinnerung:

* Heraklit, um 500 v.Chr..
† «70 kg synthetisiert» beeindruckt, ist aber nicht ganz ehrlich. Es wird bloss ein Phosphat angehängt, die 70 kg aber beziehen sich auf das ganze Molekül.

- **Oxidation**: Elektronen werden dem Substrat entzogen.
- **Reduktion**: Elektronen werden dem Substrat zugefügt.

Beachten Sie diese drei Punkte:

1. Elektronen müssen ein Substrat nicht unbedingt verlassen. Man spricht auch von Oxidation, wenn sich die Elektronen – im Falle eines Kohlenstoffgerüsts – innerhalb einer kovalenten Bindung von den Kohlenstoffatomen wegbewegen. Beispiel: C – H - Bindung: C zieht Elektronen stärker an als H. C – OH - Bindung: O zieht Elektronen stärker an als C. Wird C – H in C – OH verwandelt, handelt es sich um eine *Oxidation des Kohlenstoffgerüsts*. Dasselbe gilt auch für den umgekehrten Fall der Reduktion.

2. Wenn Elektronen das Substrat verlassen (oder sich an ein Substrat anlagern), können sie – müssen aber nicht – von einem Proton (H^+) begleitet sein. Beispiel: NAD^+ oxidiert $-CH_2-OH$ zu $-CH=O$, indem es 2 Elektronen, aber nur 1 Proton aufnimmt (es entsteht NADH, das zweite Proton schwimmt frei in Lösung).

3. Wird ein Substrat oxidiert, muss geichzeitig ein zweites Substrat reduziert werden.

Redoxreaktionen und ΔG

Abbildung 2.3 zeigt, dass während katabolen Prozessen Substrate Elektronen an die Empfänger **NAD^+** und **FAD** abgeben, und dass **NADPH/H$^+$** (vor allem) die Elektronen für den anabolen Weg liefert. Der Substratabbau liefert Energie (das ΔG ist negativ), die Synthese braucht Energie ($\Delta G > 0$). Die nächste Formel (2.5) zeigt, wie Elektronenübertragung und Gibbs Energie zusammenhängen, wenn B von A oxidiert wird ($A_{ox} + B_{red} \leftrightharpoons A_{red} + B_{ox}$; vgl. mit der Gleichung 2.2):

$$\Delta G = \Delta G^{\circ\prime} + RT \ln \frac{[A_{red}] \cdot [B_{ox}]}{[A_{ox}] \cdot [B_{red}]} \tag{2.5}$$

$[X_{red}]$ = Konz. des reduzierten Substrats/Produkts M (= mol $\cdot$ l^{-1})
$[X_{ox}]$ = Konz. des oxidierten Substrats/Produkts M (= mol $\cdot$ l^{-1})

Näheres zu den Redox-Reaktionen und zum Reduktionspotential finden Sie im Kapitel 5.

Die wichtigsten Elektronenüberträger

So wie sich ATP als wichtigster Energieverteiler etabliert hat, übernehmen 4 Moleküle den Löwenanteil an der Elektronenübertragung: **Nicotinamidadenindinucleotid** (NAD), **Nicotinamidadenindinucleotidphosphat** (NADP), **Flavinadenindinucleotid** (FAD) und **Flavinmononucleotid** (FMN) (Abb. 2.4).

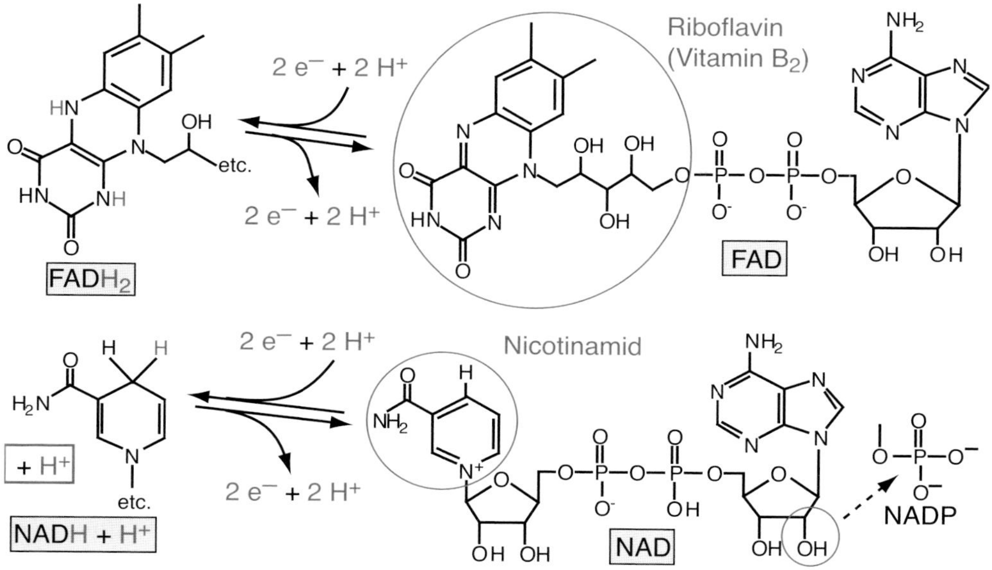

Abbildung 2.4 Die Elektronenakzeptoren FAD, NAD und NADP. NADP trägt an Stelle der rot umrandeten Hydroxylgruppe eine Phosphatgruppe.

Folgende Punkte gilt es zu beachten:

- Zwei Vitamine spielen eine Rolle: aus **Niacin** entsteht **Nicotinamid**, Bestandteil des **Nicotinamid**adenindinucleotids und des **Nicotinamid**adenindinucleotidphosphats; **Riboflavin** (Vitamin B_2) steckt im **Flavin**adenindinucleotid und im **Flavin**mononucleotid.
- NAD und NADP empfangen *zwei* Elektronen und *ein* Proton, das zweite Proton geht in Lösung. Deshalb schreibt man oft NADH/H^+ und NADPH/H^+, wenn die reduzierten Formen gemeint sind. FAD und FMN empfangen je zwei Elektronen und Protonen – reduziert heissen sie $FADH_2$ und $FMNH_2$.
- Als Faustregel gilt: NAD oxidiert Hydroxyl- zu Ketongruppen; FAD oxidiert Einfachbindungen zu Doppelbindungen (s. Randfigur).

Pr

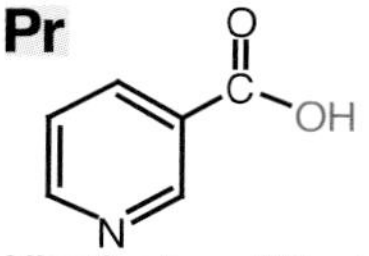

Nicotinsäure (Niacin)

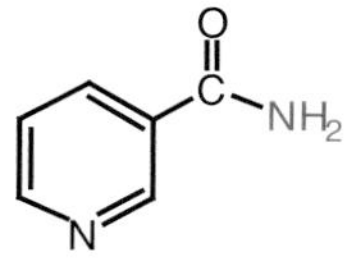

Nicotinamid

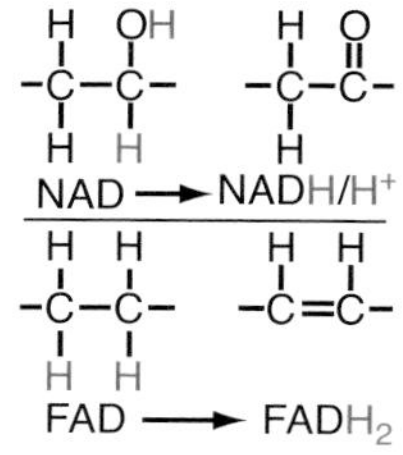

NAD^+ und $NADP^+$ unterscheiden sich nur geringfügig: durch die Phosphatgruppe an Position 2 der Adenosin-Ribose. Weshalb nimmt sich die Natur die Mühe, zwei verschiedene Moleküle bereitzustellen? Die Antwort liegt in der Gleichung 2.5 vergraben: Damit das Substrat (B) oxidiert werden kann, muss der Quotient $([A_{red}] \cdot [B_{ox}]) : ([A_{ox}] \cdot [B_{red}])$ möglichst klein sein. Wenn A_{red} = NADH, A_{ox} = NAD^+ und B = Substrat, heißt das: Die Konzentration des Elektronen**empfängers** (NAD^+) muss die Konzentration der reduzierten Form (NADH) überwiegen. Umgekehrt sind

Synthesereaktionen auf hohe Konzentrationen des Elektronen**spenders** (reduzierte Form, NADPH) angewiesen. Damit katabole, oxidative und anabole, reduktive Prozesse gleichzeitig ablaufen können, braucht es folglich zwei verschiedene Elektronenüberträger. Unter physiologischen Bedingungen beträgt der intrazelluläre Quotient $[NAD^+]:[NADH]$ ca. 500 - 1000, für $[NADP^+]:[NADPH]$ hingegen liegt er bei ca. 0,01.

ZUSAMMENFASSUNG

- Die Gibbs' freie Energie (G) ist die «brauchbare» Energie. Siehe Gleichung 2.1.
- Das ΔG einer Reaktion lässt sich aus $\Delta G°'$ und den wirklichen Konzentrationen aller Substrate und Produkte berechnen (Gleichung 2.2).
- **Exergone** Reaktionen liefern Energie ($\Delta G < 0$), **endergone** brauchen Energie ($\Delta G > 0$). Das ΔG gekoppelter Reaktionen entspricht der Summe der ΔGs der Einzelreaktionen.
- **Energiereiche Bindungen** sind Bindungen, deren Hydrolyse ≥ 25 kJ/mol freisetzt (d.h.: $\Delta G \leq 25$ kJ/mol!). Die beiden Phosphoanhydridbindungen des ATP und CoA-Bindungen gehören u.a. dazu.
- **Katabole** Reaktionen sind **oxidativ, anabole reduktiv**.
- In **katabolen** Reaktionen werden Elektronen auf **NAD$^+$** übertragen, in **anabolen** werden sie von **NADPH** bezogen.

2.2 Enzyme

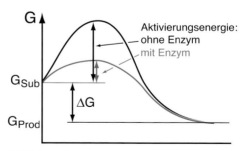

Abbildung 2.5 Enzyme erniedrigen die Aktivierungsenergie. G_{Sub}: freie Energie der Substrate; G_{Prod}: freie Energie der Produkte.

22

Ein negatives ΔG heißt nicht, dass eine biochemische Reaktion ohne Hilfe abläuft (s. oben); es braucht **Katalysatoren** (Enzyme). Warum? Auf dem Weg vom Substrat zum Produkt müssen die beteiligten Moleküle eine Konstellation mit hoher freier Energie (G) durchlaufen – höher als die freie Energie der Ausgangssubstrate (Abb. 2.5). Indem das Enzym die Substrate an sein **aktives Zentrum** («active site») bindet, wird diese Schwelle erniedrigt, und die Wahrscheinlichkeit, dass die Reaktion abläuft, erhöht. So steigert z.B. das Enzym *Carboanhydrase* die Rate der Reaktion $CO_2 + H_2O \rightleftarrows H_2CO_3$ *zehnmillionenfach*, von etwa $0.1 s^{-1}$ auf $10^6\ s^{-1}$.[*]

Regulation

Sie haben es schon gelesen: Lebende Systeme befinden sich fern vom thermodynamischen Gleichgewicht. Um dort zu bleiben, braucht es Energiezufuhr von außen und die Möglichkeit, die Reaktionen des Stoffwechsels zu regulieren. Reguliert werden die *Enzyme*, und zwar auf drei Ebenen:

- Die **Menge der Enzyme**. Enzyme sind Proteine[†], deren *Expression* in vielen Fällen durch Hormone, Metaboliten und Second Messengers reguliert werden kann. Diese Art der Regulation ist meist längerfristig.
- **Kovalente Modifikation**. Manche Enzyme werden durch *Phosphorylierung* bestimmter Serin-, Threonin- oder Tyrosinreste stimuliert oder gehemmt.
- **Allosterische Regulation**. Wenn regulatorische Moleküle so ans Enzym binden, dass dessen Konformation (drei-dimensionale Struktur) und Aktivität verändert werden, spricht man von allosterischer Regulation. Die *allosterische Bindungsstelle* ist nicht identisch mit dem aktiven Zentrum, das die Substrate bindet. Beispiel: Citrat bindet an eine allosterische Stelle der Phosphofructokinase und hemmt so deren Aktivität (Kapitel 3).

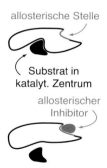

allosterische Stelle

Substrat in
katalyt. Zentrum

allosterischer
Inhibitor

---

[*] In *chemischen* Reaktionen kann dieser Übergang oft durch harsche Bedingungen wie große Hitze, hohen Druck oder stark saure/basische Umgebung erzwungen werden; Bedingungen, die biologischen Systemen verwehrt sind.

[†] Man kennt auch katalysatorisch aktive *RNA*-Moleküle.

Katalysatoren erhöhen die Reaktionsgeschwindigkeit in beide Richtungen: vorwärts ($A + B \rightarrow C + D, v_f$) und rückwärts ($A + B \leftarrow C + D, v_r$). Daraus lässt sich ableiten, dass die *stark exergonen* Schritte eines Stoffwechselwegs reguliert werden sollten. Der Vergleich mit einem gestauten Fluss hilft: Ein Damm ist in den Alpen, wo das Gefälle (ΔG) groß ist, sinnvoll; denn dort hat das Öffnen oder Schließen des Schiebers (Aktivieren oder Hemmen eines Enzyms) eine punkto Ausmaß und Richtung voraussagbare Wirkung. In den Niederlanden hingegen fließt der Strom nur langsam (bei Ebbe; $\Delta G \leq 0$), manchmal rückwärts (bei Flut = Produkte-Stau; $\Delta G \geq 0$) und dazwischen gar nicht ($\Delta G \sim 0$). Abbildung 2.6 zeigt die drei stark exergonen, regulierten Schritte des Glycolyse-«Flusses» (rot).

Meist ist die *erste* Reaktion eines Stoffwechselwegs stark exergon. Dort sind regulatorische Eingriffe sinnvoll – weiter hinten könnten sie zu unerwünschtem Rückstau der Zwischenprodukte führen. Dass es allerdings nicht immer so ist, zeigt Abbildung 2.6.

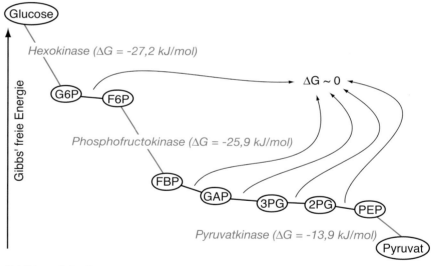

Abbildung 2.6 Reguliert werden die stark exergonen Reaktionen (rot). Beispiel: Glycolyse. Was die Abkürzungen bedeuten, können Sie anhand des Kapitels 3 herausfinden.

Enzymkinetik

Die Enzymkinetik befasst sich mit der Frage, wieviel Substrat ein Enzym wie schnell umsetzt. Abbildung 2.7 zeigt das Resultat eines Experiments, in dem eine steigende Menge Substrat einer konstanten, kleinen Menge

Enzym gegenüberstand, und die Anfangsgeschwindigkeit der Reaktion (v_0) gemessen wurde. (Unter Anfangsgeschwindigkeit verstehen wir die Geschwindigkeit zu Beginn der Reaktion, *bevor die Substratkonzentration abgenommen hat*).

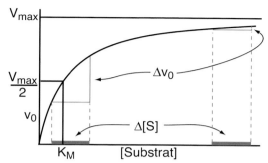

Abbildung 2.7 Anfangsgeschwindigkeit (v_0) vs. Substratkonzentration einer enzymatischen Reaktion. V_{max}: maximale Anfangsgeschwindigkeit; K_M: Michaelis-Konstante. S. Text.

Die Kurve nähert sich **asymptotisch** der maximalen Geschwindigkeit V_{max}; die Substratkonzentration, bei der die Hälfte der Maximalgeschwindigkeit erreicht ist ($V_{max}/2$), heißt K_M (**Michaelis-Konstante**). Die **Michaelis-Menten-Gleichung** (Gleichung 2.6) beschreibt den Zusammenhang zwischen den Parametern der Abb. 2.7:

$$v_0 = \frac{V_{max} \cdot [S]}{K_M + [S]} \tag{2.6}$$

v_0 = Anfangsgeschwindigkeit mol/($1 \cdot$ s)
V_{max} = Maximale Geschwindigkeit mol/($1 \cdot$ s)
K_M = Michaelis Konstante mol/l
$[S]$ = Substratkonzentration mol/l

Die Gleichung beruht auf der Vorstellung, dass sich Enzym (E) und Substrat (S) zu einem Komplex (ES) vereinen, bevor sie sich als Produkt (P) und Enzym wieder trennen. Als Formel:

$$E + S \underset{k_{-1}}{\overset{k_1}{\rightleftharpoons}} ES \overset{k_2}{\longrightarrow} P + E, \quad \text{wobei} \quad K_M = \frac{k_{-1} + k_2}{k_1} \tag{2.7}$$

k_1, k_{-1}, k_2 = Geschwindigkeitskonstanten («rate constants»)

Um zu verstehen, wie man von der Gleichung 2.7 zur Michaelis-Menten-Gleichung (2.6) gelangt, müssen Sie ein ausführlicheres Buch konsultieren. Die *Bedeutung der Michaelis-Konstante* darf Ihnen aber nicht entgehen: Liegt die physiologische Konzentration eines Substrats im Bereich des K_M oder darunter, beeinflussen auch kleine Konzentrationsänderungen die Reaktionsgeschwindigkeit drastisch (linker roter Balken in Abb. 2.7). Gilt hingegen $[S] \gg K_M$, haben die gleichen Änderungen nur wenig Einfluss (rechter roter Balken in 2.7).

Das Lineweaver-Burk Diagramm

Da sich v_0 *asymptotisch* V_{max} nähert, ist es nicht möglich, die Maximalgeschwindigkeit aus der Figur 2.7 abzulesen – auch nicht mit Substratkonzentrationen, die weit über dem K_M liegen. Stellt man hingegen die Michaelis-Menten-Gleichung 2.7 auf den Kopf (Gleichung 2.8)

$$\frac{1}{v_0} = \frac{K_M}{V_{max}} \frac{1}{[S]} + \frac{1}{V_{max}} \tag{2.8}$$

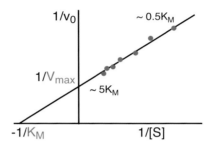

Abbildung 2.8   Lineweaver-Burk-Grafik.

und trägt (analog zur Gleichung $y = ax + b$) auf der Abszisse $1/[S]$ («x») und auf der Ordinate $1/v_0$ («y») ein, erhält man eine Gerade. Ihr Schnittpunkt mit der Ordinate («b») liefert den reziproken Wert von V_{max}, der Schnittpunkt mit der Abszisse entspricht $-1/K_M$, und die Steigung («a») beträgt K_M/V_{max} (Abb. 2.8). In der Praxis wählt man für die Bestimmung von V_{max} und K_M meist Substratkonzentrationen zwischen ca. 0.5x und 5x K_M.

Kooperativität

Manchmal verläuft die Sättigungskurve nicht wie in Abb. 2.7, sondern **sigmoid**. Enzyme mit sigmoidem Kurvenverlauf sind **allosterische Enzyme mit mehr als einer Untereinheit**. Die Bindung eines Substratmoleküls an die erste Untereinheit verändert die Konfiguration der zweiten (dritten, etc.) so, dass deren Affinität fürs Substrat steigt: Man spricht von **positiver Kooperativität**.

26

Viele Medikamente und Gifte hemmen Enzyme. Es ist darum wichtig, dass Mediziner die drei Typen der Enzymhemmung voneinander unterscheiden können:

1. **Kompetitive Hemmung** («competitive inhibition»): Der Hemmer gleicht strukturell einem Substrat, bindet deshalb im aktiven Zentrum und verdrängt das physiologische Substrat teilweise.
2. **Nichtkompetitive Hemmung** («noncompetitive inhibition»): Der Hemmer bindet ans Enzym, aber *nicht* im aktiven Zentrum. Er muss deshalb dem Substrat *nicht* gleichen und verdrängt es *nicht* vom aktiven Zentrum.
3. **Unkompetitive Hemmung** («uncompetitive inhibition»): Der Hemmer bindet an den Enzym-Substratkomplex (ES), nicht aber ans unbesetzte Enzym (E). Er bindet folglich *nicht* im aktiven Zentrum, muss dem Substrat *nicht* gleichen und verdrängt es *nicht*.

Mit welchem Typ der Hemmung wir es zu tun haben, können wir aus der Lineweaver-Burk-Grafik ablesen (Abb. 2.9). Die Resultate sind, mit Ausnahme der unkompetitiven Hemmung, intuitiv verständlich:

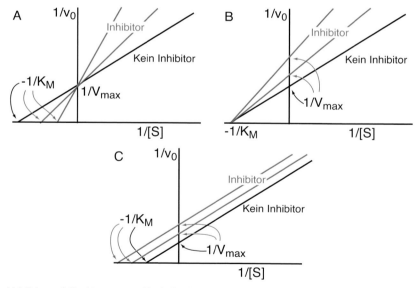

Abbildung 2.9 Lineweaver-Burk-Grafiken ohne und mit (rot; 2 Konzentrationen) Hemmer. A: Kompetitiv; B: Nichtkompetitiv; C: Unkompetitiv.

- **Kompetitive Hemmung**: In Anwesenheit einer konstanten Menge Inhibitor braucht es mehr Substrat, um die gleiche v_0 zu erreichen. K_M ist erhöht, aber V_{max} bleibt gleich (Abb. 2.9A).
- **Nichtkompetitive Hemmung**: Die Enzymaktivität wird *unabhängig von der Substratkonzentration* um einen bestimmten Betrag gehemmt. K_M bleibt gleich, v_{max} aber wird gesenkt (Abb. 2.9B).
- **Unkompetitive Hemmung**: v_{max} ist erniedrigt, K_M erhöht (Abb. 2.9C).

Pa

H Methanol
H–C–OH
H

H–C$\overset{\displaystyle O}{\diagdown}$H
Formaldehyd

H H
H–C–C–OH
H H Ethanol

Schnaps als Medikament?

Methanol ist gefährlich: 10 ml können zur Blindheit, 30 ml zum Tod führen. Aber nicht Methanol selber ist hochgiftig, sondern *Formaldehyd*, das entsteht, wenn Methanol von der *Alkoholdehydrogenase* oxidiert wird (Methanol + $NAD^+ \rightleftarrows$ Formaldehyd + $NADH/H^+$). Die Alkoholdehydrogenase ist «normalerweise» nicht mit Methanol, sondern mit Ethanol beschäftigt, den sie in auch nicht ganz harmlosen, aber bedeutend weniger schädlichen *Acetaldehyd* verwandelt. (Aus Acetaldehyd entsteht schließlich Acetat, s. Kapitel 3.4).

Methanol-vergiftete Patienten können mit *Ethanol* behandelt werden, der ihnen (intravenös) eingeflößt wird – die, neben der Vergiftung mit dem Frostschutzmittel Polyethylenglycol, einzige medizinische Indikation für Alkohol. Frage: Wie wirkt Ethanol in diesem Falle, und wie sieht die Lineweaver-Burk-Grafik aus, wenn man auf der Abszisse 1/[Methanol] aufträgt und v_0 misst, einmal ohne, einmal mit einer konstanten Konzentration Ethanol? Antwort in der Fussnote[*].

Einteilung und weitere Eigenschaften der Enzyme

Enzyme werden nach den von ihnen katalysierten Reaktionen eingeteilt:

1. **Oxidoreductasen**: Oxidations-Reduktions-Reaktionen. Die «Dehydrogenasen» und die «Oxidasen» gehören dazu.
2. **Hydrolasen**: spalten u.a. Ester-, Äther-, Glycosid-, Peptid- und Anhydridbindungen hydrolytisch (= unter Anlagerung von Wasser).
3. **Transferasen**: Übertragung einer Gruppe (nicht aber eines Wasserstoffatoms). Beispiel: Methyltransferasen.
4. **Lyasen**: *Nichthydrolytische* Abspaltung einer Gruppe. Eine Doppelbindung bleibt zurück. Auch umgekehrt: Anlagerung einer Gruppe an eine Doppelbindung.

---

[*] Ethanol verdrängt Methanol vom aktiven Zentrum, es entsteht weniger Formaldehyd. Die Lineweaver-Burk-Grafik entspricht Abb. 2.9A.

5. **Isomerasen**: Verwandeln Isomere ineinander.
6. **Ligasen**: Katalysieren die Verknüpfung zweier Substrate unter gleichzeitiger Spaltung einer energiereichen Bindung.

Spezifität

Enzyme sind mehr oder weniger **spezifisch**, d.h. sie akzeptieren praktisch nur ein Substrat (hochspezifisch) oder aber mehrere, mit verschiedenen Affinitäten (wenig spezifisch). Die Glucokinase ist spezifisch (phosphoryliert fast nur Glucose), die Hexokinase hingegen wenig spezifisch (phosphoryliert sowohl Glucose wie auch andere Hexosen, s. Kapitel 3).

Eine Besonderheit ist die **optische Spezifität**. Enzyme ignorieren die Spiegelbilder ihrer normalen Substrate: So wie die rechte Hand nicht in den linken Handschuh passt, passt ein D-Phospholipid nicht in die aktive Grube einer Phospholipase; diese akzeptiert ausschließlich die in der Natur vorkommenden L-Formen.

Funktionelle Gruppen, Cofaktoren und Coenzyme

Im aktiven Zentrum, dort, wo das Enzym die Substrate packt, finden wir *katalytisch aktive* Strukturen. Dazu gehören:

Vitamin	Reaktion
Biotin	Carboxylierung
Coenzym A	Acylierung
Cobalamin (B_{12})	Alkylierung
Folsäure	Methyl-Transfer
Niacin	Redox-Reaktionen
Pyridoxin	Amino-Transfer
Riboflavin (B_2)	Redox-Reaktionen
Thiamin	Aldehyd-Transfer

Tabelle 2.2 Vitamine als Coenzyme.

- **Aminosäurereste**, deren Amino-, Imidazol-, Sulfhydryl-, oder Carboxylgruppen die Substrate vorübergehend ionisch oder kovalent festhalten.
- **Metall-Ionen** (Mn^{2+}, Zn^{2+}, Fe^{2+}, Cu^{2+}, Co^{2+}) sind oft an *Redox*-Reaktionen beteiligt. Das erklärt, warum wir diese Spurenelemente in der Nahrung brauchen, und weshalb ähnliche Ionen – Cd^{2+} z.B. – zu Vergiftungen führen, wenn sie ihre physiologischen Verwandten vom angestammten Platz verdrängen. Metall-Ionen sind **Cofaktoren** der Enzyme.
- Wenn organische Moleküle wie **Vitamine** die Rolle der Cofaktoren übernehmen, spricht man von **Coenzymen**. Sind sie ans Enzym gebunden, spricht man von **prosthetischen** Gruppen, **Cosubstrate** hingegen treffen nur vorübergehend mit dem Substrat zusammen (s. Tab. 2.2).

Isoenzyme

Isoenzyme sind Enzyme, die sich strukturell unterscheiden, aber die gleiche Reaktion katalysieren.

Die internationale Einheit

Oft ist es nicht möglich oder unpraktisch, die Menge eines Enzyms in Mol anzugeben. Stattdessen wird die *Aktivität* unter standardisierten Bedingungen (Substrat im Überschuss, optimales Puffersystem etc.) gemessen und in **internationalen Einheiten** angegeben:

Definition: Eine internationale Einheit (IU; international unit) ist die Enzymmenge, die pro Minute 1 μmol Substrat umsetzt.

ZUSAMMENFASSUNG

- Enzyme erniedrigen die Aktivierungsenergie. Auf die *Richtung* der Reaktion nehmen sie *keinen* Einfluss.
- Enzyme werden auf den Ebenen der *Expression*, der *kovalenten Modifikation* (z.B. Phosphorylierung) und der *allosterischen Zentren* reguliert.
- V_{max} und die **Michaelis-Konstante** (K_M) charakterisieren die Kinetik eines Enzyms.
- Mit Hilfe des **Lineweaver-Burk**-Diagramms lassen sich V_{max} und K_M bestimmen.
- Die Einheit der Abszisse (Lineweaver-Burk) ist 1/(Konzentration); die Einheit der K_M ist eine Konzentration $\rightarrow$ K_M findet man auf der *Abszisse* (als $-1/K_M$). Die Einheit der Ordinate ist 1/(Geschwindigkeit); V_{max} ist eine Geschwindigkeit $\rightarrow$ V_{max} findet man auf der *Ordinate* (als $1/V_{max}$).
- Die drei Hemmungstypen **kompetitiv**, **nichtkompetitiv** und **unkompetitiv** lassen sich anhand der Lineweaver-Burk-Grafiken identifizieren.
- Enzyme werden in 6 Klassen eingeteilt.
- **Funktionelle Gruppen**:
  - Gruppen bestimmter **Aminosäuren** im aktiven Zentrum.
  - **Cofaktoren**
    - ★ **Metall-Ionen**
    - ★ **Coenzyme**
      - ▷ **Prosthetische Gruppen** (ans Enzym gebunden)
      - ▷ **Cosubstrate** (vorübergehend assoziiert)

3 | Glycolyse und Gluconeogenese

Vor ungefähr 3,7 Milliarden Jahren sind auf der Erde die ersten Lebewesen entstanden – in einer Atmosphäre fast ohne molekularen Sauerstoff (O_2). Die Sauerstoffkonzentration stieg erst 2 Milliarden Jahre später und allmählich auf die heutigen 21%. Das bedeutet: *Während 2 Milliarden Jahren mussten die Erdenbewohner – Prokaryonten allesamt – ihr ATP aus anaerobem Stoffwechsel beziehen.* Metazoen (mehrzellige Eukaryonten), die auf den effizienteren *aeroben* Stoffwechsel angewiesen sind, konnten sich erst nach dem Wandel in der Atmosphäre entwickeln. Aber auch sie haben einen anaeroben Weg der Energiegewinnung beibehalten: die **Glycolyse**. Sie steht im Zentrum vieler Stoffwechselwege, ein Entwässerungsgraben, der zwischen Glucose und Pyruvat liegt, die umliegende metabolische Landschaft drainiert und am Ende in den Teich des Citratzyklus mündet.

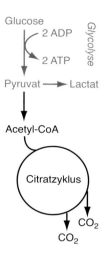

Pyruvat kann in der Leber und der Nierenrinde in Glucose zurückverwandelt werden. Dieser Prozess heißt **Gluconeogenese** und benutzt mit wenigen Ausnahmen die gleichen Reaktionen wie die Glycolyse – in umgekehrter Richtung. In diesem Kapitel beschreibe ich Mechanismus und Regulation von Glycolyse und Gluconeogenese und, weil er das *glycolytische* Endprodukt des anaeroben Glucoseabbaus der Hefe und einiger Bakterien ist, den Stoffwechsel des **Ethanols**.

3.1 Die Glycolyse

Das Prinzip: Glucose (C6) wird im Cytosol zu 2 Pyruvat-Molekülen (2 x C3) oxidiert. Dabei entstehen (netto) 2 ATP. Die Elektronen, die dem Kohlenstoffgerüst entzogen werden (Oxidation!), landen auf NAD^+ ($\rightarrow$ NADH). Um NAD^+ zu regenerieren wird, falls die vollständige Reoxidation von NADH in der Atmungskette nicht möglich ist, Pyruvat zu Lactat reduziert (Pyruvat + NADH/H$^+$ $\rightleftarrows$ Lactat + NAD$^+$).

Die Schritte der Glycolyse

Die Aktivierung der Glucose (Abb. 3.1)
Im ersten Abschnitt der Glycolyse wird Glucose durch zweimalige Phosphorylierung auf ein höheres Energieniveau gehoben, und Glucose (eine Aldose) wird in Fructose (eine Ketose) verwandelt. Abbildung 3.1 zeigt die Einzelheiten.

Glucose · Hexokinase oder Glucokinase (ATP → ADP, irreversibel!) → Glucose-6-Phosphat · Hexose-P-isomerase → Fructose-6-Phosphat · Phosphofructo-kinase (ATP → ADP, irreversibel!) → Fructose-1,6-Bisphosphat

Abbildung 3.1 Die Aktivierung der Glucose.

Zwei verschiedene Enzyme katalysieren die Phosphorylierung der Glucose zu Glucose-6-P, die **Hexokinase** und die **Glucokinase**. Die beiden unterscheiden sich in Bezug auf *Gewebespezifität*, *Substratspezifität* und *Kinetik*:

Pr

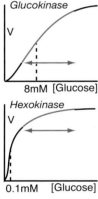

Glucokinase
V
8mM [Glucose]

Hexokinase
V
0.1mM [Glucose]

- **Gewebe**: *Glucokinase* in Leber und β-Zellen des Pankreas; *Hexokinase* in den übrigen Geweben (Muskel z.B.).
- **Substrat**: Die *Glucokinase* ist spezifisch, sie akzeptiert v.a. Glucose (**Gluco**kinase!); die *Hexokinase* ist weniger wählerisch und phosphoryliert auch andere **Hexosen**.
- **Kinetik**: Das K_m der Glucokinase beträgt ca. 8 mM (hohes K_m – niedrige Affinität), dasjenige der Hexokinase ca. 0.1mM (niedriges K_m – hohe Affinität).

Warum die Glucokinase in der Leber und in den β-Zellen vorkommt und ein höheres K_m als die Hexokinase anderer Gewebe aufweist, lässt sich verstehen. Denn mit 8mM liegt ihr K_m in einem Bereich, in dem das Enzym durch Schwankungen der Blutzuckerkonzentration (normal ca. 5mM) reguliert wird. Nahrungbedingte Anstiege der Glucosekonzentration in der Pfortader werden deshalb durch die Leber gepuffert. Und in den β-Zellen des Pankreas ist die Glucokinase Teil des Glucose-Sensor-Mechanismus: Sie erfasst Schwankungen der Blutglucosekonzentration und erlaubt es der Zelle, die Insulinsekretion entsprechend anzupassen. Die Hexokinase der übrigen Gewebe ist hingegen dank ihrer hohen Affinität schon bei niedrigen Glucosekonzentrationen maximal aktiv und sorgt dafür, dass auch kleine Mengen ins Cytosol eingetretener Glucose weiterverarbeitet werden.

Pr

Drei Wege stehen dem Glucose-6-phosphat offen: (1) die **Glycolyse** (dieses Kapitel); (2) der **Glucose-phosphat-Shunt** (Kapitel 6); (3) die **Glycogensynthese** (Kapitel 8).

32

Die Spaltung in Triosen (Abb. 3.2)

Die **Aldolase** spaltet Fructose-1,6-Bisphosphat (FBP)[*] in die beiden Triosen (3 Cs!) **Dihydroxyaceton-Phosphat** (DHAP) und **Glycerinaldehyd-Phosphat** (GAP), die durch die **Triose-Isomerase** ineinander überführt werden können. Da eine Aldolase die Kohlenstoffkette zwischen dem Nachbar-C einer Carbonylgruppe und dem darauf folgenden C trennt, verstehen wir jetzt, weshalb Glucose-P in Fructose-P umgewandelt werden musste: aus Glucose entstünden sonst nicht zwei Triosen, sondern ein C2 und ein C4-Stück.

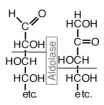

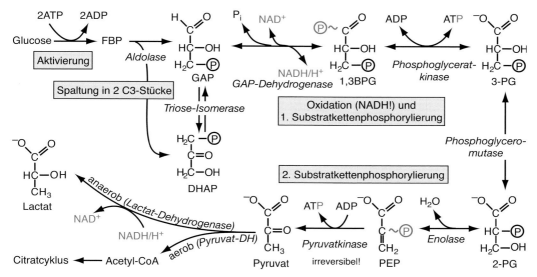

Abbildung 3.2 Die Glycolyse. DHAP: Dihydroxyaceton-Phosphat; FBP: Fructosebisphosphat; GAP: Glycerinaldehyd-Phosphat; PEP: Phosphoenolpyruvat; 3(2)-PG: 3(2)-Phosphoglycerat.

Die Substratketten-Phosphorylierung(Abb. 3.2)

Zwischen GAP und Pyruvat nimmt das C3-Fragment ein zweites Phosphat auf, gibt beide Phosphatgruppen an ADP ab ($\rightarrow$ ATP) und reduziert NAD^+ zu NADH. Die Namen der Zwischenprodukte, der Substrate und der Enzyme stehen in Abb. 3.2. Beachten Sie:

- GAP und DHAP stehen in einem Gleichgewicht, das auf Seiten von DHAP liegt, doch nimmt die Glycolyse ihren Fortgang von GAP aus.

---

[*] «Bis»phosphat, nicht Bi- oder Diphosphat, weil 2 Phosphatgruppen an zwei verschiedenen Stellen sitzen (Bis = zweimal). Diphosphat wird verwendet, wenn 2 Phosphatgruppen aneinander hängen, wie z.B. in Adenosin**di**phosphat.

- *Anorganisches* Phosphat wird in GAP eingebaut. Dazu braucht es keine zusätzliche Energie (kein ATP).
- Die direkte Übertragung einer Phosphatgruppe von einem Substrat auf ein ADP heißt **Substratkettenphosphorylierung**. Dies im Gegensatz zur oxidativen Phosphorylierung in der Atmungskette (Kapitel 5).

Ein Seitensprung

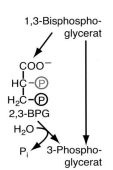

In den **Erythrocyten** kann 1,3-Bisphosphoglycerat zu **2,3-Bisphosphoglycerat** mutieren, und – nach Hydrolyse des C2-Phosphats – als Phosphoglycerat zum Glycoloseweg zurückkehren. *2,3-Bisphosphoglycerat erniedrigt die Affinität des Hämoglobins für O_2 und erleichtert damit die Sauerstoffabgabe in den Organen.* Dieser Umweg ist mit dem Verlust des ersten ATP-Gewinns der Glycolyse verbunden.

Lactat

Die GAP-Dehydrogenase reduziert, d.h. verbraucht, NAD^+. Und da der NAD^+-Vorrat nicht unerschöpflich ist, muss die reduzierte Form (NADH) reoxidiert werden, was unter aeroben Bedingungen in der *Atmungskette* (Kapitel 5) geschieht. Das ist nicht immer möglich. Den Erythrocyten fehlen die Mitochondrien und somit die Fähigkeit zur Atmung; das Nierenmark ist schlecht durchblutet, und sein Sauerstoffpartialdruck ist so niedrig, dass der Energiebedarf vor allem mit der glycolytischen Substratkettenphosphorylierung gedeckt werden muss; und für einen 100m-Sprint ist die oxidative Phosphorylierung der Atmungskette zu langsam. Damit fehlendes NAD^+ die Glycolyse nicht zum Erliegen bringt, wird es durch die **Lactatdehydrogenase** regeneriert, während Pyruvat zu Lactat reduziert wird. Lactat verlässt die Zelle zusammen mit einem Proton (Lactat/H^+-Cotransporter) und wird anderswo (im Herzmuskel z.B.) aerob oxidiert oder in der Leber für die Gluconeogenese verwendet.

«Lactatazidose»: Das Lactat ist unschuldig!

Wenn sich die Velorennfahrerin im «roten Bereich» bewegt, «übersäuern» die Muskeln und die Leistung nimmt ab. Biochemisch stellt man fest, dass sowohl die Lactat- als auch die Protonenkonzentration im Muskel und im Blut ansteigt, was zum weitverbreiteten Glauben geführt hat, dass Milchsäure (LactatH) dissoziiert und so das pH senkt. Das stimmt nicht. Sehen Sie sich die Schritte der Glycolyse an und Sie werden feststellen: Es entsteht keine Milch**säure**, sondern Lactat⁻, das Milchsäuresalz. Im Gegenteil: Indem Pyruvat (auch ein Salz) zu Lactat reduziert wird, nimmt die Protonenkonzentration ab, und das pH steigt (Pyruvat + NADH + H^+ → Lactat + NAD^+).

Auf dem Weg von der Glucose bis zum Lactat entstehen 4 Protonen (in den zwei Phosphorylierungsschritten der Aktivierung und während der Reduzierung von GAP), 4 werden aber auch verbraucht (PEP zu Pyruvat + ATP und Pyruvat zu Lactat), die Bilanz ist neutral. Im anaerob kontrahierenden Muskel wird die Glycolyse aber in erster Linie aus *Glycogen* gespiesen, d.h. Glucose-1-Phosphat ist das erste Substrat und braucht nur noch *einen* Phosphorylierungsschritt. In diesem Fall ist die Bilanz sogar negativ: pro Glucose *verschwindet* ein Proton! Kommt dazu, dass Lactat beim Austritt aus der Zelle ein Proton mit sich nimmt (Cotransporter!) und so zusätzlich zur Milderung der intrazellulären Azidose beiträgt. *Ohne Lactatbildung wären die Muskeln noch saurer.*

Richtig ist, dass Lactatbildung und sinkendes pH unter anaeroben Bedingungen miteinander *korrelieren*. Schuld daran ist aber nicht das Lactat, sondern die ATP-Hydrolyse, die mit der Freisetzung eines Protons verbunden ist (ATP + H_2O (oder R-OH) → ADP + P_i + H^+). Unter *aeroben* Bedingungen läuft dieser Prozess in der Atmungskette rückwärts – das freigesetzte Proton wird wieder gebunden. Fazit: Unter anaeroben Bedingungen wird der Muskel saurer, weil die ATP-Hydrolyse die Kapazität der Atmungskette übersteigt.

3.2 Die Gluconeogenese

Die Gluconeogenese kommt in der **Leber**, der **Nierenrinde** und der **Darmmucosa** vor (in dieser Reihenfolge). Sie benutzt die *reversiblen* Reaktionen der Glycolyse und umschifft die anderen mit Hilfe spezieller Enzyme (vgl. Abbildung 2.6):

- **Fructose-bisphosphatase** und **Glucose-6-phosphatase**. Die beiden ATP-abhängigen Phosphorylierungen werden durch Hydrolyse-Reaktionen ersetzt.
- Die **Phosphoenolpyruvat-Carboxykinase** benötigt GTP, um Oxalacetat bei gleichzeitiger Decarboxylierung zu PEP zu phosphorylieren. Oxalacetat wird auf einem Umweg, der bis in die Mitochondrien führt, erreicht. Die umständlichen Verwandlungen sind nötig, weil:
  - die Pyruvat-Carboxylase ein mitochondriales Enzym ist;
  - für Oxalacetat in der inneren Mitochondrienmembran kein Transporter existiert.

Manchmal wird in Prüfungen nach der Lokalisation der Glucose-6-Phosphatase gefragt. Antwort: Im Gegensatz zu den anderen Enzymen der Gluconeogenese (und Glycolyse) ist die G6Pase *membrangebunden* («microsomale Fraktion»). Das hängt damit zusammen, dass die Dephosphorylierung an den Glucoseexport gekoppelt ist.

Pr

35

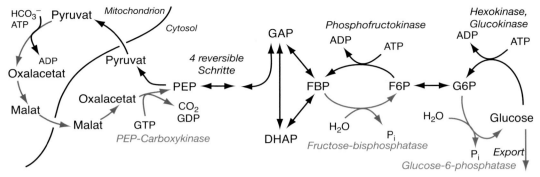

Abbildung 3.3 Gluconeogenese. DHAP: Dihydroxyaceton-Phosphat; FBP: Fructose-Bisphosphat; GAP: Glycerinaldehyd-Phosphat; G6P: Glucose-6-Phosphat; PEP: Phosphoenolpyruvat. Rot: die Schritte, die sich von der Glycolyse unterscheiden.

Woraus fabrizieren Leber und Nieren Glucose?

1. Aus **Lactat**, nach Oxidation zu Pyruvat.
2. Aus **glucogenen Aminosäuren**.
3. Aus dem **Glycerin** der Triglyceride (Glycerin + ATP → α-Glycerophosphat (α-GP) + ADP; α-GP + NAD$^+$ ⇌ DHAP + NADH + H$^+$).
4. Aus **Propionat**, einem Endprodukt der β-Oxidation ungeradzahliger Fettsäuren (Propionat → Succinat → Oxalacetat).

3.3 Regulationsmechanismen

Die Blutzuckerkonzentration wird in engen Grenzen gehalten. Sie darf nicht unter etwa 3 mM fallen, sonst werden die glucoseabhängigen Organe Hirn, Erythrocyten und Nierenmark beeinträchtigt; und *langfristig* erhöhte Konzentrationen (> 6-7 mM) schädigen Gefässe, Herz, Retina und Nieren.

Die wichtigsten regulierten Enzyme der Glycolyse sind die **Hexokinase**, die **Phosphofructokinase** und die **Pyruvatkinase**. Diese Enzyme katalysieren stark exergone Reaktionen – eine Voraussetzung für die Wirksamkeit eines Regulators (s. auch Abbildung 2.6).

Um sich eine Übersicht über die vielfältigen Regulationsmechanismen zu verschaffen, halten Sie sich am besten an das (vereinfachte!) Schema in Abb. 3.4:

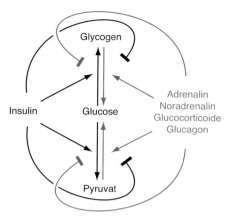

Abbildung 3.4 Die Regulation der Blutglucosekonzentration. Rot: erhöht die Konzentration.

- **Insulin** *senkt* hohe Glucosekonzentrationen; es stimuliert Reaktionen, die von der Glucose weg führen (Glycolyse und Glycogensynthese) und hemmt gleichzeitig die umgekehrten Wege (Gluconeogenese und Glycogenolyse).

- **Adrenalin, Noradrenalin, Glucagon** und **Glucocorticoide** sorgen
dafür, dass genügend Glucose zirkuliert. Sie fördern die Gluconeogenese und die Glycogenolyse und hemmen die Glycolyse und die
Glycogensynthese in der Leber.

Ich bespreche im Folgenden einige besondere Aspekte der Regulation,
und am Ende des Abschnittes finden Sie die wichtigsten regulatorischen
Mechanismen aufgelistet.

Glucose-Transport
Nicht nur die Enzyme der Glycolyse selber, auch der Zutritt zu den Zellen bestimmt, wie viel Glucose verarbeitet wird. Der Konzentrationsun-
terschied zwischen dem Blutserum und dem Zellinnern ist groß – 5mM-
dichtgedrängt schwimmen die Glucosemoleküle in den Kapillaren und
benutzen jede Gelegenheit, um durch die offenen Türen der Glucosetransporter (GLUT) die Zellen zu betreten (wo sie wie Hänsel und Gretel von
der **Hexen**kinase empfangen, phosphoryliert und der Zerstückelung zugeführt, oder bis zu ihrer Verspeisung aneinandergekettet im Glycogen-
kämmerchen gelagert werden).

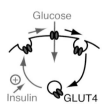

Die Anzahl der offenen GLUTüren wird im Falle des Typs 4 (GLUT4)
durch *Insulin* bestimmt: Insulin aktiviert die GLUT4-Translokation aus

37

einem intrazellulären Kompartiment, wo der Transporter in Reserve gehalten wird, in die Zellmembran. GLUT4 kommt im Muskel und Fettgewebe vor. Wir kennen 15 GLUTs, vier wichtige sind:

GLUT1 (basale Glucoseaufnahme)	Viele Organe
GLUT2 (hohes K_m)	Leber, Pankreas (β-Zellen), Darmmucosa, Nieren
GLUT4 (insulin-abhängig)	Herz- und Skelettmuskel, Fettgewebe
GLUT5 (Fructose-spezifisch)	Darmmucosa, Spermien

Pa

Glycolyse, Tumoren und FDG-PET

Tumoren wuchern so schnell und unkontrolliert, dass die Blutversorgung nicht Schritt halten kann. Der O_2-Partialdruck sinkt deshalb in kapillarfernen Regionen eines Krebsgeschwürs auf Werte, die für die meisten Gewebe den Tod bedeuten würden. Tumorzellen aber überleben dank ihrer Eigenschaft, Energie in erster Linie aus der *Glycolyse* zu beziehen. Effizient ist das nicht (2 ATP pro Glucose), aber maligne Zellen vermögen die Anzahl ihrer GLUT1 in der Zellmembran so stark zu steigern, dass der hohe Glucosebedarf gedeckt werden kann.

Die **Fluordesoxyglucose-Positronen-Emissions-Tomographie** (FDG-PET) beruht auf dem Glucosehunger bösartiger Zellen. ^{18}F-Desoxyglucose (FDG) gelangt wie normale Glucose durch die GLUTs in die Zellen und wird phosphoryliert, aber nicht abgebaut. Das Positronen-Signal gibt dem Arzt Hinweise auf die Lokalisation und Bösartigkeit des Tumors.

Phosphofructokinase und Fructose-bisphosphatase

In der Leber werden die Phosphofructokinase (Glycolyse) und die Fructose-bisphosphatase (Gluconeogenese) gegenläufig in einem komplizierten Mechanismus reguliert, den wir am besten in drei Schritten erfassen (Abb. 3.5):

1. **Fructose-2,6-Bisphosphat** (2. Phosphat am **zweiten** C!) stimuliert die Phosphofructokinase und hemmt die Fructose-bisphosphatase.
2. Die **Fructose-6-phosphat-2-Kinase/Fructose-2,6-bisphosphatase** (PFK2/FBPase2) ist **ein** Enzym mit **zwei** Domänen, deren eine die Phosphorylierung am C2 katalysiert, während die andere die Abspaltung des C2-Phosphats verursacht. Welche Domäne aktiv ist, wird

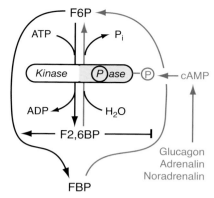

Abbildung 3.5 Regulation durch Fructose-2,6-bisphosphat (F2,6BP) (Leber). FBP: Fructose-bisphosphat; F6P: Fructose-6-phosphat. Rot: glucogene Wege. Erklärungen s. Text.

durch die Phosphorylierung des Enzyms bestimmt: Im **dephosphorylierten** Zustand ist es die Kinase-Domäne, im **phosphorylierten** der Phosphatase-Teil.

3. Eine **cAMP**-abhängige Kinase phosphoryliert die PFK2/FBPase2. Somit stimulieren Glucagon, Adrenalin und Noradrenalin via erhöhtes cAMP die Gluconeogenese und hemmen gleichzeitig die Glycolyse.

Die Regulationsmechanismen zusammengefasst

Abkürzungen: FBPase: Fructose-bisphosphatase; F2,6BP: Fructose-2,6-bisphosphat; G6Pase: Glucose-6-phosphatase; PEP-CK: Phosphoenolpyruvat-Carboxykinase; PFK: Phosphofructokinase; PFK2/-FBP2: Fructose-6-Phosphat-2-Kinase/Fructose-2,6-Bisphosphatase; PC: Pyruvat-Carboxylase; PK: Pyruvatkinase.

Glucagon, Adrenalin, Noradrenalin (cAMP) in der Leber

Expression von G6Pase, FBPase und PEP-CK ↑	Gluconeogenese ↑
Expression von Glucokinase, PFK, PK ↓	Glycolyse ↓
Phosphorylierung von PFK2/FBP2 ↑	Gluconeogenese ↑
	Glycolyse ↓

Insulin

Expression von Glucokinase, PFK, PK ↑	Glycolyse ↑
Expression von PC, PEP-CK, FBPase, G6Pase ↓	Gluconeogenese ↓

Glucocorticoide

Expression von PC, PEP-CK, FBPase, G6Pase ↑   Gluconeogenese ↑

Metaboliten

Citrat hemmt die PFK	Glycolyse ↓
Glucose-6-phosphat hemmt die Hexokinase	Glycolyse ↓
AMP stimuliert die PFK	Glycolyse ↑
ATP hemmt die PFK	Glycolyse ↓
F2,6BP hemmt die FBPase und stimuliert die PFK	Gluconeogenese ↓
	Glycolyse ↑

AMP-abhängige Kinase (AMPK)

Verhältnis AMP:ATP hoch (Energiemangel): AMPK   Glycolyse ↑
aktiviert → katabole Wege ↑, anabole Wege ↓

Hypoxie

Ein niedriger O_2-Partialdruck (< ca. 40 mmHg;   Glycolyse ↑
für die meisten Gewebe sind 50-70 mmHg nor-
mal) stimuliert die Expression fast aller glycolytischen Enzyme und des GLUT1 (Mediator: HIF-1α
= Hypoxia-inducible factor 1α).

3.4   Alkohol

Die Bäckerhefe *(Saccharomyces cerevisiae)* ist in zwei Welten zuhause:
in der sauerstofflosen Urwelt – dort verlässt sie sich ausschließlich auf die
Glycolyse; und in der effizienteren modernen Welt, in der sie Glucose im
Citratzyklus fertigoxidiert und die Elektronen der Reduktionsäquivalente
in der *Atmungskette* auf Sauerstoff überträgt. Sie gehört zu den **fakultativ
anaeroben** Organismen.

Unter anaeroben Bedingungen gewinnt die Hefe NAD^+ zurück, indem
sie Pyruvat in **Acetaldehyd** und CO_2 spaltet und danach den Acetaldehyd zu **Ethanol** reduziert (Abb. 3.6). Bäcker, Winzer und Brauer machen
sich diese Eigenschaft zunutze. Die Bäcker sind am CO_2 interessiert (das
Gas lässt die Backwaren aufgehen), Winzer und Brauer haben es auf den
Alkohol abgesehen.

Die anaerobe Glycolyse liefert zwei Mol ATP pro Mol Glucose, wenig
verglichen mit den 38 Mol ATP der aeroben Oxidation. Das ist der mo-
lekulare Hintergrund einer Entdeckung von Louis Pasteur (1822–1895):

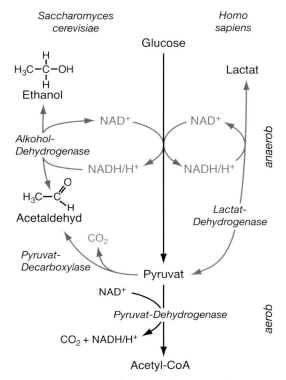

Saccharomyces cerevisiae

Ethanol

$H_3C-\overset{\underset{|}{H}}{\underset{|}{C}}-OH$

Alkohol-Dehydrogenase

$H_3C-\overset{O}{\underset{H}{C}}$

Acetaldehyd

Pyruvat-Decarboxylase

CO_2

Glucose

NAD^+

$NADH/H^+$

Pyruvat

NAD^+

Pyruvat-Dehydrogenase

$CO_2 + NADH/H^+$

Acetyl-CoA

Homo sapiens

Lactat

NAD^+

$NADH/H^+$

Lactat-Dehydrogenase

anaerob

aerob

Abbildung 3.6 NAD$^+$-Rückgewinnung (rot) im anaeroben Stoffwechsel der Hefe und des Menschen. Die Pyruvat-Dehydrogenase-Reaktion erfolgt im Mitochondrion.

Er stellte fest, dass Hefe ohne Sauerstoff mehr Glucose verbraucht als belüftete Kontrollkulturen. Dieses Phänomen wird heute als **Pasteureffekt** bezeichnet (und taucht hin und wieder als Prüfungsfrage – auch für Mediziner! – auf). **Pr**

Während im *aeroben* Metabolismus Pyruvat in den Mitochondrien **oxidativ** decarboxyliert wird (es entsteht Acetyl-CoA, s. nächstes Kapitel), verläuft seine *anaerobe* Decarboxylierung in den Hefezellen **redox-neutral**. (Sie muss; sonst entstünde ja noch mehr NADH). Die Absicht der Hefe, NAD$^+$ zu regenerieren, erfüllt die **Alkohol-Dehydrogenase**. Sie reduziert Acetaldehyd zu Ethanol (s. Abb. 3.6).

Tieren fehlt die Pyruvat-**Decarboxylase** (die man nicht mit der Pyruvat-**Dehydrogenase** verwechseln darf). Aber weil auch sie mit dem giftigen Ethanol Bekanntschaft machen können – sei es in der Nahrung (vergorene Früchte) oder weil er von fermentierenden Bakterien des Dickdarms ausgeschieden wird – besitzen sie Dehydrogenasen, die Ethanol zurück zum (allerdings noch giftigeren) Acetaldehyd und von dort zu Acetat verwandeln. Abbildung 3.7 zeigt, wie Ethanol vom Menschen metabolisiert wird. Einige Punkte, die es zu beachten gilt, sind:

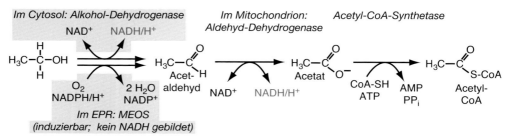

Abbildung 3.7 Der Ethanol-Abbau. EPR: endoplasmatisches Reticulum; MEOS: Microsomal ethanol oxidising system.

- Ethanol, ein wasser- *und* fettlösliches Molekül, passiert die Zellmembranen und durchdringt alle Organe.
- Die **Organ-Lokalisation** der Alkohol-Dehydrogenase: **Leber** (vor allem) und **Magenschleimhaut** (bei Frauen dort 60% weniger aktiv als bei Männern).
- Die **zelluläre Lokalisation**: die Alkohol-Dehydrogenase im **Cytosol**, Aldehyd-Dehydrogenase in den **Mitochondrien**.
- Das **MEOS** («Microsomal ethanol oxidising system»): Cytochrom P450-abhängige Ethanol-Oxidation zu Acetaldehyd im **endoplasmatischen Reticulum**. Benötigt NADPH und O_2 und ist **induzierbar** (durch chronischen Alkoholkonsum, Medikamente etc.).
- Ethanol ist **energiereich**: 7,1 kcal/g = 29,8 kJ/g (Kohlenhydrate: 4,1 kcal/g = 17,2 kJ/g; Fett: 9,3 kcal/g = 39,1 kJ/g).
- Die vielen Reduktionsäquivalente (NADH), die in den beiden Schritten des Ethanolabbaus entstehen, erklären manche biochemische Besonderheit des Alkoholismus (mit): gehemmte Gluconeogenese, da das Gleichgewicht zwischen Pyruvat und Lactat auf der Seite des Lactats liegt (Bewusstlosigkeit nach akutem Alkoholmissbrauch!); der Citratzyklus wird gebremst, die Acetyl-CoA-Konzentration und die Fettsäure- und Triglyceridsynthese steigen; die β-Oxidation der Fettsäuren wird gehemmt.

Pa

42

- Alle Schritte der Glycolyse und der Gluconeogenese muss man kennen!
- Der Zweck der Pyruvatreduktion zu Lactat ist die Regeneration von NAD^+ unter **anaeroben** Bedingungen.
- Die Energiebilanz der Glycolyse: netto 2 Mol ATP pro Mol Glucose (2 verbraucht, 4 gebildet; wenig, verglichen mit den 38 ATP der vollständigen Oxidation eines Mols Glucose).
- Die Gluconeogenese umgeht die irreversiblen Schritte der Glycolyse.
- Die Glucokinase und die Hexokinase unterscheiden sich in ihrer Lokalisation, der Kinetik und der Spezifität.
- Der Glucosezutritt zu den Zellen erfolgt durch die **GLUTs** (passiver Transport). GLUT4 ist insulin-abhängig und kommt im Muskel und Fettgewebe vor.
- Insulin senkt die Blutglucose-Konzentration; Adrenalin, Noradrenalin, Glucagon und Glucocorticoide heben sie an.
- Die wichtigsten regulatorischen Ansatzpunkte der Glycolyse sind die Hexokinase, die Phosphofructokinase (PFK) und die Pyruvatkinase. Die PFK katalysiert zwar den 2. Schritt, doch für Glucose, die aus dem Glycogen kommt, ist es der erste: Glycogen + P_i → Glycogenrest + Glucose-1-phosphat → Glucose-6-phosphat; die Hexo(Gluco)kinase braucht es in diesem Falle nicht.
- Ethanol, das Endprodukt des anaeroben Stoffwechsels der Hefe und einiger Bakterien, wird von Tieren nicht gebildet, weil ihnen die **Pyruvat-Decarboxylase** fehlt. Sie können ihn aber über **Acetaldehyd** (sehr giftig) zu Acetat abbauen.

4 | Pyruvatdehydrogenase und Citratzyklus

Alle Wege führen nach Acetyl-CoA – gemeint sind die Wege des Energiestoffwechsels. Bis dorthin hat nur die Glycolyse direkt verwertbare Energie (ATP) geliefert: Zwei Mol ATP pro Mol Glucose. Die restliche Energie, die zwischen der Glucose und Pyruvat frei wird, und die gesamte frei werdende Energie der Fettsäure- und Aminosäureoxidation zu Acetyl-CoA wird vorübergehend in Form von Reduktionsäquivalenten gespeichert (NADH und $FADH_2$). Reduktionsäquivalente liefern in der «oxidativen Phosphorylierung» ATP – wie, ist Gegenstand des Kapitels 5.

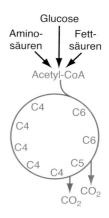

Acetyl-CoA wird in den Mitochondrien – im **Citratzyklus** – zu CO_2 fertigoxidiert. Auch im Citratzyklus entstehen neben einem GTP pro Acetyl-CoA vor allem Reduktionsäquivalente. In diesem Kapitel beschreibe ich den Transport von Pyruvat in die Mitochondrien, dessen Oxidation zu Acetyl-CoA und den eigentlichen Zyklus.

4.1 Pyruvat-Transport und Pyruvat-Dehydrogenierung

Da die Glycolyse im Cytosol stattfindet, muss ihr Endprodukt, Pyruvat, zur Weiteroxidation in die Mitochondrien gelangen. Ein **Pyruvat/H^+-Cotransporter** übernimmt diese Aufgabe. Der Protonengradient über der inneren Mitochondrienmembran, der in der Atmungskette aufgebaut wird, liefert die nötige Energie – Pyruvat wird gleichsam «auf dem Rücken» der Protonen ins Mitochondrieninnere getragen.

Die Pyruvatdehydrogenase decarboxyliert danach Pyruvat zu Acetyl-CoA:

Pyruvat + NAD^+ + CoA-SH → Acetyl-CoA + CO_2 + NADH/H^+

Dieser Prozess unterscheidet sich von der Decarboxylierung von Pyruvat in alkoholproduzierenden Hefezellen und Bakterien: Während die **Pyruvat-Decarboxylase** der letzteren den Oxidationsstatus des Kohlenstoffgerüsts nicht verändert, oxidiert die Dehydrogenase Pyruvat zu CO_2 und Acetyl-CoA und reduziert gleichzeitig NAD^+ zu NADH. Wir bezeichnen diesen Vorgang als **oxidative Decarboxylierung**.

Die «Pyruvatdehydrogenase» ist in Wirklichkeit ein *Multienzymkomplex* und besteht aus jeweils mehreren Kopien dreier Enzyme (E_1, E_2 und E_3):

- **E$_1$**, die eigentliche Pyruvatdehydrogenase, ist für die Decarboxylierung zuständig und benötigt **Thiaminpyrophosphat** (TPP).
- **E$_2$** übernimmt mit Hilfe seines Cofaktors **Lipoamid** 2 Elektronen und reicht diese an
- das FAD des **E$_3$** weiter, von wo sie schließlich auf NAD$^+$ übertragen werden.

ZUSAMMENFASSUNG

- Die Pyruvatdehydrogenase ist ein Multienzymkomplex und benötigt fünf Cofaktoren: Thiaminpyrophosphat, Lipoamid, CoA, FAD und NAD$^+$. TPP, Lipoamid und FAD sind an den Enzymkomplex gebunden und finden im Verlauf der oxidativen Decarboxylierung zu ihrem ursprünglichen Zustand zurück.
- 4 Vitamine sind beteiligt: Vitamin B$_1$ (Thiamin), Vitamin B$_3$ (Niacin) als Bestandteil des NAD(H), Vitamin B$_2$ (Riboflavin), das im FAD(H$_2$) steckt und das Vitamin B$_5$ (Pantothensäure) des CoA.
- Die oxidative Decarboxylierung von Pyruvat ist irreversibel – das $\Delta G^{\circ\prime}$ beträgt -34 kJ/mol! Das bedeutet für Tiere, dass **aus Acetat keine Glucose entstehen kann**, und da Fettsäuren über Acetyl-CoA abgebaut werden, kann aus dem mengenmässig wichtigsten Energiespeicher keine für die Versorgung des Gehirns, der Erythrocyten und des Nierenmarks wichtige Glucose synthetisiert werden!

4.2 Der Citratzyklus

Im Citratzyklus verbinden sich die zwei Cs des Acetyl-CoA mit den 4 Cs des Oxalacetats zu Citrat (6 Cs). Citrat gibt im darauf folgenden Oxidationsprozess zwei Cs als CO$_2$ ab, die vier verbleibenden werden in Oxalacetat zurückverwandelt. Der Zyklus wurde 1937 von Sir Hans Krebs entdeckt, man bezeichnet ihn deshalb auch als «Krebs-Zyklus»(Abb. 4.1).

Der erste Schritt, durch die **Citratsynthase** katalysiert, ist stark exergon: das $\Delta G^{\circ\prime}$ beträgt -30 kJ/mol und ist auf die Hydrolysierung der energiereichen Thioesterbindung im Acetyl-CoA zurückzuführen. Das Produkt der Reaktion, Citrat, ist eine *Tricarboxylsäure* und der Grund dafür, dass

Thioester

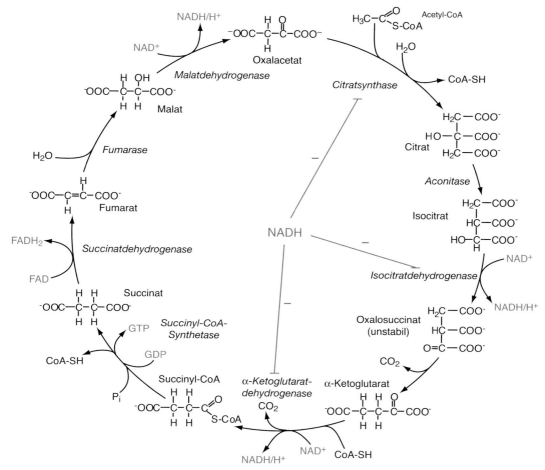

Abbildung 4.1 Der Citratzyklus. Neben NADH spielen noch weitere Regulatoren eine Rolle.

der Citratzyklus auch unter dem Namen Tricarboxylsäurezyklus bekannt ist.

Aconitase heißt das Enzym, welches die Hydroxylgruppe des Citrat auf das benachbarte C verschiebt. Die Bedeutung dieser Umwandlung offenbart sich im nächsten Schritt: die Isocitratdehydrogenase überträgt zwei Elektronen auf NAD$^+$, es entstehen NADH/H$^+$ und das unstabile Oxalosuccinat. Unstabil, weil eine Carboxylgruppe in β-Stellung zu einer Ketogruppe zur spontanen Decarboxylierung neigt. In diesem Falle entstehen α-Ketoglutarat und CO$_2$.

Die α-**Ketoglutarat-Dehydrogenase** entspricht in Wirkung und Mechanismus der Pyruvat-Dehydrogenase: Sie decarboxyliert α-Ketoglutarat oxidativ zu Succinyl-CoA, NADH/H$^+$ und CO$_2$, unter Beteiligung der gleichen fünf Cofaktoren: CoA, Thiamin-PP, Lipoamid, FAD und NAD$^+$. Und der Schritt ist, wie die oxidative Decarboxylierung des Pyruvats, irreversibel ($\Delta G°' = -37$ kJ/mol).

Wer viel Kohlenhydrate isst, braucht viel Thiamin (Vitamin B$_1$). Diese Beobachtung wird nun verständlich, denn Glucose durchläuft, wird sie vollständig oxidiert, zwei Prozesse, an denen Thiamin-PP beteiligt ist – die Dehydrogenierung/Decarboxylierung des Pyruvats unmittelbar vor und des α-Ketoglutarats im Citratzyklus. Und auch im Pentosephosphatzyklus wird Thiamin-PP für den Glucoseabbau gebraucht (Kapitel 6.1).

Die energiereiche Bindung des Succinyl-CoA dient der Synthese eines GTP oder ATP, katalysiert wird die Reaktion durch die **Succinat-Thiokinase** (= Succinyl-CoA-Synthetase). Es handelt sich um eine **Substratkettenphosphorylierung**. In Zellen, die der Gluconeogenese nicht mächtig sind, dient ADP als Substrat für die Succinat-Thiokinase. Zellen hingegen, die Glucose synthetisieren können (Leber und Niere) besitzen zwei Isoformen des Enzyms: eine, die ATP synthetisiert und eine zweite, die GTP macht. GTP wird in der Gluconeogenese für die Decarboxylierung und Phosphorylierung des Oxalacetats benötigt.

Die restlichen Schritte – von Succinat zu Oxalacetat – gleichen der β-Oxidation der Fettsäuren: Dehydrierung durch die **Succinat-Dehydrogenase**, es entsteht Fumarat mit einer Doppelbindung; Wasseranlagerung durch die **Fumarase** (= Fumarat-Hydratase) zu Malat; und Dehydrierung des Malats zu Oxalacetat. In den beiden Dehydrierungsschritten fallen je zwei Reduktionsäquivalente an, in Form von FADH$_2$, wenn aus der Einfachbindung des Succinat eine Doppelbindung wird, und als NADH/H$^+$, wenn die Hydroxylgruppe des Malats zu einer Ketogruppe oxidiert. Die Succinat-Dehydrogenase ist – als einziges Enzym des Citratzyklus – membrangebunden und mit dem Komplex II der Atmungskette identisch. Die beiden Elektronen werden von FADH$_2$ an das Coenzym Q (= Ubichinon) weitergegeben (Kapitel 5.1).

Energiebilanz

Glycolyse:
2ATP
aerob:
38ATP

Die Elektronen, die Acetyl-CoA im Citratzyklus entzogen werden, gelangen über drei NADH/H$^+$ und ein FADH$_2$ in die Atmungskette und liefern damit zusammen 11 ATP (3x3 + 1x2). Dazu kommt ein ATP (oder GTP, die beiden sind energetisch äquivalent) aus der Substratkettenphosphorylierung. Ein Mol Glucose produziert so im Citratzyklus 24 (2x12) Mol

ATP, dazu kommen weitere 14 Mol, die aus den dem Zyklus vorgeschalteten Schritten stammen (2 durch Substratkettenphosphorylierung in der Glycolyse, 2x3 = 6 aus dem NADH der Glycolyse, und 2x3 = 6 aus der oxidativen Decarboxylierung des Pyruvats), was zusammen 38 Mol ATP pro Mol Glucose ergibt. Viel, verglichen mit den 2 ATP der Glycolyse!

Lerntechnisches, Missverständnisse und Prüfungsrelevantes

Pr

Es ist einfach, sich die Vorgänge des Citratzyklus einzuprägen: Ein Gerüst aus 4 Kohlenstoffatomen bildet das Rückgrat des Zyklus. Es wird weder verbraucht noch gebildet, sondern spielt die Rolle eines Katalysators. Damit lässt sich auch verstehen, warum der oft gehörte studentische Einwand, im Citratzyklus könne Acetyl-CoA entgegen der Beteuerungen der Dozenten in Oxalacetat und somit schlussendlich in Glucose verwandelt werden, nicht stimmt: Es entstehen keine zusätzlichen C4-Stücke, die beiden eingeschleusten Cs gehen als CO_2 verloren.[*]

Lerntechnisch ist es vorteilhaft, wenn man sich nicht nur die Namen der beteiligten Moleküle, sondern auch deren Formeln einprägt. Schwer ist es nicht:

- Es handelt sich um Kohlenstoffketten, an deren beiden Enden eine Carboxylgruppe sitzt.
- Die letzten Schritte, von Succinat bis Oxalacetat, kommen auch in der β-Oxidation vor: Dehydrierung zu einer Doppelbindung, Wasseranlagerung und Dehydrierung der Hydroxylgruppe.
- α-Ketoglutarat und Oxalacetat sind α-*Ketosäuren* und stehen durch Transaminierung mit den Aminosäuren Glutamat und Aspartat in Verbindung (s. unten).

Nur ein O tritt mit dem Acetyl-CoA in den Citratzyklus ein, aber vier verlassen ihn mit den beiden CO_2 – woher stammen die 3 zusätzlichen Sauerstoffatome? Aus Wasser, das der Citratsynthase und der Fumarase als Substrat dient; und aus dem Phosphat, das an der Succinat-Thiokinase-Reaktion beteiligt ist. Nicht aus O_2!

Oxalacetat/Aspartat

α-Ketoglutarat/ Glutamat

---

[*] Genau genommen sind es nicht die beiden C-Atome des Acetyls, die nach der Bildung des Citrats als CO_2 abgespalten werden, sondern zwei Cs, die ursprünglich im Oxalacetat steckten. Doch unter dem Strich bleibt es dabei: keine Glucose aus Acetyl-CoA!

4.3 Die Regulation der Pyruvatdehydrogenase und des Citratzyklus

Wie üblich, konzentriert sich die Regulation auf die stark exergonen Reaktionen und ihre Enzyme: die Pyruvatdehydrogenase ($\Delta G^{\circ\prime}$ = -34 kJ/mol), die Citratsynthase ($\Delta G^{\circ\prime}$ = -32.2 kJ/mol), die Isocitratdehydrogenase ($\Delta G^{\circ\prime}$ = -20.9 kJ/mol) und die α-Ketoglutaratdehydrogenase ($\Delta G^{\circ\prime}$ = -33.5 kJ/mol). Hemmend wirken vor allem NADH, ATP, GTP, Acetyl-CoA und Citrat, stimulierend ADP, Ca^{2+} und Insulin. Folgende Punkte gilt es zu beachten:

1. Die Pyruvatdehydrogenase (PDH) verbindet den Kohlenhydratstoffwechsel mit dem Citratzyklus. Eingriffe an dieser Stelle beeinflussen nicht nur den Kohlenhydratverbrauch, sondern auch den Fettsäureabbau, der ebenfalls in den Acetyl-CoA-Pool mündet. Es ist deshalb verständlich, dass dieses Enzym auf besonders vielfältige Art gesteuert wird: auf der Ebene der mRNA und der Proteinmenge, durch reversible Phosphorylierung und direkt durch Liganden (Abb. 4.2):

Untere Ebene: der Enzymkomplex selber steht unter der hemmenden Wirkung der beiden Produkte Acetyl-CoA und NADH («Produktehemmung» – Acetyl-CoA kompetitiert mit CoA, NADH mit NAD^+).

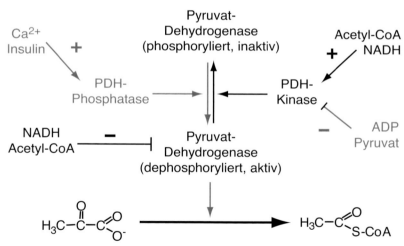

Abbildung 4.2 Die Regulation der Pyruvatdeydrogenase. Rot: aktiv, wenn die Glucosekonzentration hoch ist. PDH: Pyruvat-Dehydrogenase.

Mittlere Ebene: E_1 wird durch spezifische PDH-Kinasen phosphoryliert und dadurch gehemmt. Acetyl-CoA und NADH stimulieren die Kinaseaktivität und hemmen dadurch die PDH zusätzlich. ADP hingegen hemmt die Kinase und fördert so die Umwandlung von Pyruvat in Acetyl-CoA im Falle eines niedrigen ATP-Spiegels. In einer Hungerphase liegt PDH in der Leber, im Herz- und im Skelettmuskel zu einem großen Teil in der phosphorylierten, inaktiven Form vor; dadurch spart der Organismus Glucose, denn Pyruvat wird nicht zu Ende oxidiert, sondern via Lactat in die Leber umgeleitet und dort in die Gluconeogenese eingeschleust. Phosphorylierte PDH wird durch eine Phosphatase dephosphoryliert = aktiviert; Ca^{2+} und Insulin stimulieren diese Phosphatase.

Obere Ebene: Hungern, fettreiche/kohlenhydratarme Nahrung und langdauerndes aerobes Training lassen die Menge der PDH-Kinase ansteigen. So wird sichergestellt, dass unter diesen Bedingungen die Umwandlung von Pyruvat in Acetyl-CoA gebremst und Glucose gespart wird. Stattdessen liefert nun die β-Oxidation den Hauptanteil an Acetyl-CoA.

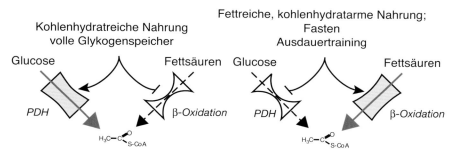

Abbildung 4.3 Glucose- und Fettsäureoxidation beeinflussen sich gegenseitig.

Kohlenhydrat oder Fett? Das ist hier die Frage...

Wenn es darum geht, wie stark der Körper die beiden Energieträger Fett und Kohlenhydrate berücksichtigt, spielt auch die PDH eine Rolle (Abb. 4.3 und 4.4). Im Muskel, in der Leber und im Fettgewebe, die in dieser Frage besonders ins Gewicht fallen, steigern üppige Kohlenhydratzufuhr und volle Glycogenspeicher die PDH-Aktivität, denn die Glycogen-Mobilisierung und Glycolyse vergrößern das Pyruvat-Angebot, während die in den Phasen der Nahrungsaufnahme erhöhte Insulinkonzentration die Dephosphorylierung der PDH stimuliert. Im umgekehrten Fall – wenn die Nahrung fettreich und kohlenhydratarm ist – liefert die β-Oxidation reichlich PDH-hemmendes Acetyl-CoA und dreht so den Hahn, der den Acetyl-CoA-Pool mit der Glycolyse verbindet, zu. Fasten hat denselben Effekt: Auch im Zustand verstärkter Lipolyse läuft die β-Oxidation auf Hochtouren, während Glucose gespart wird.

Langfristig bestimmen auch die Lebensgewohnheiten, aus welcher Quelle der Acetyl-CoA-Pool in Muskel, Leber und Fettgewebe bevorzugt gespiesen wird: Ausdauertraining (vor allem im nüchternen Zustand), häufiges Fasten und kohlenhydratarme Diät vergrößern die Menge der PDH-Kinase und halten so die PDH-Aktivität tief.

2. Der Citratzyklus ist an die oxidative Phosphorylierung gekoppelt. Liegt genügend ATP vor, und ist das Verhältnis ATP:ADP hoch, werden sowohl die Atmungskette als auch der Citratzyklus langsamer. ATP hemmt die Pyruvatdehydrogenase, die Citratsynthase und die Isocitratdehydrogenase. Umgekehrt stimuliert ADP die Pyruvat- und die Isocitratdehydrogenase.

3. Entsteht im Citratzyklus mehr NADH als in der Atmungskette oxidiert werden kann, wird das Verhältnis NADH:NAD$^+$ größer. NADH hemmt die Pyruvatdehydrogenase, die Citratsynthase, die Isocitratdehydrogenase und die α-Ketoglutaratdehydrogenase allosterisch.

4. Ca^{2+} stimuliert die Pyruvat- und die α-Ketoglutaratdehydrogenase. Wenn sich ein Muskel kontrahiert, fließt Ca^{2+} in die Zellen und stimuliert dort neben seiner Funktion im eigentlichen Kontraktionsvorgang die Bereitstellung von Acetyl-CoA aus Pyruvat, den Citratzyklus und die Glycogenolyse. Kontraktion und Energieversorgung werden so aufeinander abgestimmt.

5. Citrat hemmt die Citratsynthase. Da Citrat mit Hilfe eines Transporters auch ins Cytosol gelangt und dort die Phosphofruktokinase hemmt, wird nicht nur der Citratzyklus im Mitochondrion, sondern gleichzeitig auch der Pyruvatnachschub durch die Glycolyse gedrosselt.

In der Tabelle 4.1 sind die wichtigsten Regulationsmechanismen zusammengefasst.

Enzym	Hemmt	Stimuliert
Pyruvatdehydrogenase	Acetyl-CoA, NADH, ATP	Insulin, Ca^{2+}, ADP, Pyruvat
Citratsynthase	NADH, Citrat, ATP	
Isocitratdehydrogenase	NADH, Succinyl-CoA	Ca^{2+}, ADP
α-Ketoglutaratdehydrogenase	NADH, Succinyl-CoA	Ca^{2+}

Tabelle 4.1 Regulatoren des Citratzyklus.

4.4 Die anaplerotischen Reaktionen

Zwar wird das C4-Rückgrat in seiner Funktion als Katalysator im Citratzyklus nicht verbraucht, dennoch gehen dauernd Komponenten verloren: nach Transaminierung zu Aminosäuren, durch den Export von Citrat oder die Verwendung von Oxalacetat für die Gluconeogenese in Leber und Niere. Die anaplerotischen Reaktionen sorgen dafür, dass der aerobe Stoffwechsel nicht zum Erliegen kommt (ἀναπλήρωσις = Auffüllen, hier Auffüllen des Bestandes an C4-Molekülen).

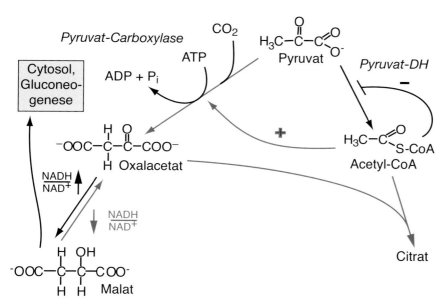

Abbildung 4.4 Acetyl-CoA stimuliert die anaplerotische Reaktion und hemmt die Pyruvat-Dehydrogenase. Bei Energiebedarf (NADH:NAD$^+$ tief) fließt Oxalacetat in den Citratzyklus (rot).

Die wichtigste anaplerotische Reaktion wird durch die Pyruvat-Carboxylase katalysiert und lässt aus Pyruvat Oxalacetat entstehen:

$$\text{Pyruvat} + CO_2 + \text{ATP} \rightarrow \text{Oxalacetat} + \text{ADP} + P_i$$

Biotin dient, wie bei Carboxylasereaktionen üblich, als Cofaktor.

Indem Aspartat im Muskel seine Aminogruppe an Inosinmonophosphat **Pa** abgibt, entsteht Fumarat (Abb. 4.5). Dieser *Purinnucleotidzyklus* wird intensiviert, wenn der Muskel arbeitet. 1.5 bis 2% der Menschen besitzen eine defekte Myoadenosindesaminase (Muskelform der Desaminase, die den ersten Schritt im Adenosindesaminase-Zyklus katalysiert; nicht zu verwechseln mit dem hereditären Adenosindesaminasemangel, der das

Immunsystem beeinträchtigt). In vielen Fällen leiden sie unter Muskelschwäche und -schmerzen während Anstrengungen – ein Hinweis darauf, dass diese Form der anaplerotischen Reaktion im Muskel wichtig ist.

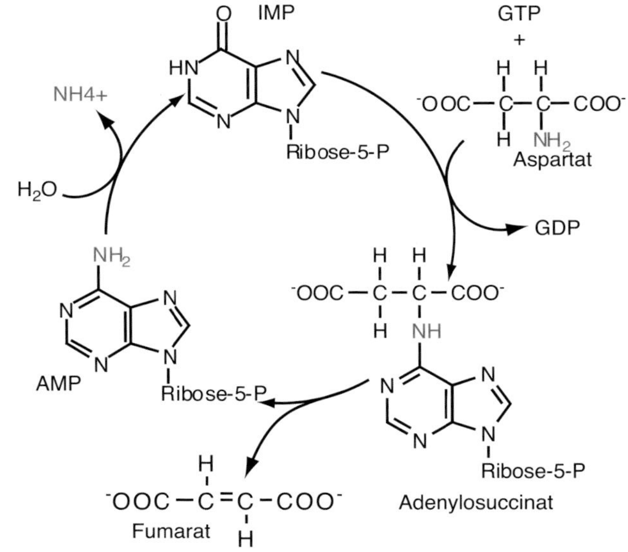

Abbildung 4.5 Der Adenosin-Desaminase-Zyklus wirkt im Muskel anaplerotisch.

4.5 Die Stellung des Citratzyklus im Gesamtmetabolismus

Die anaplerotischen Reaktionen zeigten es schon auf: Die Bestandteile des Citratzyklus sind auf mannigfache Art im Stoffwechsel verhängt. Abb. 4.6 zeigt die wichtigsten Verknüpfungen.

Allerdings stehen dem Verkehr durch die innere Mitochondrienmembran nur wenige Transporter zur Verfügung: Neben Pyruvat können von den Bestandteilen des Citratzyklus **Citrat, α-Ketoglutarat, Succinat** und **Malat** ins Cytosol und zurück gelangen; Acetyl-CoA und Oxalacetat hingegen bleiben in den Mitochondrien eingeschlossen. Sie bedürfen, um dennoch im Cytosol zu erscheinen, einer vorübergehenden Verwandlung in ein transportfähiges Molekül. Die beiden wichtigsten Mechanismen sind:

Der **Malat-Aspartat Shuttle** (Abb. 4.7). Er bringt Oxalacetat auf Umwegen ins Cytosol. Die Variante A geht mit der gleichzeitigen Übertragung

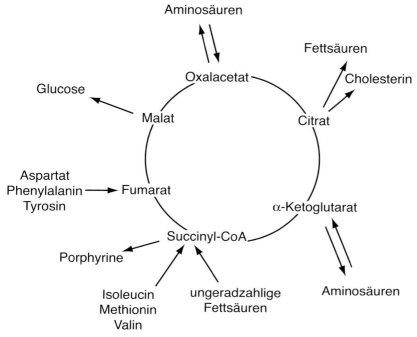

Abbildung 4.6 Der Citratzyklus im Zusammenhang. Nur die letzten 3 Cs der ungeradzahligen Fettsäuren (= Propionat) liefern Succinyl-CoA!

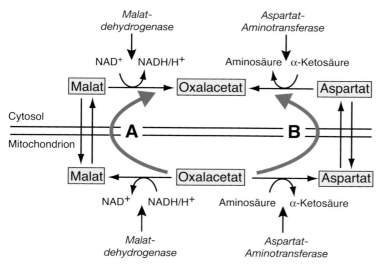

Abbildung 4.7 Der Malat-Aspartat-Shuttle. Mit der Variante A gelangen gleichzeitig Reduktionsäquivalente ins Cytosol (Gluconeogenese!).

zweier Reduktionsäquivalente einher, die in der Gluconeogenese Verwendung finden.

Acetyl-CoA, aus dem im Cytosol Fettsäuren und Cholesterin synthetisiert werden, entsteht im Mitochondrion aus Pyruvat und verlässt es versteckt im Citrat (Abb. 4.8). Nach der Abspaltung von Acetyl-CoA kehrt das verbliebene C-Gerüst entweder als Malat oder – nach Decarboxylierung durch das **Malatenzym** – als Pyruvat ins Mitochondrion zurück.

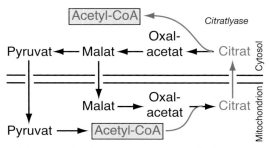

Abbildung 4.8 Acetyl-CoA gelangt als Teil des Citrats ins Cytosol.

Dass Oxalacetat die Mitochondrien nicht verlassen kann, hat folgenden Vorteil: Oxalacetat, das in der anaplerotischen Reaktion entstanden ist, fließt bei niedrigem $NADH/NAD^+$-Verhältnis nicht ins Cytosol, sondern in den Citratzyklus. Ist hingegen das $NADH/NAD^+$-Verhältnis hoch, wird Oxalacetat zu Malat reduziert, nach seinem Transport ins Cytosol zu Oxalacetat reoxidiert und – in der Leber – für die Gluconeogenese gebraucht. Dieser Weg wird bei lipolytischen Stoffwechsellagen begünstigt (s. Abb. 4.4).

Eine Verständnisfrage:
Glutamin wird von manchen Zellen als Energiequelle benutzt und vollständig oxidiert. Welchen Weg muss diese Aminosäure nehmen, um vollständig oxidiert zu werden?

Antwort: Nach zweifacher Desaminierung besteigt das C5-Gerüst als α-Ketoglutarat das Karussell des Citratzyklus und reitet bis Malat mit. Die vier verbliebenen Cs müssen, um weiter oxidiert zu werden, den Citratzyklus wieder verlassen, denn das C4-Rückgrat des Zyklus wird als Katalysator netto nicht verbraucht. Malat durchläuft nachher die Stationen (im Cytosol): Oxalacetat → Pyruvat (Malatenzym); (im Mitochondrion): Pyruvat → Acetyl-CoA → Citratzyklus → 2 CO_2.

- Im Citratzyklus wird Acetyl-CoA zu CO_2 abgebaut.
- Pro Acetyl-CoA entstehen drei **NADH/H$^+$**, ein **FADH$_2$** und ein **GTP**.
- Die Komponenten des Citratzyklus sind **Dicarbonsäuren** – sie tragen an beiden Enden eine Carboxylgruppe. (Citrat und Isocitrat sind **Tricarbonsäuren**).
- Reguliert wird der Citratzyklus durch:
  - NADH und Acetyl-CoA («untere Ebene»)
  - Die PDH-Kinase («mittlere Ebene»)
  - Hunger und fettreiche Nahrung («obere Ebene»)
- Die **anaplerotische Reaktion** füllt den Vorrat an C4-Stücken auf. Wichtigster Mechanismus: **Pyruvat-Carboxylase**.
- Für **Citrat, α-Ketoglutarat, Succinat** und **Malat** gibt es Mitochondrientransporter.

5 | Oxidative Phosphorylierung

In der Glycolyse, der β-Oxidation der Fettsäuren, der Oxidation der Aminosäuren und dem anschließenden Citratzyklus werden die Energieträger zu energiearmem CO_2 oxidiert. Brauchbare Energie in Form von ATP entsteht dabei nur in der Glycolyse (2 ATP pro Glucose) und im Citratzyklus (1 ATP pro Acetyl-CoA), die restliche Energie wird als reduziertes NADH und $FADH_2$ zwischengelagert und erst in der Atmungskette zu ATP gemacht. Dieser Vorgang – die Oxidation von NADH und $FADH_2$, die damit verbundene Reduktion von Sauerstoff und die Synthese von ATP – heißt oxidative Phosphorylierung und ist Thema dieses Kapitels.

5.1 Die Atmungskette

Die Atmungskette befindet sich in der inneren Mitochondrienmembran und leitet die Elektronen des NADH und des $FADH_2$ über mehrere Stationen auf molekularen Sauerstoff. Es entsteht Wasser.

Molekül	$E^{o'}$ (Volt)
NAD^+	-0.315
Fumarat	-0.03
Ubichinon	0.10
Cytochrom b (Fe^{3+})	0.08
Cytochrom c_1 (Fe^{3+})	0.22
Cytochrom c (Fe^{3+})	0.24
Cytochrom a (Fe^{3+})	0.29
$\frac{1}{2} O_2$	0.815

Tabelle 5.1 Die Reduktionspotentiale ($E^{o'}$) einiger Stationen der Atmungskette.

Die Elektronen beginnen ihre Wanderung auf Molekülen mit niedrigem Reduktionspotential und werden an Stationen mit zunehmend höherem Potential weitergereicht. Die Reduktionspotentialdifferenz $\Delta E^{o'}$ zwischen NADH und O_2 beträgt 0.815V -(-0.315V) = 1.13V und entspricht -218 kJ/mol (s. Tabelle 5.1 und Formel; 2: Anzahl Elektronen, F: Faraday-Zahl). Die Energie reicht für den Transport von 10 Protonen aus der Mitochondrienmatrix in den Membranzwischenraum. Abbildung 5.1 fasst die Vorgänge zusammen. Beachten Sie die Sequenz: NADH $\rightarrow$ Komplex I $\rightarrow$

$\Delta G^{o'} = -2F\Delta E^{o'}$

59

Komplex III und Succinat → Komplex II → Komplex III – die Komplexe I und II stehen parallel zueinander. Aus diesem Grunde bewegt die Oxidation von $FADH_2$ nicht 10, sondern nur 6 Protonen nach außen.

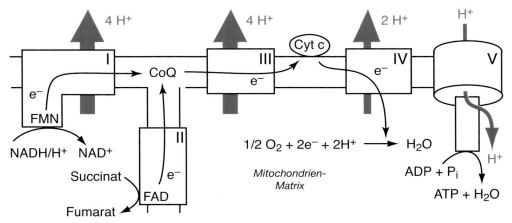

Abbildung 5.1 Die Atmungskette. CoQ: Coenzym Q (= Ubichinon); FMN: Flavinmononucleotid.

Die Komplexe I bis IV können als Enzyme verstanden werden, die Elektronen von einem Substrat aufs nächste übertragen, also:

Komplex I: NADH-Ubichinon Oxidoreduktase (oxidiert NADH, reduziert Ubichinon) oder NADH-Oxidase
Komplex II: $FADH_2$-Ubichinon Oxidoreduktase oder $FADH_2$-Oxidase
Komplex III: Ubichinon-Cytochrom c Oxidoreduktase oder Ubichinon-Oxidase
Komplex IV: Cytochrom c-O_2 Oxidoreduktase oder Cytochrom c-Oxidase

> Die wichtigsten Elektronenüberträger

Eisen, **Kupfer** und **Flavine** übertragen die Elektronen in der Atmungskette (s. Abb. 5.2):

- *«Eisen-Schwefel-Zentren»*: Zwei Formen (2Fe-2S und 4Fe-4S). Eisen nimmt Elektronen auf (→ Fe^{2+}) und gibt sie danach weiter (→ Fe^{3+}). Fe-S-Zentren hängen an Cysteinen der Proteine. Sie kommen in den Komplexen I, II und III vor.

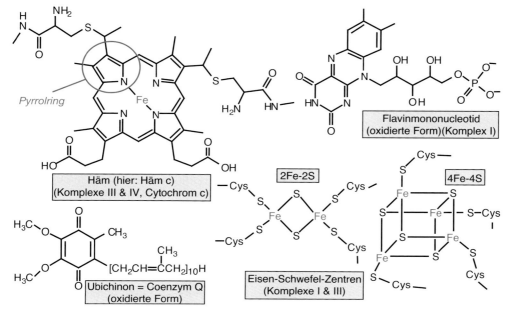

Abbildung 5.2 Wichtige Elektronenüberträger der Atmungskette.

- *Häm*: 4 **Pyrrol**ringe bilden zusammen mit dem Eisenatom in der Mitte ein **Häm**. Fe überträgt die Elektronen ($Fe^{3+} \rightleftarrows Fe^{2+}$). Häme kommen in den Komplexen II, III und IV vor; sie sind Bestandteil der **Cytochrome**.
- *Flavinmononucleotid (FMN)*: Überträgt zwei Elektronen aufs Mal. Kommt im Komplex I vor.
- *Flavinadenindinucleotid (FAD)*: Überträgt zwei Elektronen aufs Mal. Ist Bestandteil des Komplexes II.
- *Kupfer-Schwefel-Zentrum (Cu_A)*: Kupfer überträgt Elektronen ($Cu^{2+} \rightleftarrows Cu^{1+}$). Kommt im Komplex IV vor.

Oder (für die Prüfung) nach Komplexen geordnet:

- *Komplex I*: FMN, Fe-S-Zentren.
- *Komplex II*: FAD, Fe-S-Zentren, Häm (b).
- *Komplex III*: Fe-S-Zentrum, Häm (b_L, b_H, und c_1).
- *Komplex IV*: Häm (a, a_3), Cu (Cu_A und Cu_B).

Pr

Die Komponenten im Detail

Komplex I
Das reduzierte NADH der Mitochondrienmatrix übergibt zwei Elektronen an das FMN des Komplex I. Über die Fe-S-Zentren wandern diese

schließlich auf Ubichinon. Vier Protonen werden nach außen gepumpt, der Mechanismus ist noch nicht bekannt. Der Komplex I besteht aus 43 Peptiden.

Komplex II

Der Komplex II ist mit der **Succinat-Dehydrogenase** des Citratzyklus identisch. FAD ist Teil dieses Komplexes und nimmt die Elektronen des Succinats auf (vgl. mit Komplex I: NADH in der Matrix, FMN Bestandteil des Komplexes). Der weitere Weg: Fe-S-Zentren → Häm$_b$ → Ubichinon. Der Reduktionspotentialunterschied zwischen Succinat und Ubichinon beträgt 0.015V (entspricht 3 kJ/mol) und ist damit viel kleiner als der Unterschied zwischen Komplex I und Ubichinon (-0.36V, -69.5 kJ/mol). Es werden **keine Protonen** gepumpt.

Ubichinon = Coenzym Q

NADH kann nur *zwei Elektronen aufs Mal* aufnehmen oder abgeben, es kennt nur die zwei Redox-Zustände $NAD^+ + 2e^- + 2H^+ → NADH + H^+$. Die nachgeschalteten Cytochrome besitzen zwar auch nur zwei Möglichkeiten, können aber nur mit *einem Elektron aufs Mal* fertig werden ($Fe^{3+} + 1e^- → Fe^{2+}$). Damit die Kette reibungslos läuft, braucht es dazwischen Moleküle mit *drei stabilen Zuständen*. **Chinone** besitzen diese Fähigkeit: Chinon + $1e^-$ → Semichinon + $1e^-$ → Hydrochinon (s. Randfigur). Das Semichinon ist ein Radikal – es besitzt ein ungepaartes Elektron.

Ubichinon stammt sowohl aus der Nahrung wie auch aus der Eigensynthese. Der lange, hydrophobe Schwanz wird aus Isopreneinheiten zusammengesetzt, deren 10 im Falle der menschlichen Form (deshalb Q_{10}!). Da Isoprene Zwischenprodukte der Cholesterinsynthese sind (siehe Seite 146), hemmen Statine nicht nur die Synthese des Cholesterins, sondern auch des Ubichinons (siehe auch Kapitel 10.4).

Komplex III

Die Übergabe der Elektronen von Ubichinon auf den Komplex III erfolgt im Q-*Zyklus*, einem barocken Tanz, in dem die Elektronen ihre Partner tauschen. Die Abbildung 5.3 zeigt die Schritte: Ubichinon übernimmt 2 Elektronen vom Komplex I oder II und 2 Protonen aus der Matrix (*1*); reduziertes Ubichinon bindet an die äußere Q-Bindestelle des Komplex III (*2*) und gibt ein Elektron über die Zwischenstationen Rieske-Zentrum und c$_1$ an Cytochrom c weiter (*3*); das zweite Elektron wird zur inneren Q-Bindestelle geleitet, wo es oxidiertes Ubichinon (Q) zum Semichinon (QH) reduziert (*4*). Der zweite Zyklus (B) gleicht dem ersten, aber das vorher entstandene QH wird nun durch das zweite Elektron zu QH$_2$ fertig

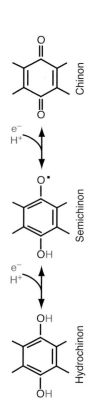

Chinon

e^-
H^+

Semichinon

e^-
H^+

Hydrochinon

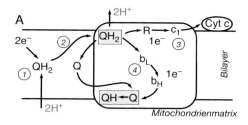

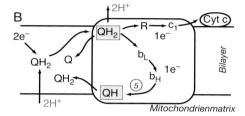

Abbildung 5.3 Der Q-Zyklus. A: erster Zyklus. B: zweiter Zyklus. Cyt c: Cytochrom c; Q: Ubichinon; R: Rieske-Zentrum (Fe-S). Einzelheiten s. Text.

reduziert (5). Die Bilanz: $2\,QH_2 + 2H^+ \rightarrow 1\,Q + 1\,QH_2 + 2$ transportierte Elektronen + 4 translozierte Protonen.

Cytochrom c

Im Gegensatz zum hydrophoben Ubichinon, das im Innern des Bilayers zu Hause ist, sitzt das lösliche Cytochrom c auf der **Außenseite** der inneren Mitochondrienmembran. Sind die Mitochondrien geschädigt, wird Cytochrom c ins Cytosol abgegeben und löst dort eine Signalkaskade aus, die zur **Apoptose** (programmiertem Zelltod) führt.

Komplex IV

Der Komplex IV übernimmt Elektronen vom Cytochrom c. Der Weg: Cytochrom c $\rightarrow$ Cu_A-Zentrum $\rightarrow$ Cytochrom a $\rightarrow$ Cytochrom a_3 $\rightarrow$ O_2. Zwei Elektronen reduzieren ein O-Atom, zusammen mit zwei Protonen aus der Matrix entsteht ein Molekül H_2O. Zwei weitere Protonen werden nach außen befördert. Während der Reduktion des Sauerstoffs halten das Eisen des Häms a_3 und das Kupfer des Cu_B-Zentrums O_2 fest.

Zwei weitere Elektronenquellen

Das NADH der Mitochondrienmatrix gibt Elektronen an den Komplex I weiter, während das $FADH_2$ des Komplexes II Elektronen von Succinat aufnimmt und weiterleitet. Zwei weitere Elektronenquellen sind wichtig:

mitochondriales FADH$_2$, das *nicht aus dem Citratzyklus* stammt, und *cytosolisches NADH*.

- Die β-Oxidation der Fettsäuren liefert ein FADH$_2$ pro Runde (S. 130). Dieses FADH$_2$ ist *nicht* Teil des Komplexes II, seine Elektronen werden über das **Elektronen-transferierende Flavoprotein** (ETF) mit Hilfe der **ETF:Ubichinon-Oxidoreductase** auf Ubichinon übertragen. 6 Protonen werden insgesamt transportiert.

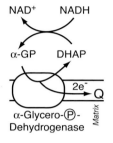

NAD$^+$ NADH

α-GP DHAP

2e$^-$
Q

α-Glycero-Ⓟ-
Dehydrogenase   *Matrix*

- Cytosolisches NADH reduziert Dihydroxyacetonphosphat (DHAP) zu α-Glycerophosphat (α-GP). Die α-GP-Dehydrogenase der inneren Mitochondrienmembran oxidiert α-GP und leitet die Elektronen zum Ubichinon weiter. Auf diese Weise finden auch Elektronen des cytosolischen NADH ihren Weg in die Atmungskette.

Hemmer

Hemmer der Atmungskette und der ATP-Synthase sind giftig; sie dienen aber auch, wenn im Experiment verwendet, der Isolierung und Erforschung der einzelnen Schritte. Folgende Hemmer und ihre Angriffspunkte müssen Sie kennen:

Pr

O H H O
C-C-C-C
O H H O
Succinat

- *Komplex I*: **Rotenon, Barbiturate**.
- *Komplex II*: **Malonat** (ein kompetitiver Hemmer der Succinat-Dehydrogenase).
- *Komplex III*: **Antimycin A**.
- *Komplex IV*: CN$^-$ (= **Cyanid**), CO (Kohlenmonoxid), H$_2$S. Cyanid und CO binden ans Häm-Eisen.
- *Komplex V* (= ATP-Synthase, s. unten): **Oligomycin**.

O H O
C-C-C
O H O
Malonat

Rotenon stammt aus tropischen Leguminosen, wird als Pestizid verwendet und betäubt, wenn ins Wasser geschüttet, Fische.

Atmungskette und Photosynthese

In der Atmungskette fallen die Elektronen, ausgehend von NADH, FADH$_2$ oder Succinat, auf zunehmend tiefere Energiestufen, bis sie zum Schluss auf Sauerstoff landen und Wasser bilden. Wie aber haben sie ihre Energie ursprünglich erhalten? Durch das Sonnenlicht, d.h. durch die Energie der Photonen (hν). Beachten Sie die Symmetrie in Abbildung 5.4:

Photosynthetisierende Organismen übertragen mit Hilfe des Lichtes Elektronen vom Wasser auf ein Molekül mit niedrigem Reduktionspotential, das am Anfang einer der Atmungskette vergleichbaren Staffette steht. Cytochrome,

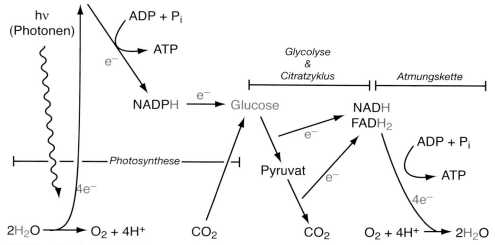

Abbildung 5.4 Der Lauf der Elektronen. h: Planck'sche Konstante; ν («nü»): Wellenlänge.

ein Chinon und Komplexe sind beteiligt, Protonen werden gepumpt, und ATP wird synthetisiert. Da sich die Elektronen auf sehr hohem Niveau bewegen, können sie zum Schluss $NADP^+$ reduzieren. NADPH dient der Assimilation (Glucosesynthese aus CO_2). In der Glycolyse und im Citratzyklus werden die Elektronen auf NADH und $FADH_2$ versammelt, bevor sie die Atmungskette durchlaufen und wieder Wasser entstehen lassen.

5.2 Die ATP-Synthase

Der Mechanismus

Die ATP-Synthase (= Komplex V) besteht aus zwei Teilen: $\mathbf{F_0}$ sitzt in der innern Mitochondrienmembran und lässt Protonen in die Matrix einströmen. Oligomycin hemmt F_0. $\mathbf{F_1}$ ragt in die Matrix und synthetisiert ATP aus ADP und P_i.

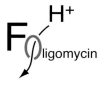

Sowohl F_0 wie auch F_1 drehen sich: F_0, angetrieben durch die einströmenden Protonen, im Uhrzeigersinn (vom Cytosol her gesehen); *isoliertes* F_1, angetrieben durch die Hydrolyse von ATP, im Gegenuhrzeigersinn (s. Abb. 5.5, A und B). Physiologischerweise sind beide Teile miteinander verkuppelt; dann zwingt F_0 F_1 den Uhrzeigersinn auf, da die Kraft

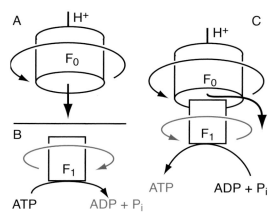

Abbildung 5.5 Die ATP-Synthase. Erklärungen s. Text.

des elektrochemischen Gradienten diejenige der ATP-Hydrolyse übersteigt. Die Umkehr der Rotationsrichtung kehrt auch die von F_1 katalysierte Reaktion um: statt zur ATP-Hydrolyse kommt es zur ATP-*Synthese* (Abb. 5.5, C).

Die Effizienz

Wieviel ATP entsteht pro NADH oder $FADH_2$? 3 ATP pro NADH und 2 ATP pro $FADH_2$ – so steht es in den Lehrbüchern. In Wirklichkeit liegt die Effizienz tiefer, bei etwa 2,5 ATP pro NADH und ca. 1,5 ATP pro $FADH_2$. Dennoch liegen den Bilanzangaben (und Prüfungsfragen!) meist die Werte 3 und 2 zugrunde, auch in diesem Buch.

Pr

Das **P/O-Verhältnis** gibt die Anzahl ATP an, die pro 2 Elektronen (d.h. pro ½ O_2) synthetisiert werden, also:

NADH: P/O = 3
$FADH_2$: P/O = 2
Succinat: P/O = 2,5
Succinat + Rotenon: P/O = 2

Die Reduktionspotentialdifferenz zwischen NADH und O_2 beträgt 1.13V. Das entspricht 218 kJ/mol, und da die Phosphorylierung von ADP 30.5 kJ/mol benötigt, würde die Energie theoretisch für 7 ATPs ausreichen. Dass die Effizienz nur 35% (2.5:7 x 100) beträgt, liegt u.a. darin begründet, dass ein Teil des elektrochemischen Gradienten für andere Zwecke verwendet wird oder ungenutzt verpufft (s. unten).

66

5.3 Die «protonmotive force» (pmf) und ihre Verwendungen

Der elektrochemische (Protonen-) Gradient, den die Atmungskette über der inneren Mitochondrienmembran aufbaut, setzt sich aus zwei Komponenten zusammen:

1. Dem Protonengradienten ΔpH. pH_{innen} - $pH_{außen}$ beträgt ca. 1 pH, was **60 mV** entspricht.
2. Dem Membranpotential $\Delta \Psi$. Es beträgt ca. **140 mV**.

Beides zusammen – ca. 200 mV – bezeichnen wir als «**protonmotive force**» (pmf). $\Delta \Psi$ beträgt ca. 70-80% der pmf. Nur ein Teil der pmf dient der ATP-Synthese. Der Rest treibt verschiedene Transportprozesse oder verpufft ungenutzt, weil Protonen durch «Lecks» in die Matrix zurückfließen.

Die pmf treibt auch Transportprozesse an

Die «protonmotive force» liefert nicht nur Energie für die ATP-Synthese, sie treibt auch Transportprozesse an:

- Der **ATP-ADP-Translokator**, ein Antiport, bringt das Substrat (ADP) in die Mitochondrien und befördert das Produkt (ATP) ins Cytosol. Da ATP vier negative Ladungen trägt, ADP aber nur drei, treibt $\Delta \Psi$ diesen Austausch an.
- Der **Phosphat-Translokator** bringt P_i in die Mitochondrien. $H_2PO_4^-$ wird gegen OH^- ausgetauscht. Da $pH_{innen} > pH_{außen}$, ist die OH^--Konzentration in der Mitochondrienmatrix höher. Der pH-Gradient treibt somit den Austausch der beiden Anionen an.
- Der **Pyruvat-Translokator**. Auch dieser Transporter wird durch den Protonengradienten angetrieben.
- Der **Malat-Shuttle** (Abb. 5.6). Teil dieses Shuttles ist der Austausch von Aspartat mit Glutamat. Da Glutamat einen *Protonen-Symport* benutzt, ist auch dieser Prozess pmf-getrieben. (Vgl. mit Abb. 4.8; eine andere Darstellung, die den Transport von Reduktionsäquivalenten ins Cytosol illustriert).
- Der **Pyruvat-Cotransporter** (s. Kapitel 4.1).
- $\Delta \Psi$ ermöglicht den **Calcium-Transport** in die Mitochondrien.

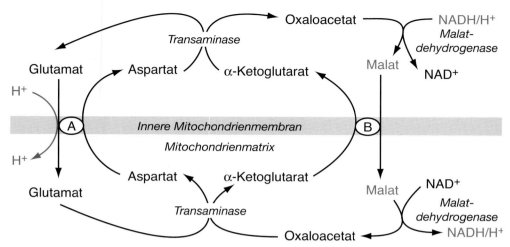

Abbildung 5.6 Der Malatshuttle. A: Glutamat-Transport; B: gleichzeitiger Transport von Reduktionsäquivalenten.

Respiratorische Kontrolle und Entkoppelungsprozesse

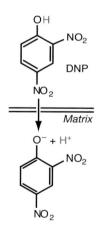

Protonen, welche die ATP-Synthase und die Transporter umgehen, verrichten keine Arbeit – ihre Energie verpufft als Wärme. Experimentell kann dieser Zustand durch **Entkoppler** wie z.B. **Dinitrophenol** (DNP) herbeigeführt werden. Die protonierte Form des DNP durchquert die innere Mitochondrienmembran. In der Matrix dissoziiert ein Proton, DNP⁻ bleibt gefangen.

Braunes Fettgewebe

Die Mitochondrien des **braunen Fettgewebes** besitzen Kanäle, durch die Protonen an der ATP-Synthase und den Transportern vorbei geschleust werden. Die damit verbundene Wärmeproduktion hilft den Neugeborenen, ihre Temperatur hoch zu halten. Erwachsene besitzen kein braunes Fettgewebe.* Und so funktioniert es:

- Die Energie stammt aus den *Triglyceriden* (Fettgewebe!), die in den zahlreichen Mitochondrien (*braun*: Cytochrome der Mitochondrien!) aerob oxidiert werden (β-Oxidation, Citratzyklus und Atmungskette).
- Adrenalin stimuliert die Wärmeproduktion, da es:

---

* Kleine Säugetiere, Mäuse z.B., und Winterschläfer besitzen auch im Erwachsenenalter braunes Fettgewebe.

- die Lipolyse aktiviert (hormonsensitive Lipase) und
- die Expression des Protonenkanals stimuliert. Der Protonenkanal heißt **Thermogenin** oder **UNC1** (UNC = Uncoupling Protein).
- Freie Fettsäuren aktivieren den Protonenkanal.

Auch das «Leck» hat eine Aufgabe

Protoneneinstrom neben der ATP-Synthase und den Transportern vorbei trifft man in allen Organen an – wenn auch nicht so ausgeprägt wie in den Mitochondrien des braunen Fettgewebes. Durch diese Entkoppelung vermögen die Zellen die Entstehung der gefährlichen Radikale in Schranken zu halten (Abb. 5.7):

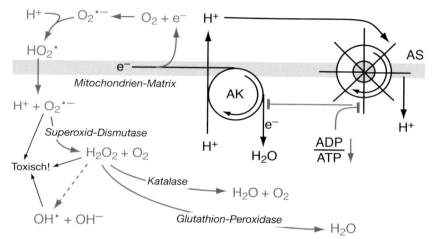

Abbildung 5.7 Atmungskette (AK), ATP-Synthase (AS) und Radikalbildung. Rot: Wird die ATP-Synthase gebremst (hier: ADP-Vorrat klein), läuft auch die Atmungskette langsamer. Es werden mehr Radikale gebildet. Erklärungen s. Text.

1. Ein hohes Verhältnis ATP:ADP, d.h. ein Mangel am Substrat ADP, bremst die ATP-Synthase und dadurch die ganze Atmungskette. Gleichzeitig ist *die pmf hoch*, da weniger Protonen durch F_0 fließen.
2. In der verlangsamten Atmungskette ist die Dauer, während der das Ubichinon als Semichinon (einem Radikal) vorliegt, erhöht.
3. Das hohe $\Delta\Psi$ zieht das ungepaarte Elektron des Semichinons nach außen, wo es von O_2 in Empfang genommen wird. Es entsteht ein **Superoxid** ($O_2{}^{\cdot-}$).
4. Superoxid verbindet sich mit einem Proton: $O_2{}^{\cdot-} + H^+ \rightarrow HO_2{}^{\cdot}$.
5. $HO_2{}^{\cdot}$ ist nicht geladen. Es wird in die Matrix transportiert, wo es wieder in Superoxid und ein Proton dissoziiert.
6. Superoxid wird durch die Superoxiddismutase unschädlich gemacht.

69

Dieser «Superoxid-Zyklus» transportiert Protonen in die Matrix, wodurch sich die pmf verkleinert. Die kleinere pmf und die gleichzeitig beschleunigte Atmungskette reduzieren das Risiko, dass Radikale entstehen (kleinere Verweildauer des Semichinons, kleinerer Ladungsunterschied zwischen der Membraninnenseite und der Außenseite). Neben diesem Mechanismus haben die Protonen weitere Möglichkeiten, sich ohne Arbeit zu verrichten in die Mitochondrienmatrix zu schleichen und so die pmf auf einem verträglichen Niveau zu halten – auch dann, wenn die Atmungskette nicht stark beansprucht wird.

5.4 Radikale und ihre Entschärfung

Sauerstoff zieht Elektronen an, denn sein Reduktionspotential ist hoch. Und da die Atmungskette der Mitochondrien Elektronen von Molekül zu Molekül weitergibt, kommt es dort regelmäßig zur Bildung gefährlicher Superoxid-Radikale, die von antioxidativen Systemen beseitigt werden müssen.

Drei Enzyme sind an der Entschärfung der Superoxid-Radikale beteiligt: Die **Superoxid-Dismutase**, die **Katalase** und die **Glutathion-Peroxidase**.

- Die mitochondriale **Superoxid-Dismutase** enthält Mn^{2+} und **Kupfer**:

$$O_2^{\cdot-} + 2H^+ + Cu^I \rightarrow H_2O_2 + Cu^{II}$$
$$O_2^{\cdot-} + Cu^{II} \rightarrow O_2 + Cu^I$$

(Auch im Cytosol gibt es eine Superoxid-Dismutase; sie enthält Zn^{2+} an Stelle des Mn^{2+}).

- Die **Katalase** verwandelt zwei Wasserstoffperoxid-Moleküle in Wasser und Sauerstoff.

$$2\,H_2O_2 \rightarrow 2\,H_2O + O_2$$

H_2O_2 ist zwar kein Radikal, kann aber in OH^- und das sehr agressive Hydroxyl-Radikal ($OH\cdot$) zerfallen. Die Katalase-Aktivität ist in den *Peroxisomen* besonders groß. Denn wie in den Mitochondrien laufen auch in den Peroxisomen Oxidationsreaktionen ab. Mit dem Unterschied aber, dass die Elektronen meist nicht auf FAD oder NAD^+, sondern direkt auf Sauerstoff übertragen werden (Beispiel: Acyl-CoA-Dehydrogenase der peroxisomalen Fettsäureoxidation).:

$$RH_2 + O_2 \rightarrow R + H_2O_2$$

- Neben der Katalase ist auch die **Glutathion-Peroxidase** mit dem Aufräumen von H_2O_2 beschäftigt:

$$H_2O_2 + 2\ GSH \rightarrow GSSG + 2\ H_2O$$

(Glutathion, ein Tripeptid aus Glutamin, Cystein und Glycin, bildet in der oxidierten Form über eine Disulfidbrücke verbundene Dimere = GSSG).

Chronische Erkrankungen und die Atmungskette

Die Atmungskette ist interessant – auch für die Medizin. Denn läuft sie nicht rund, entstehen zuviele aggressive Radikale, die für Herzinsuffizienz und degenerative Hirnerkrankungen mitverantwortlich sein können. Deshalb wurde spekuliert, dass eine Unterversorgung mit all den Vitaminen und Mineralien, die zum Funktionieren der Mitochondrien beitragen, derartige Erkrankungen begünstigt; und dass sich umgekehrt das Schlucken von Ergänzungspräparaten präventiv auswirkt. Viele Präparate sind im Handel, was könnten sie enthalten?

- **Vitamin B$_6$, Biotin, Pantothensäure, Liponsäure** und **Riboflavin** (Vitamin B$_2$) sowie die Mineralien **Eisen, Zink** und **Kupfer** sind direkt oder indirekt an der Hämsynthese beteiligt. Eisenmangel ist häufig und trifft die Cytochrome der Atemkette vor dem Hämoglobin.
- Die **Coenzym Q** (Ubichinon)-Konzentration nimmt im Alter ab. (Coenzym stammt sowohl aus der Nahrung wie aus der Eigensynthese, für die es Tyrosin und Mevalonat braucht).
- Ein Drittel des zellulären **Magnesiums** befindet sich in den Mitochondrien und spielt dort in den verschiedensten Prozessen mit.
- **Carnitin** oder **Acetyl-Carnitin** spielen im Fettsäurestoffwechsel eine Rolle.

Ob die vielen Multivitamin-, CoQ-, Carnitin-, Magnesium-, Eisen- etc. Präparate, die angeboten werden, Krankheiten wie Herzinsuffizienz oder die Alzheimersche Krankheit wirklich verhindern, hinauszögern oder lindern können, bleibt noch zu beweisen.

Eine Prüfungsfrage

Abbildung 5.8 zeigt, wieviel Sauerstoff verbraucht wird, wenn mit Succinat und P$_i$ versorgte Mitochondrien mit Cyanid, Oligomycin, DNP und ADP inkubiert werden – nacheinander, aber nicht in dieser Reihenfolge. Bestimmen Sie die richtige Reihenfolge.

Antwort: 1: ADP, 2: Oligomycin, 3: DNP, 4: Cyanid.

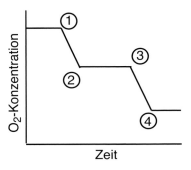

Abbildung 5.8

ZUSAMMENFASSUNG

- Das Prinzip: Protonen werden in den Mitochondrienmembran-Zwischenraum transloziert und treiben, wenn sie zurückfließen, die ATP-Synthase.
- Die «protonmotive force» beträgt ca. 200 mV und setzt sich aus dem H^+-Konzentrationsgradienten (ca. 1 pH) und dem Membranpotential (ca. 140 mV) zusammen.
- Die Komplexe I - IV übertragen Elektronen von einem reduzierten (NADH, $FADH_2$, $UbichinonH_2$ und Cytochrom c_{red}) auf einen oxidierten (Ubichinon, Cytochrom c_{ox}, O_2) Elektronenträger.
- Die ATP-Synthase setzt sich aus zwei Teilen zusammen: F_0 in der Membran, ein Protonenkanal; F_1, welches ATP synthetisiert.
- Rotenon, Malonat, Antimycin A, Cyanid und Oligomycin hemmen die Komplexe I - V.
- Die gebremste Atmungskette (ADP-Konzentration tief) verliert Elektronen, v.a. vom Semiubichinon, an Sauerstoff. Es entsteht Superoxid, das durch die Superoxid-Dismutase zu H_2O_2 und danach durch die Katalase und die Glutathion-Peroxidase in Wasser und Sauerstoff umgewandelt wird.

6 | Hexosemonophosphat-Zyklus und NADPH

Nachdem wir in den Kapiteln 3 bis 5 das Herzstück der Energiegewinnung – Glycolyse, Citratzyklus und oxidative Phosphorylierung – kennengelernt haben, und bevor wir uns den Stoffwechselwegen zukehren, die in dieses Zentrum führen oder davon ausgehen, haben wir die Frage nach dem Ursprung des NADPHs, des Elektronenspenders für die reduktiven Synthesen, zu klären.

NADPH entsteht während der Oxidation von Glucose, die zu diesem Zwecke nicht den Weg der Glycolyse, sondern denjenigen des *Hexosemonophosphat-Zyklus = Pentosephosphat-Shunts* nimmt. Neben NADPH liefert dieser Weg auch *Ribose*, aus der die Nucleotide für die DNA und RNA synthetisiert werden. Abschnitt 6.1 beschreibt die Reaktionen in ihren Einzelheiten.

Die Elektronen des NADPH dienen nicht nur der Synthese, sie sind auch an der *Entgiftung* der Radikale, der *Hydroxylierung* körpereigener und -fremder Moleküle und der Bildung von *Doppelbindungen* beteiligt. Das sollte Sie überraschen, denn dabei handelt es sich um *oxidative* Prozesse. Wie es funktioniert, erklärt Abschnitt 6.2.

Abbildung 6.1 hilft Ihnen, die Orientierung über dieses Kapitel zu bewahren.

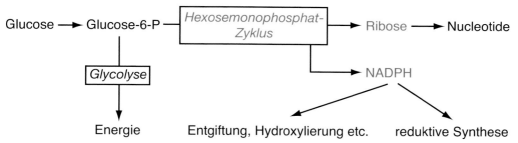

Abbildung 6.1   Glycolyse und Hexosemonophosphat-Zyklus. Eine Übersicht.

6.1   Der Hexosemonophosphat-Zyklus (Pentosephosphat-Shunt)

Den Hexosemonophosphat-Shunt können wir in zwei Abschnitte unterteilen: die Oxidation von Glucose-6-phosphat zu Ribulose-5-phosphat und die Umwandlung dreier Ribulose-5-phosphate in 2 Fructose-6-phosphate und 1 Glycerinaldehyd-phosphat.

Die oxidativen Schritte

Abbildung 6.2 zeigt die ersten 3 Reaktionen, den **oxidativen Abschnitt** des Hexosemonophosphat-Zyklus. Beachten Sie:

- Der Zyklus beginnt, wie die Glycolyse, mit Glucose-6-phosphat. Danach trennen sich die Wege: Im Hexosemonophosphat-Zyklus bleibt es bei der einen Phosphorylierung, deshalb **-mono**phosphat.
- Ein CO_2 wird abgespalten, es entsteht die Pentose **Ribulose-5-phosphat**. Deshalb die alternative Bezeichnung **Pentose**phosphat-Shunt.
- Der oxidative Abschnitt ist **irreversibel**, vom Ribulose-5-phosphat führt kein direkter Weg zurück zu Glucose-6-phosphat.
- **NADP$^+$** nimmt die Elektronen auf.

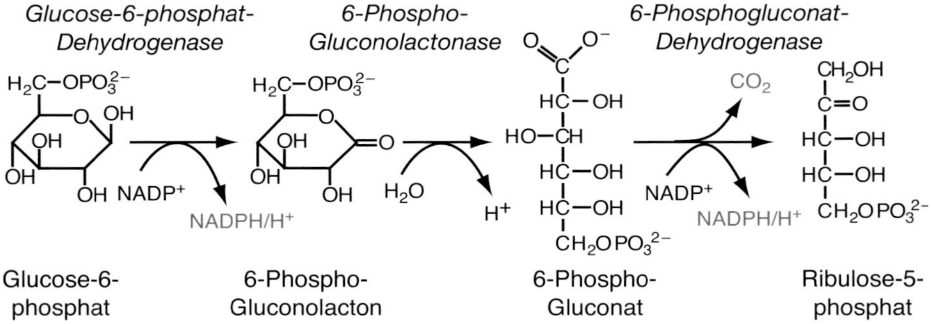

Abbildung 6.2 Die oxidativen Schritte des Hexosemonophosphat-Zyklus.

Grundlagen der Chemie: Ein **Lacton** entsteht, wenn eine Carboxyl- und eine Hydroxylgruppe desselben Moleküls unter Abspaltung von Wasser einen Ring bilden. Die **Gluconsäure** (Gluconat) trägt die Carboxylgruppe auf dem C1, die **Glucuronsäure**, um die es hier nicht geht, auf dem C6.

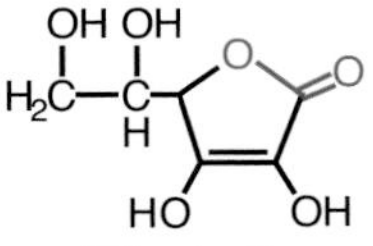

Vitamin C

Vitamin C (Ascorbinsäure) ist ein Lacton. Die meisten Tiere synthetisieren dieses Molekül aus dem Gluconolacton des Hexosemonophosphat-Zyklus selber. Primaten (dazu gehören die Menschenaffen und *Homo sapiens*) und Meerschweinchen hingegen sind dazu nicht in der Lage, ihnen fehlt das Enzym *L-Gluconolacton-Oxidase*. Sie beziehen das Vitamin stattdessen aus

Früchten (v.a. Citrusfrüchten), Spinat etc. und – im Falle der traditionell lebenden Inuit – aus ungekochten Innereien, z.B. Nebennieren.

Die Verwandlungen der Ribulose

Die Umwandlung des Ribulose-5-phosphats ist kompliziert, Abbildung 6.3 zeigt nur die Namen der Zwischenprodukte und die Anzahl ihrer C-Atome[*]. Wichtig sind folgende Punkte:

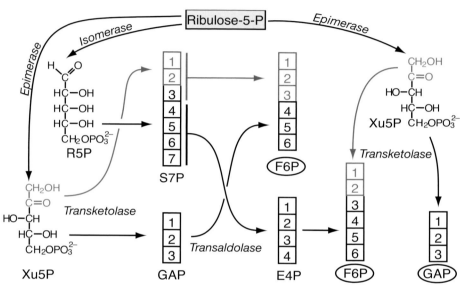

Abbildung 6.3 Die Verwandlung von Ribulose-5-phosphat in 2 Fructose-6-phosphate und Glycerinaldehydphosphat. E4P: Erythrose-4-phosphat; F6P: Fructose-6-phosphat; GAP: Glycerinaldehydphosphat; R5P: Ribose-5-phosphat; S7P: Sedoheptulose-7-phosphat; Xu5P: Xylulose-5-phosphat. Die Pfeile sind nur in eine Richtung gezeichnet, die Reaktionen sind aber reversibel.

- Es braucht 3 Ribulose-5-phosphate ($3 \cdot 5 = 15$C), um am Ende bei 2 **Pr** Fructose-6-phosphaten und 1 Glycerinaldehydphosphat ($2 \cdot 6 + 3 = 15$C) zu landen.
- Die **Ribulose-5-phosphat-Isomerase** verwandelt die **Ketose** Ribulose-5-phosphat in die **Aldose** Ribose-5-phosphat. Letztere wird bei Bedarf in die Nucleotid-Synthese abgezweigt.

---

[*] Der Name Sedo**hept**ulose stammt von ἑπτά, sieben.

75

- Die **Ribulose-5-phosphat-Epimerase** macht aus Ribulose-5-phosphat **Xylulose-5-phosphat**, eine Ketose, die im nächsten Schritt mit der Aldose Ribose-5-phosphat reagiert.
- Die Enzyme, die an den Umwandlungen beteiligt sind, heißen **Transketolase** und **Transaldolase**. Die Transketolase katalysiert die Übertragung einer C2-Gruppe, die Transaldolase diejenige einer C3-Gruppe (siehe Abbildung 6.3).
- Transketolase und Transaldolase übertragen von einer **Ketose** auf eine **Aldose**.
- Die Transketolase benötigt den Cofaktor **Thiaminpyrophosphat** (Thiamin = Vitamin B_1).
- Alle Reaktionen sind **reversibel**.

Vorkommen und Regulation

Der Hexosephosphat-Zyklus läuft im **Cytosol** aller Gewebe ab. Doch variiert das Ausmaß der Expression der beteiligten Enzyme stark: **Leber, Fettgewebe, laktierende Milchdrüse, Nebennieren, Testes, Ovarien** und **Erythrocyten** enthalten große Mengen davon. Die Leber braucht NADPH für die **Cholesterin-** und **Fettsäuresynthese**, die Milchdrüse für die **Fettsäuresynthese** und die Nebennieren, Testes und Ovarien für die **Cholesterin-** und **Steroidsynthese**. Die Erythrocyten synthetisieren zwar nichts, bedürfen aber großer Mengen NADPH, um **Glutathion** zu reduzieren (siehe unten).

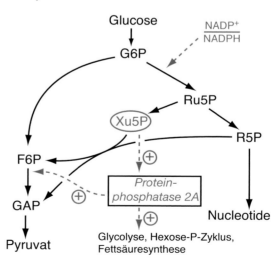

Abbildung 6.4 Die Rolle des Hexosemonophosphat-Zyklus im Glucosestoffwechsel. Erklärungen siehe Text.

Im Muskel sind die Enzyme des oxidativen Teils des Shunts kaum exprimiert – er synthetisiert ja praktisch keine Fettsäuren und kein Cholesterin. Nucleotide aber braucht er, denn der hohe Umsatz an ATP ist mit Verlusten verbunden. Woher nimmt der Muskel die Ribose? Er lässt den **reversiblen** Abschnitt des Hexosemonophosphat-Zyklus rückwärts laufen und erzeugt so aus Glycerinaldehyd-phosphat und Fructose-6-phosphat Ribose-5-phosphat.

Der Hexosemonophosphat-Zyklus wird vor allem durch die Verfügbarkeit von $NADP^+$ gesteuert, d.h.: Ist das Verhältnis $NADP^+$: NADPH hoch, nimmt mehr Glucose-6-phosphat diesen Weg (Abbildung 6.4). Und auch die *Expression* der beiden Dehydrogenasen lässt sich beeinflussen. Dabei spielt **Xylulose-5-phosphat** eine Rolle: Es stimuliert die *Proteinphosphatase 2A* (PP2A), die ihrerseits das «*Carbohydrate response element binding protein*» (ChREBP) dephosphoryliert und aktiviert. ChREBP bindet danach im Zellkern ans «*Carbohydrate response element*» und stimuliert nicht nur die Expression der *Glucose-6-phosphat-Dehydrogenase*, sondern auch verschiedener Enzyme der Glycolyse und der Fettsäuresynthese. Das hat folgende Sequenz zur Folge: hoher Kohlenhydratkonsum → mehr Glucose fließt durch den Hexosemonophosphat-Zyklus → die Xylulose-phosphat-Konzentration steigt → Glycolyse, Hexosemonophosphat-Zyklus und Fettsäuresynthese laufen auf Hochtouren (Abbildung 6.4; die PP2A dephosphoryliert auch die Fructose-6-Phosphat-2-Kinase/Fructose-2,6-Bisphosphatase und stimuliert so die Glycolyse zusätzlich, siehe Abbildung 3.5).

Der Vollständigkeit halber soll an dieser Stelle nicht unerwähnt bleiben, dass auch das **Malatenzym** NADPH produziert. Das Malatenzym katalysiert die Reaktion Malat + $NADP^+$ → Pyruvat + NADPH + H^+ + CO_2. Cytosolisches Malat ist ein Produkt der *Citratlyasereaktion*, die Citrat nach dessen Austritt aus den Mitochondrien in Malat und Acetyl-CoA spaltet – Acetyl-CoA, der Baustein für die Fettsäure- und Cholesterinsynthesen, die ihrerseits NADPH benötigen. . . .

Eine typische Prüfungsfrage
Kann Glucose (theoretisch) im Hexosemonophosphat-Zyklus **vollständig** zu CO_2 abgebaut werden? **Pr**

Antwort: Ja, aber ohne Energiegewinn. Pro Runde wird ein CO_2 eliminiert. Fructose-6-phosphat wird zu Glucose-6-phosphat, aus 2 Glycerinaldehyd-phosphaten entsteht ebenfalls Glucose-6-phosphat, und das Spiel beginnt von vorne.

6.2 Die weiteren Aufgaben des NADPH

Neben den «klassischen» Aufgaben als Elektronenspender für die Fettsäure- und die Cholesterinsynthese ist NADPH auch an einer Vielzahl Oxidasereaktionen beteiligt, die Schutz-, Entgiftungs- und Synthesefunktionen erfüllen.

Glutathion-Reductase

Im Kapitel 5.4 haben wir gesehen, dass die **Glutathion-Peroxidase** an der Beseitigung gefährlicher Radikale mitmacht. Die Reaktion verbraucht reduzierte Glutathion-Moleküle (2 GSH → GSSG), die nachher mit Hilfe von NADPH regeneriert werden müssen. Die **Glutathion-Reductase** übernimmt diese Aufgabe (Abbil-

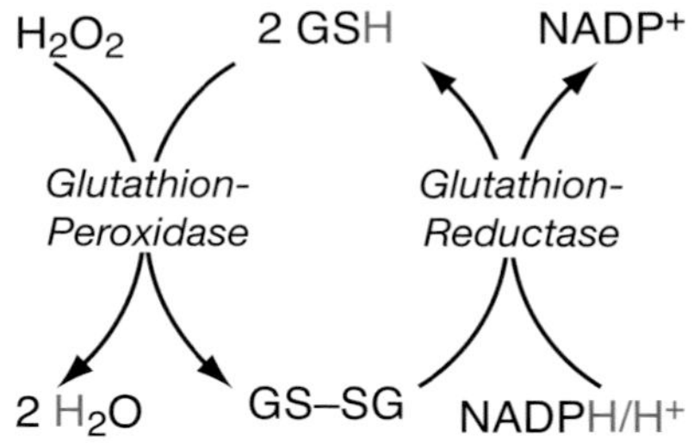

Abbildung 6.5 Glutathion-Peroxidase und Glutathion-Reductase.

dung 6.5). Wie wichtig ein adäquater GSH-Spiegel ist, zeigt sich, wenn bei defekter *Glucose-6-phosphat-Dehydrogenase* zuwenig NADPH gebildet wird: Im schlimmsten Falle kommt es zu einer *hämolytischen Anämie*, wenn Radikale die Erythrocytenmembran beschädigen. Dass gerade Erythrocyten gefährdet sind, erklärt sich dadurch, dass ihnen der zweite NADPH-Synthese-Weg über das Malatenzym fehlt.

Pr

Die Glutathion-Reductase enthält **FAD** und **Selen**. Die Frage nach dem Selen taucht in Prüfungen immer wieder auf!

Saubohnen, NADPH und die Glucose-6-phosphat-Dehydrogenase

Sau- oder Ackerbohnen (*Vicia fava*) werden nur mehr selten gegessen – die großen Kerne besitzen eine dicke Schale, die von Hand entfernt werden muss. Junge Bohnen aber lassen sich roh verzehren und gelten in der Toskana und weiter südlich als Delikatesse («Fave»). Eine Delikatesse mit Nachteil: Rohe Saubohnen enthalten ein Gift, das Radikale freisetzt. Die Glutathion-Peroxidase und -Reductase werden mit dem Problem normalerweise fertig; wenn aber die Reductase defekt ist, kommt es zu hämolytischen Attacken («Favismus»).

Defekte an der Glutathion-Reductase sind in heutigen und ehemaligen Malariagebieten häufig – wahrscheinlich begünstigen sie die Resistenz gegen die Plasmodien. Auch bestimmte Medikamente, zu denen unglücklicherweise ausgerechnet das Malariamittel *Primaquin* gehört, können den Favismus auslösen.

Häm-Enzyme, die NADPH verwenden

NADPH ist auch an *Oxidationsreaktionen* beteiligt, in denen ein oder zwei Sauerstoffatome aus molekularem Sauerstoff (O_2) in organische Moleküle eingebaut werden. Auf den ersten Blick überraschend, denn NADPH, ein Elektronen*spender*, *reduziert* Substrate und wird gleichzeitig zu $NADP^+$ *oxidiert*. Die Erklärung: Seine Elektronen dienen der **reduktiven** Spaltung des molekularen Sauerstoffs, dessen O-Atome danach organische Substrate **oxidieren**. Die Spaltung erfolgt, während O_2 vom Häm eines *Cytochroms* festgehalten wird.

Mit Hämen und Cytochromen haben Sie im Kapitel 5 Bekanntschaft gemacht, die Synthese und den Abbau des Häms werden Sie im Kapitel 13 kennenlernen. Aber weil die Erfahrung zeigt, dass das Thema Mühe bereitet, seien der Aufbau und die Nomenklatur an dieser Stelle wiederholt. Im Zentrum sitzt, wie die Spinne im Netz, Eisen (Fe) im Porphyrinring. Beide zusammen – Spinne und Netz – werden als **Häm** bezeichnet. Das Netz hängt zwischen den Zweigen einer Peptidkette namens **Apocytochrom**, von dem es, wie auch vom Häm, viele verschiedene Varianten gibt. Unter **Cytochrom** schliesslich verstehen wir alles zusammen: Spinne, Netz und Geäst – Eisen, Porphyrin und Apocytochrom.*

Die Abbildung 6.6 zeigt, wie Sauerstoff gespalten und Substrate oxidiert werden. Ein Elektron des NADPH reduziert Fe^{3+} zu Fe^{2+} und versetzt die Spinne in den hungrigen Zustand, in dem sie O_2 anlocken und festhalten kann. Das zweite Elektron erlaubt ein paar Schritte später die Trennung der beiden O-Atome. Abhängig von deren Schicksal unterscheiden wir zwischen:

- **Monooxygenasen** (= mischfunktionelle Oxygenasen). Ein O wird zu H_2O reduziert, das zweite in ein organisches Substrat eingebaut, oft

---

* Mit Apo- wird die Proteinkomponente eines Moleküls bezeichnet, das im kompletten Zustand etwas Nicht-proteiniges mitschleppt, z.B.: Apolipoprotein = Lipoprotein ohne Lipide.

als Hydroxylgruppe wie in Abbildung 6.6, aber auch als Epoxid und andere Gruppen.

- **Dioxygenasen**. Beide O-Atome enden im organischen Substrat.

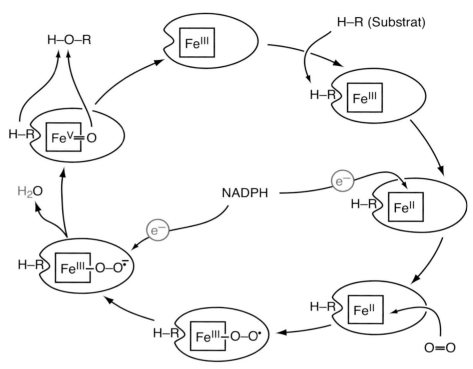

Abbildung 6.6 O_2 wird am Häm gespalten, NADPH liefert die Elektronen. Viereck: Porphyrinring; Ellipse: Proteinteil mit Substratbindungsstelle. Beachten Sie die Wechsel zwischen Fe^{3+} und Fe^{2+}

Es folgt eine Aufzählung der wichtigsten Enzyme und Reaktionen, an denen NADPH-verbrauchenden Häm-Enzyme beteiligt sind.

Viele dieser Systeme enthalten **Cytochrom P450**[*], von dem über 50 Varianten bekannt sind. Eingeteilt werden sie in **Typ I** (mitochondriale Systeme) und **Typ II** (mikrosomale Systeme).

1. **Microsomale Cytochrom-P450-Monooxygenasen der Leber**. Sie katalysieren die **Biotransformation** xenobiotischer Substanzen (ξένος = fremd; z.B.: Toxine, Medikamente, Kohlenwasserstoffe aus dem Zigarettenrauch, Alkohol). Hydroxylierung macht lipophile Xenobiotica wasserlöslicher und fördert die Ausscheidung, kann

---

[*] P450 steht für Pigment 450. Cytochrom P450 absorbiert Licht der Wellenlänge 450nm.

aber auch Medikamente inaktivieren (viele), aktivieren (z.B. *Cyclo-phosphamid*, ein Cytostaticum) oder in toxische Formen verwandeln (*Paracetamol* → giftiges *Benzoquinonimin*). Durch Belastung des Organismus mit Xenobiotica wird das Enzym *induziert*, was dazu führen kann, dass Medikamente schneller unwirksam (oder wirksam!) werden. Beispiel: Das Antibioticum *Rifampicin* induziert die P450-Monooxygenase → das Anticoagulans *Phenprocoumon*, ein P450-Substrat, wird schneller abgebaut und muss dementsprechend höher dosiert werden.

2. **Cholesterinsynthese**. Cytochrom P450-haltige Systeme sind an den letzten Schritten der Cholesterinsynthese – vom Lanosterol zum Cholesterin – beteiligt (Kapitel 10.4).

3. **Gallensäuresynthese** (Kapitel 10.4).

4. Synthese und Metabolismus der **Steroidhormone**.

5. Synthese und Abbau des **Vitamins D**. Das aktive **Calcitriol** (1,25-Dihydroxycholecalciferol) entsteht in zwei Hydroxylierungsschritten aus Cholecalciferol (zuerst in der Leber, dann in der Niere); beide werden durch Cytochrom P450-haltige Enzyme katalysiert (siehe Kapitel 10.4). Auch am Vitamin D-*Abbau* beteiligen sich «CYPs» (Cytochrom P450).

6. Synthese und Metabolismus der **Prostaglandine** und **Thromboxane** (Abbildung 10.10).

7. **Häm-Oxygenase**. Der Hämabbau schliesst Oxidationsschritte ein, die von der Häm-Oxidase, die selber ein Häm besitzt, katalysiert werden.

Nicht alle Häm-haltigen Systeme enthalten Cytochrom P450. Beispiele:

8. **Fettsäure-Dehydratasen** machen aus Einfachbindungen der Fettsäuren Doppelbindungen (Abbildung 10.8).

Die nächsten zwei Beispiele betreffen Enzyme, die Radikale bilden. Sowohl Superoxid ($O_2^{-\cdot}$) als auch Stickoxid (NO) werden von weißen Blutkörperchen (Macrophagen, Leukocyten, etc.) gegen phagocytierte Bakterien eingesetzt, spielen aber auch eine Rolle als Signalüberträger:

9. **NADPH-Oxidasen**. Dieses Enzym fällt aus dem Rahmen: Die Elektronen des NADPH reduzieren molekularen Sauerstoff, ohne ihn zu spalten. Es entsteht **Superoxid** ($O_2^{-\cdot}$), ein Radikal, das zum antibakteriellen Arsenal der Macrophagen und Leukocyten gehört. Enthält Cytochrom b559.

10. **NO-Synthasen**. Stickstoffmon-
oxid (NO), ein Gas, dient der
Signalübermittlung. Die *NO-
Synthase* bezieht 3 Elektronen aus
$1\frac{1}{2}$ NADPH/H$^+$ und bildet aus *L-
Arginin* und 2 O_2 L-Citrullin und
NO (Abbildung 6.7). Drei Formen
sind bekannt: eNOS (Endothelzel-
len, Thrombocyten u.a.), nNOS
(Neuronen u.a.) und iNOS (indu-
zierbar, Macrophagen, Neutrophile

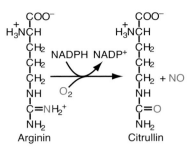

Abbildung 6.7 Die NO-Synthese
aus Arginin.

u.a.). NO wirkt *vasodilatorisch* und hemmt die Plättchenaggregation,
indem es die *Guanylatzyklase* stimuliert. Macrophagen und Neutrophile töten mit Hilfe von NO und Superoxid, beides Radikale, phagocytierte Mikroorganismen ab. NOS ist ein kompliziertes Molekül,
es enthält nicht nur ein Häm, sondern auch FAD, FMN, Tetrahydrobiopterin und Calmodulin.

Atmungskette und Häm-Oxygenasen – ein Vergleich
Der Mechanismus der reduktiven O_2-Spaltung an einem Cytochrom hat
Sie bestimmt an die Vorgänge im Komplex IV der Atmungskette erinnert.
Auch dort wird Sauerstoff reduktiv gespalten, wobei allerdings aus *beiden* O-Atomen H_2O entsteht. In der Atmungskette durchlaufen die Elektronen der Reduktionsäquivalente (NADH oder FADH, *nicht* NADPH!)
mehrere Stationen, bevor sie im Komplex IV mit O_2 zusammentreffen.
Auch in diesem Punkt finden wir Parallelen: Die meisten Oxygenasen
übernehmen die Elektronen nämlich nicht direkt vom NADPH, wie es
Abbildung 6.6 der Klarheit zuliebe suggeriert, sondern von einem oder
mehreren vorgeschalteten Redox-Molekülen. Ein Beispiel: Die mikrosomale P450-Monooxygenase umfasst die Stationen **NADPH → FAD →
FMN → P450**.

ZUSAMMENFASSUNG

- Der Hexosemonophosphat-Zyklus (= Pentosephosphat-Shunt)
  produziert **NADPH** und **Ribose**. Die Reaktionen finden im
  Cytosol statt.
- NADPH wird für die **reduktive Synthese** und die **sauerstoff-
  spaltende Oxygenierung** gebraucht, Ribose für die **Nucleo-
  tidsynthese**.

- Der Hexosemonophosphat-Zyklus besteht aus zwei Teilen: dem **irreversiblen, oxidativen** Abschnitt und der **reversiblen** Rekombination der Ribulose-5-phosphat zu einem Glycerinaldehydphosphat und 2 Fructose-6-phosphat.
- Die 2 Enzyme des reversiblen Abschnitts heißen **Transketolase** und **Transaldolase**.
- Der Hexosemonophosphat-Zyklus ist in der **Leber**, dem **Fettgewebe**, der **laktierenden Milchdrüse**, den **Nebennieren**, den **Testes** und **Ovarien** und den **Erythrocyten** besonders ausgebildet.
- Auch das **Malatenzym** generiert NADPH.
- Die **Glutathion-Reductase** reduziert oxidiertes Glutathion (GSSG) mit Hilfe von NADPH, reduziertes Glutathion liefert die Elektronen für die Eliminierung des H_2O_2 (Glutathion-Peroxidase).
- Glucose-6-phosphat-Dehydrogenase-Mangel beeinträchtigt die Glutathion-Reductase-Reaktion, weil zuwenig NADPH gebildet wird.
- **Monooxygenasen** (Mischfunktionelle Oxygenasen) spalten O_2 und bauen ein O-Atom ins Substrat ein, während das zweite zu Wasser reduziert wird. **Dioxygenasen** übertragen nach der Spaltung beide O-Atome aufs Substrat.
- Die Spaltung des molekularen Sauerstoffs (O_2) erfolgt an einem **Häm**, wobei **NADPH** (in einigen Fällen auch NADH – hier nicht besprochen) die Elektronen liefert.

7 | Verdauung und Resorption

7.1 Vorbereitung in Mund und Magen

Der Speichel

Der Speichel hat drei Aufgaben:

- Er umgibt die Speisebrocken mit *Mucinen*, hochgradig glykosylierten Glykoproteinen mit vielen Kohlenhydratseitenketten, und macht sie so **gleitfähig**.
- Er enthält Verdauungsenzyme. Allerdings ist die **Vorverdauung**, die in der Mundhöhle stattfindet, unbedeutend. Dafür spielen diese Enzyme eine Rolle, wenn es darum geht, nach dem Schlucken liegengebliebene Speisereste zu beseitigen.
- **Schutz**. Immunoglobuline (IgA, IgG und IgM), Lysozym und das eisenbindende Glycoprotein Lactoferrin schützen den Mundraum vor pathogenen Bakterien und Karies.

Elektrolyte (Speichel):
Na^+: 10-25 mM
K^+: 15-40 mM
Cl^-: 10-40 mM
HCO_3^-: 2-10 mM

Die Speichelenzyme operieren in einem leicht sauren bis neutralen Milieu (pH 5,8-7,1). Das **Ptyalin** ist eine *α-Amylase*, d.h. es spaltet die $\alpha(1\rightarrow4)$ glycosidischen Bindungen der Stärke. Zwar werden normalerweise Speisen geschluckt, bevor das Ptyalin einen nennenswerten Beitrag zur Verdauung leistet, doch kann man sich von dessen Anwesenheit überzeugen, wenn man Brot so lange kaut, bis sich ein leicht süsser Geschmack einstellt: ein Zeichen dafür, dass Maltose und Glucose, die süss schmecken, entstanden sind.

α(1-->4)
(Stärke)

β(1-->4)
(Cellulose,
Muraminsäure)

Die **Zungenlipase** wird mit der Nahrung geschluckt und spaltet im Magen Triglyceride in Fettsäuren und Glycerin.

Das **Lysozym** spaltet die $\beta(1\rightarrow4)$ Bindungen des im *Murein* enthaltenen Polysaccharids (Murein ist ein Bestandteil der Bakterienwand, Grampositive Bakterien sind entsprechend verwundbar). Lysozym findet man nicht nur im Speichel, sondern auch in der Tränenflüssigkeit, dem Zervikalschleim und dem Nasensekret.

Speichel, Karies und Käse

Karies entsteht, wenn anaerobe Bakterien im Schutze der Plaques Glucose

Pa

fermentieren und die überschüssigen Protonen ausscheiden. Die Säure greift das *Hydroxylapatit* ($Ca_{10}(PO_4)_6(OH)_2$) des Zahnschmelzes an, es entstehen Löcher. Speichelfluss schützt den Zahn, da das Calcium und das Phosphat des Speichels beginnende Erosionen mit neuem Apatit auffüllen. Bestrahlung und Chemotherapie hemmen die Speichelproduktion – Karies ist deshalb eine der Nebenwirkungen dieser Therapien.

Untersuchungen haben gezeigt, dass Kinder, die 2 Jahre lang jeden Tag das Frühstück mit 5 Gramm Hartkäse abschlossen, weniger häufig an Karies litten als Vergleichskinder. Der Grund: Hartkäse stimuliert den Speichelfluss besonders stark, so dass seine Schutzfunktion besser zur Geltung kommt. (Unkultivierte Eltern geben ihren Kindern statt Käse zuckerfreien Kaugummi). Ausserdem mag der Calcium-Gehalt des Käses eine Rolle gespielt haben.

Der Magensaft

Elektrolyte
(Magensaft):
Na^+: 20-100 mM
K^+: 5-15 mM
Cl^-: 80-150 mM
HCO_3^-: 0 mM
H^+: 20-100 mM

Die **Salzsäureproduktion**, die **Pepsinaktivität** und die **Synthese von Intrinsic Factor** sind die aus biochemischer Sicht wichtigsten Aspekte des Magensaftes.

Die *Belegzellen* (= *Parietalzellen*) sezernieren Protonen und Chlorid, d.h. Salzsäure, ins Magenlumen (Abbildung 7.1). Sie synthetisieren auch den *Intrinsic Factor* (siehe Seite 95).

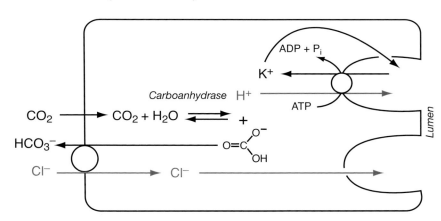

Abbildung 7.1 Salzsäuresekretion der Parietalzellen. Protonen und Chlorid gelangen in ein intrazelluläres Kanalsystem, bevor sie das Magenlumen erreichen.

Beachten Sie folgende Punkte:

- Katalysiert durch die **Carboanhydrase**, entstehen die Protonen – wie in der Niere – aus CO_2 und H_2O.
- Der Protonenaustausch mit Kalium ist ATP-abhängig (H^+-K^+-ATPase). Sowohl K^+ wie auch die Protonen bewegen sich gegen ihren Konzentrationsgradienten, besonders ausgeprägt im Falle der Protonen: der pH-Unterschied zwischen dem Cytosol (ca. 6.8) und dem Magenlumen (1-2) kann mehr als 6 betragen, d.h. die Protonenkonzentration kann im Magenlumen über eine Million Mal größer sein als in der Zelle. Es handelt sich um den größten bekannten pH-Unterschied, den man in Eukaryonten je gefunden hat!
- Bicarbonat wird im Austausch mit Chlorid ins Blut rückresorbiert.

Die Salzsäure gefährdet die Zellen der Mucosa, die deshalb durch eine 200-500 µm dicke **Mucinschicht** geschützt sind. Die Mucine, von den Nebenzellen produziert, bestehen aus einer Peptidkette, deren OH-Gruppen mit zahlreichen Kohlenhydrat-Nebenketten O-glycosidisch verknüpft sind. Der hohe Kohlenhydratanteil bindet viel Wasser und schützt das Peptidrückgrat vor dem Zubiss der Proteasen. Corticoide und Aspirin hemmen die Mucinproduktion – Magengeschwüre sind deshalb eine mögliche Folge der Therapie mit diesen Medikamenten.

Mucin

Im Magen denaturiert die Säure Nahrungseiweiß und tötet Bakterien; im Magen wird durch die Peristaltik der Inhalt durchmischt und zerkleinert; aber verdaut wird – entgegen der landläufigen Vorstellung – im Magen nur wenig. Sein wichtigstes Verdauungsenzym heißt **Pepsin**. Es wird als inaktive Vorstufe – *Pepsinogen* – in den Hauptzellen synthetisiert, in den *Zymogengranula* gespeichert und bei Bedarf sezerniert. Im Lumen spaltet schon vorhandenes aktives Pepsin ein Fragment des Pepsinogens ab und wandelt dieses so ebenfalls in die aktive Form um. Es geht allerdings auch ohne Pepsin: Das saure Milieu verändert die dreidimensionale Konfiguration des Pepsinogens dergestalt, dass es sich selber an der richtigen Stelle entzweischneiden und aktivieren kann (*autokatalytische Aktivierung*). Pepsin spaltet Eiweiß im Innern («Endoprotease»); es ist nicht sehr spezifisch, bevorzugt aber Peptidbindungen vor Leucin, Phenylalanin, Tryptophan oder Tyrosin; und sein pH-Optimum liegt erwartungsgemäss tief (pH ca. 2).

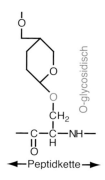

Für Säuglinge (und Kinderärzte/innen!) sind zwei weitere Magenenzyme wichtig, die beide zur Milchverdauung beitragen: das Rennin (= Chymosin = Gastricin) und die Magenlipase. **Rennin** spaltet Stücke von der Oberfläche der Casein-Micellen, wonach diese zusammen mit Ca^{2+} koagulieren. (Verwechseln Sie Re**nn**in nicht mit dem Hormon Re**n**in!) Koaguliertes Casein ist leichter verdaulich. Die Magenlipase spaltet, wie die

Pankreaslipase, Triglyceride – ihr Wirkungsoptimum liegt aber im sauren Bereich. Diese Lipase kommt auch bei Erwachsenen vor, hat dort aber im Gegensatz zum Säugling keine besondere Bedeutung.

7.2 Verdauung und Resorption im Dünndarm

Die Verdauung und die Resorption der Nahrung finden vor allem im Duodenum und im Jejunum statt. Die dafür benötigten Werkzeuge, die Verdauungsenzyme, stammen aus dem Pankreas und aus den Zellen der Darmschleimhaut.

Die Enzyme und ihr Milieu

Elektrolyte
(Pankreas):
Na$^+$: 150 mM
K$^+$: 10 mM
Cl$^-$: 30-90 mM
HCO$_3$$^-$: 60-140 mM

Galle:
Na$^+$: 150 mM
K$^+$: 5 mM
Cl$^-$: 105 mM
HCO$_3$$^-$: 30 mM
Gallensr.: 20 mM
Lecithin: 3 mM
Cholesterin: 4 mM

Das Pankreassekret enthält Enzyme für alle wichtigen Energieträger und sonstigen Nahrungsbestandteile: für Eiweiß, Kohlenhydrate, Fette und Nukleinsäuren. Tabelle 7.1 vermittelt eine Übersicht. Das Sekret selber ist, bedingt durch den hohen Bicarbonatgehalt, alkalisch (pH ca. 8). Wie auch in der Niere stellt eine Carboanhydrase Bicarbonat aus CO_2 und H_2O her, aber in der Niere wird das Bicarbonat nachher mit Hilfe eines Chloridantiports ins Lumen befördert, während die Protonen im Austausch mit Na$^+$ ins Blut gelangen und die Na$^+$-K$^+$-ATPase den Na$^+$-Gradienten aufrecht hält.

Allerdings ist noch nicht geklärt, wie die hohen Bicarbonatkonzentrationen im Pankreassekret (bis 140 mM wurden gemessen) erreicht werden können. Das Bicarbonat wird später wieder resorbiert und geht so dem Organismus nicht verloren.

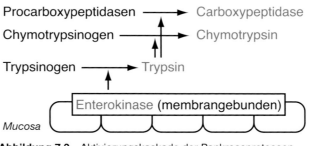

Abbildung 7.2 Aktivierungskaskade der Pankreasproteasen.

Die eiweißverdauenden Enzyme entstehen als inaktive Proenzyme (Tryp-sinogen, Chymotrypsinogen, Procarboxypeptidasen, Proaminopeptida-sen) und werden erst extrazellulär durch die **Enterokinase** (= Enteropep-tidase) aktiviert.[*] Die Enterokinase sitzt auf dem Bürstensaum der Muco-sazellen, spaltet das hemmende Fragment des Trypsinogens ab und startet so die Aktivierungskaskade, die in Abbildung 7.2 dargestellt ist.

Enzym	Substrat	Produkt	Bemerkungen
		Pankreas	
Trypsin	Polypeptide	Oligopeptide	spaltet nach Arg, Lys
Chymotrypsin	Polypeptide	Oligopeptide	spaltet nach aromatischen AS
Carboxypepti-dasen	Polypeptide	AS	spalten carboxyständige AS
Aminopeptidase	Polypeptide	AS	spaltet aminoständige AS
Elastase	Elastin		
α-Amylase	Stärke	Glucose, Maltose, Isomaltose	spaltet α(1→4)-glycosidische Bindungen
Pankreaslipase	Triglyceride	FS, β-Monoacylglycerin, Gly-cerin	
Phospholipase A$_2$	Phospholipide	FS, Lysophosphatid	spaltet an Position 2
Cholesterin-Esterase	Cholesterinester	FS, Cholesterin	
Ribonuclease	RNA	Ribonucleotide	
Desoxyribo-nuclease	DNA	Desoxyribonucleotide	
		Dünndarm	
Dipeptidasen	Dipeptide	AS	Bürstensaum
Tripeptidasen	Tripeptide	AS und Dipeptide	Bürstensaum
Oligopeptidasen	Oligopeptide	AS und Oligopeptide	Bürstensaum
Maltase	Maltose	Glucose	Bürstensaum
Isomaltase	Isomaltose	Glucose	Bürstensaum
Lactase	Lactose	Glucose, Galactose	Bürstensaum
Saccharase	Saccharose	Glucose, Fructose	Bürstensaum
Polynucleotidase	Nucleinsäuren	Nucleotide	
Nucleosidasen	Nucleoside	Purin-, Pyrimidinbasen, Pentose	
Phosphatase	Phosphatester	Phosphat	

Tabelle 7.1 Die Verdauungsenzyme (AS = Aminosäuren; FS = Fettsäuren).

---

[*] Es handelt sich nicht um eine Kinase, d.h. nicht um ein phosphorylierendes Enzym; der Name Enterokinase ist unglücklich gewählt.

Auch die **Gallenflüssigkeit** liefert für die Verdauung, vor allem der Fette, wichtige Komponenten. Die Gallensäuren aktivieren die Pankreaslipase und die Cholesterin-Esterase und emulgieren, zusammen mit weiteren amphiphilen Molekülen, die Nahrungsfette.

Cholesterin ist schlecht löslich. Damit das Cholesterin der Gallenflüssigkeit in Lösung bleibt, muss das Verhältnis zwischen Gallensäuren, Phospholipiden und Cholesterin stimmen. Zuwenig Gallensäuren oder Phospholipide lassen das Cholesterin ausfallen, Gallensteine sind die Folge.

Cholsäure

Eiweiß

Nach der Vorverdauung im Magen, wo Eiweiße durch die Salzsäure denaturiert und durch das Pepsin in große Fragmente zerlegt werden, übernehmen die Proteasen des Pankreas und des Dünndarms die restliche Verdauung zu resorbierbaren Aminosäuren, Dipeptiden und Tripeptiden.

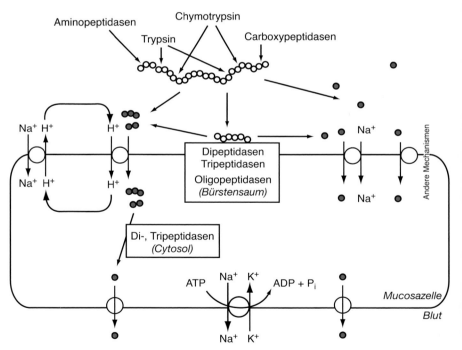

Abbildung 7.3 Verdauung und Resorption der Peptide im Dünndarm.

Das Prinzip illustriert die Abbildung 7.3: Im Dünndarm*lumen* spalten die beiden **Endopeptidasen** Trypsin und Chymotrypsin ihr Substrat in Oligopeptide, die Carboxypeptidasen trennen einzelne (carboxyständige) Aminosäuren ab, und die Aminopeptidasen tun das Gleiche am Aminoende. Die Peptidasen des Bürstensaums zerschneiden die resultierenden Fragmente weiter – es entsteht ein Gemisch aus Aminosäuren, Dipeptiden und Tripeptiden. Der Proton-getriebene Peptidtransporter PEPT1 schleust Di- und Tripeptide ins Cytosol, wo sie von *cystosolischen* Di- und Tripeptidasen in einzelne Aminosäuren gespalten und mit Hilfe energieunabhängiger Aminosäuretransporter ins Blut überführt werden. Viele Aminosäuren benutzen Na^+-Cotransporter für ihre Resorption, andere Mechanismen kommen vor. Die Na^+-Cotransporter und der Peptidtransporter sind – direkt oder indirekt – vom Na^+-Gradienten und damit von der Na^+-K^+-ATPase abhängig.

Kohlenhydrate

Monosaccharide (Glucose und Fructose), Disaccharide (Saccharose und Lactose) und $\alpha(1{\rightarrow}4)$-verknüpfte Glucose-Polysaccharide (Stärke) sind die wichtigsten Kohlenhydrate in der Nahrung.

Stärke kommt in zwei Formen vor: **Amylose** und **Amylopektin**. Amylopektin gleicht dem tierischen Glykogen – die $\alpha(1{\rightarrow}4)$-verbundenen Ketten tragen $\alpha(1{\rightarrow}6)$-verknüpfte Seitenäste. Der Amylose fehlen die Verzweigungen. Im Gegensatz zum Eiweiß passiert die Stärke den Magen unbeschadet und wird erst im Dünndarm durch die α-Amylase hydrolysiert, nach folgenden Regeln:

Stärke (Amylopektin)
Glycogen

- α-Amylase spaltet nach dem Zufallsprinzip sowohl innere wie auch randständige $\alpha(1{\rightarrow}4)$-Bindungen.
- Nur Fragmente, die aus mindestens 3 Glucoseeinheiten bestehen, werden als Substrat angenommen.
- $\alpha(1{\rightarrow}6)$-Bindungen, d.h. Verzweigungen, werden nicht gespalten.

Es entstehen somit folgende Spaltprodukte (Abbildung 7.4): Glucose, Maltose, Isomaltose und Trisaccharide mit einer Verzweigung. Verzweigungen werden von der 1,6-Glucosidase gespalten, Glucose, Maltose und Isomaltose bleiben übrig.

Auf der Bürstensaummembran sitzen die Disaccharidasen **Maltase, Isomaltase, Saccharase** und **Lactase**. Sie spalten ihr Substrat in Monosaccharide (Glucose, Fructose und Galactose), deren Resorption entweder sekundär aktiv oder passiv erfolgt (Abbildung 7.4):

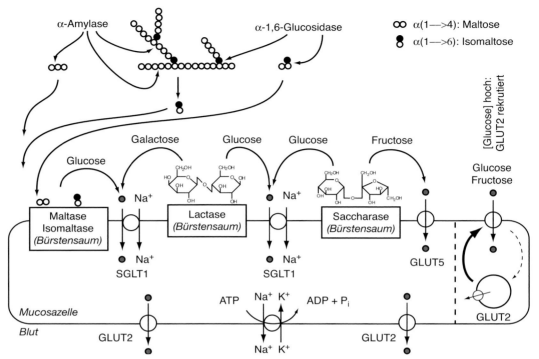

Abbildung 7.4 Verdauung und Resorption der Kohlenhydrate. Sowohl die Glucose wie auch die Fructose gelangen mit dem GLUT2 ins Blut.

- Glucose und Galactose benutzen den Na$^+$-Cotransporter *SGLT1* (sekundär aktiver Transport). Da das K$_m$ dieses Transporters klein ist (ca. 200 μM), wird Glucose und Galactose schon bei niedriger Konzentration aufgenommen. Die Kapazität ist aber beschränkt.
- Nach einer kohlenhydratreichen Mahlzeit ist das Glucoseangebot hoch. In diesem Falle wird der Uniporter GLUT2 aus einem intrazellulären Kompartiment in den Bürstensaum rekrutiert, wo er dank hohem K$_m$ (16-20 mM) große Mengen Glucose (und Fructose) aufnehmen kann (passiver Transport). Sinkt die Glucosekonzentration an der Mucosaoberfläche ab, ziehen sich die GLUT2 ins Vesikelkompartiment zurück und verhindern so das «Auslaufen» der Glucose in den Darm.
- Der Uniporter GLUT5 nimmt nur Fructose auf. Die Fructosekonzentration im Blut ist sehr niedrig, so dass das Gefälle zwischen dem Darmlumen und dem Blut für den passiven Transport genügt.
- Auf der basolateralen Seite verhilft GLUT2 den Hexosen zum Übertritt ins Blut (passiver Transport).

Lipide sind nicht wasserlöslich, sie klumpen zusammen und bieten so der wässrigen Umgebung eine möglichst kleine Oberfläche. Die Verdauungsenzyme aber – Lipasen, Phospholipasen und Cholesterinesterase – wirken auf der Grenze zwischen der Lipid- und der Wasserphase; je größer die Grenzfläche, desto schneller verdauen sie ihr Substrat. Um die Grenzfläche zu vergrößern, werden die Lipide in Mund, Magen und Darm *emulgiert*. (Emulsion heißt man die Suspension einer (hier: wasserunlöslichen, öligen) Phase als mikroskopisch kleine Tröpfchen in einer anderen (hier: wässrigen) Phase). **Emulgatoren**[*] verhindern, dass sich die Lipidtröpfchen der Emulsion wieder zu großen Klumpen zusammentun. Es handelt sich um *amphiphile* Moleküle, deren fettlöslicher Teil im Öltröpfchen steckt, während der wasserlösliche Abschnitt in die wässrige Phase ragt, und die so die Oberflächenspannung und damit das Bestreben, die Oberfläche möglichst klein zu halten, vermindern. Gallensalze, Phospholipide (aus der Galle und der Nahrung) und in beschränktem Maße auch (nicht verestertes!) Cholesterin spielen diesen Part.

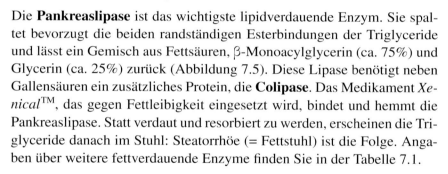

Emulsion

Emulgator

Die **Pankreaslipase** ist das wichtigste lipidverdauende Enzym. Sie spaltet bevorzugt die beiden randständigen Esterbindungen der Triglyceride und lässt ein Gemisch aus Fettsäuren, β-Monoacylglycerin (ca. 75%) und Glycerin (ca. 25%) zurück (Abbildung 7.5). Diese Lipase benötigt neben Gallensäuren ein zusätzliches Protein, die **Colipase**. Das Medikament *Xenical*™, das gegen Fettleibigkeit eingesetzt wird, bindet und hemmt die Pankreaslipase. Statt verdaut und resorbiert zu werden, erscheinen die Triglyceride danach im Stuhl: Steatorrhöe (= Fettstuhl) ist die Folge. Angaben über weitere fettverdauende Enzyme finden Sie in der Tabelle 7.1.

Pa

Die Tätigkeit der Lipasen, der Phospholipasen und der Cholesterinesterase vergrößert die Anzahl der amphiphilen Moleküle: Aus nichtpolaren Triglyceriden entstehen Fettsäuren und β-Monoacylglycerin – beide besitzen lipophile und wasserlösliche Domänen. Und die nichtpolaren Cholesterinester werden in Fettsäuren und Cholesterin zerlegt, dessen zuvor in der Esterbindung verborgene Hydroxylgruppe frei wird. Dieses Gemisch amphiphiler und lipophiler Moleküle ordnet sich zu **Micellen**, kugeligen Aggregaten, in deren Innern die lipophilen Schwänze der Fettsäuren versammelt sind, während ihre hydrophilen Köpfe, die Hydroxylgruppe

---

[*] Lesen Sie die Inhaltsangaben auf Schokolade-, Eiscrème- oder Margarinepackungen! Schokolade: Cacaobestandteile und Zucker in Fett; Margarine: Wasser-in-Öl Emulsion; Eiscrème: ein Schaum, in der wässrigen Phase zwischen den Luftblasen sind Fetttröpfchen und Eiskristalle suspendiert.

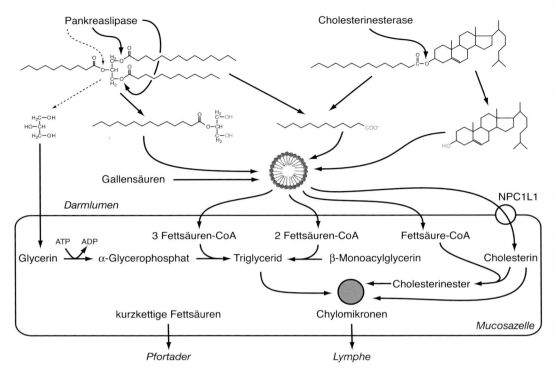

Abbildung 7.5 Verdauung und Resorption der wichtigsten Lipide. Rot: hydrophile Gruppen.

des Cholesterins und der Glycerinteil des β-Monoacylglycerins nach aussen ragen. Rein lipophile Moleküle, fettlösliche Vitamine z.B., werden zwischen den micellenbildenden Bestandteilen eingelagert. Die Micellen kommen mit der Oberfläche der Mucosa in Kontakt, wo sie zerfallen, und wo ihre Bestandteile entweder durch Diffusion oder mit Hilfe von Transportern resorbiert werden.

Cholesterin: Cholesterin wird mit Hilfe des spezifischen Transporters NPC1L1 in die Mucosazellen aufgenommen. Pflanzliche Sterole (cholesterinähnliche Moleküle der cholesterinfreien Pflanzen) benutzen denselben Transporter und reduzieren die Cholesterinaufnahme; man fügt sie deshalb manchmal der Margarine bei. Das Medikament **Ezetimib** hemmt den Transporter und senkt die Cholesterinkonzentration im Blut.

Pr Sich merken: Micellenbildend sind: die Fettsäuren, das Monoacylglycerin, Phospholipide, Lysophosphatide und Gallensäuren, nicht aber das Cholesterin, dessen einsame Hydroxylgruppe nicht ausreicht. Ohne Micellen werden fettlösliche Vitamine und Cholesterin kaum aufgenommen – wir brauchen deshalb die Micellenbildner aus der Galle (Gallensäuren und Phospholipide) und der Nahrung (verdautes Fett, Salatsauce)!

Wasserlösliche Verdauungsprodukte, Aminosäuren und Zucker z.B., werden nach ihrer Resorption via Pfortader zur Leber oder in die Peripherie verfrachtet. Die *wasserunlöslichen* Bestandteile des Lipidabbaus nehmen einen anderen Weg: In den Mucosazellen werden Fettsäuren mit β-Monoacylglycerin oder Glycerin zu Triglyceriden resynthetisiert und zusammen mit Cholesterin, Cholesterinester, lipophilen Vitaminen (und Medikamenten!) in Chylomikronen verpackt und in die Lymphbahn entlassen. Ausnahme: Die kurzkettigen (4-8 Cs) Fettsäuren, die dank guter Wasserlöslichkeit auf kein Transportvehikel angewiesen sind, begleiten Aminosäuren und Zucker auf dem direkten Weg zur Leber. Folgende Punkte gilt es zu beachten:

• Fettsäuren müssen vor der Veresterung aktiviert, d.h. an CoA gekoppelt werden (Kostenpunkt: 2 ATP). Generell gilt: Ob Synthese oder Abbau, Verlängerung, Desaturierung oder Veresterung – Fettsäuren müssen mit CoA thioverestert (=aktiviert) sein.

• Nur *phosphoryliertes* Glycerin (α-Glycerophosphat) kann mit Fettsäuren verestert werden. Mucosazellen besitzen, wie die Leber und die Brustdrüse, eine hohe *Glycerokinase*-Aktivität.

Vitamine, Calcium und Eisen

Die **fettlöslichen Vitamine** A,D,E und K sind auf Micellen angewiesen, in denen sie zur Mucosaoberfläche gebracht werden. Sie diffundieren von dort in die Zellen der Schleimhaut und werden danach in Chylomikronen eingelagert, mit denen sie via Lymphe die Peripherie erreichen. *Diese Vitamine werden folglich nur effizient resorbiert, wenn die Nahrung genügend Fett enthält, dessen hydrolysierte Komponenten zusammen mit dem Cholat und den Phospholipiden der Galle die Micellen bilden* (β-Carotin und Salatsauce!).

Die Resorption des *wasserlöslichen* Vitamins B_{12} (= Cobalamin, siehe Abbildung 7.6) fällt aus dem Rahmen: B_{12} wird nur als Komplex mit dem «**Intrinsic Factor**» einem Glycoprotein aus den Belegzellen des Magens, **im Ileum** aufgenommen (Intrinsic, weil der Faktor aus dem Körper stammt – dazu passend bezeichnet man B_{12} auch als «Extrinsic Factor»). Vitamin B_{12} wird von Bakterien synthetisiert und stammt ausschließlich aus tierischer Nahrung; Veganerinnen, die nicht nur auf Fleisch, sondern auch auf Eier und Milchprodukte verzichten, besitzen einen entsprechend niedrigen Vorrat des Vitamins. Häufigste Ursache für B_{12}-Mangel ist allerdings nicht eine Fehlernährung, sondern eine verminderte Resorption im Ileum, entweder weil dessen Schleimhaut entzündet ist (Beispiel: Sprue), oder weil eine erkrankte Magenschleimhaut zuwenig Intrinsic Factor produziert.

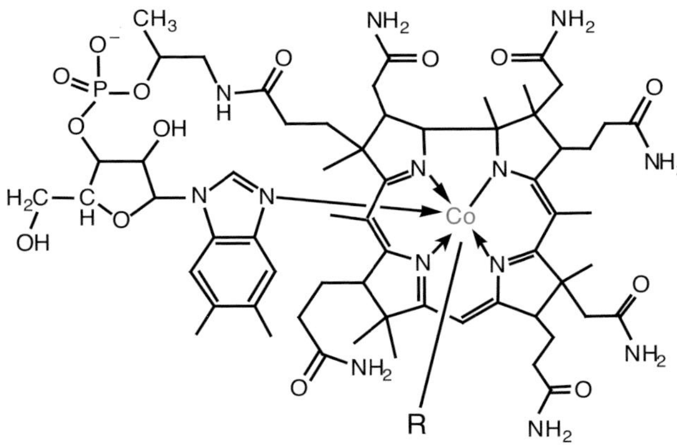

Abbildung 7.6 Vitamin B_{12}.

Die Ca^{2+}-Aufnahme im Duodenum braucht Unterstützung durch Vitamin D. Vitamin D bindet an seinen nukleären Rezeptor in den Mucosazellen und stimuliert die Expression von **Calbindin**, einem Ca^{2+}-bindenden Protein, ohne das die Resorption nicht funktioniert. Aber auch so werden nur 30-50% des Nahrungs-Calciums aufgenommen. Phytate (Inositolphosphate, die u.a. im Vollkorngetreide vorkommen) und Oxalat komplexieren Ca^{2+} und verhindern seine Resorption.

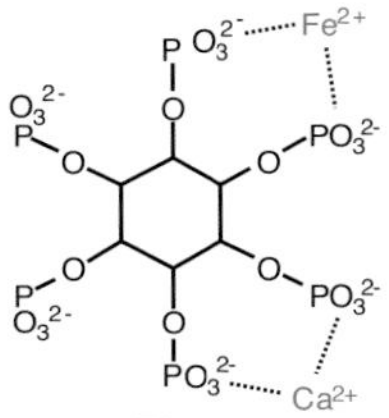

Phytat

Eisen nehmen wir als **Nichthämeisen** (>85%, Pflanzen und Milchprodukte) und als **Hämeisen** (Fleisch, Fisch) zu uns. Ca. 10% davon werden resorbiert – auch in diesem Falle interferieren Phytate mit der Aufnahme. Vitamin C hingegen fördert die Resorption, weil es Fe^{3+} zum aufnahmefähigeren Fe^{2+} reduziert.

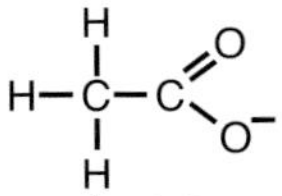

Acetat

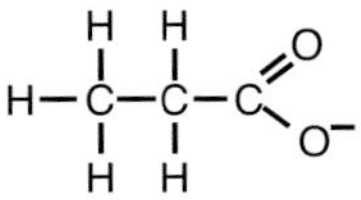

Propionat

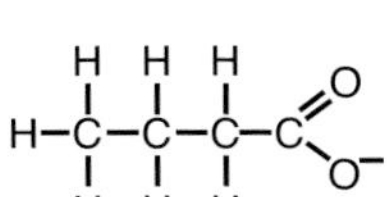

7.3 Das Colon

Bakterien beherrschen die biochemische Bühne des letzten Darmabschnitts. In der anaeroben Dunkelheit des Colons empfangen sie Unverdauliches und Unverdautes und fermentieren es zu kurzkettigen Fettsäuren, molekularem Wasserstoff (H_2), Methan, Ethanol usw. Auch wenn nur ein kleiner Teil der Cellulose und anderer Pflanzenfasern von den Bakterien abgebaut wird, und die von ihnen produzierten Fettsäuren für den Energiehaushalt des gesamten Organismus keine Rolle spielen mögen, für

Butyrat

die Mucosazellen des Colons sind sie wichtig: Diese beziehen bis zu 80% ihrer Energie aus Butyrat. Möglich, dass darin die Ursache für die positiven Wirkungen, die Nahrungsfasern vielfach zugeschrieben werden, zu suchen ist. Auch die beiden anderen kurzkettigen Fettsäuren, Acetat und Propionat, werden im Colon resorbiert und in der Leber (Acetat) und Peripherie (Propionat) oxidiert.

Bakterien decarboxylieren ausserdem nicht resorbierte Aminosäuren zu **biogenen Aminen**, zum Beispiel:

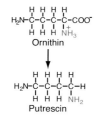

Aus Arginin	wird	Agmatin
Aus Histidin	wird	Histamin
Aus Lysin	wird	Cadaverin
Aus Ornithin	wird	Putrescin
Aus Tyrosin	wird	Tyramin

Biogene Amine wirken toxisch, wenn sie bei kranker Leber nicht entgiftet (glucuroniert oder sulfatiert) werden. Das Gehirn ist besonders stark betroffen.

Angewandte Biochemie: Sauce Béarnaise

100g Butter zerlassen. 3 Eigelb in eine lauwarme Essigreduktion (Weißweinessig, Schalotten, Thymian, Lorbeer, Petersilie, Estragon, eingekocht) einarbeiten. Die Butter unterschlagen, würzen. Die Phospholipide (v.a. Lecithin = Phosphatidylcholin) stabilisieren die «Butter-in-Essig-Emulsion» – wenn man Glück hat. Sind die Eier nicht mehr frisch, kann die Sache schief gehen, weil die Phospholipide mit der Zeit zerfallen.

ZUSAMMENFASSUNG

Die wichtigsten Verdauungsenzyme sind:

- Im Speichel: **Ptyalin** für Stärke.
- Im Magen: **Pepsin** für Eiweiß.
- Aus dem Pankreas: **Trypsin**, **Chymotrypsin**, **Amino-** und **Carboxypeptidasen** für Eiweiß; α-**Amylase** für Stärke; **Pankreaslipase** für Triglyceride.

- Im Dünndarmsekret: **Nucleotidase, Nucleosidasen** und **Phosphatasen**.
- Auf dem Bürstensaum des Darmes: **Di-, Tri-** und **Oligopeptidasen**; **Maltase, Isomaltase, Lactase** und **Saccharase**.

Abhängig von der Konzentration, die durch die Verdauung erreicht wird, nehmen die Schleimhautzellen (v.a. des Duodenums und Jejunums) die Produkte **sekundär aktiv** (Na^+- oder H^+-Cotransport) oder **passiv** auf. Neu ist die Erkenntnis, dass nach einer kohlenhydratreichen Mahlzeit, wenn die Glucosekonzentration nahe der Mucosaoberfläche hohe Werte erreicht, ein passiver (GLUT2) Transport zum Zuge kommt. Die GLUT2 werden aus einem Vesikelkompartiment, in dem sie in nüchternem Zustand schlummern, an die apikale Zelloberfläche gerufen und gewähren dort sowohl Glucose als auch Fructose Zutritt.

Weil sie nicht wasserlöslich sind, weicht das Verhalten der Fette vom eben beschriebenen Schema ab: Die Verdauung ist auf **Emulgatoren** (z.B. Gallensäuren) angewiesen; der Transport zur Mucosaoberfläche erfolgt in **Micellen** (Micellenbildner aus Galle und Nahrung sind deshalb wichtig für die Aufnahme); nach der Resorption werden Triglyceride resynthetisiert und zusammen mit den anderen wassserunlöslichen Molekülen in **Chylomikronen** eingebaut und in die Lymphe entlassen.

Anwendung und Wiederholung: die Milch und der Säugling

In den ersten 6 Monaten wächst ein Säugling 15-20 cm, sein Gewicht nimmt um 4.5 Kilogramm zu, und das Gehirn erreicht, ausgehend von 30% nach der Geburt, 50% des Endgewichts. In dieser Zeit saugt er nur Muttermilch, die ihm nicht nur die Energie – Kohlenhydrate und Fette vor allem – sondern auch die vielen notwendigen Bausteine zur Verfügung stellt. So wenigstens war es vorgesehen, bevor die Lebensmittelindustrie und die Sojaproduzenten einen großen Teil der Weltbevölkerung davon zu überzeugen vermochten, dass sie es besser können.

Kohlenhydrate: Alle Säugetiere exprimieren im Säugealter *Lactase* auf dem Bürstensaum ihrer Dünndarmzellen (siehe Abbildung 7.4), verlieren diese aber nach der Entwöhnung. Trinken sie als Erwachsene Milch, wird der Milchzucker nicht hydrolysiert und resorbiert. Im Darm wirkt er stattdessen osmotisch und verursacht Durchfall, und die Bakterien fermentieren ihn unter Gasbildung. Dies gilt auch für die Mehrzahl der Menschen, mit Ausnahmen: Völker, die schon seit langer Zeit Viehzucht und Milchwirtschaft betrieben haben – Europäer, Masai oder manche zentralasiatische Stämme – haben sich angepasst und behalten die Lactase auch im Erwachsenenalter. Fehlt sie, spricht man von **Lactoseunverträglichkeit**, nicht zu verwechseln mit der Milchallergie. Käse und Joghurt sind fermentierte Lebensmittel; sie enthalten deshalb nur wenig Lactose – fehlende Lactase ist kein Grund, auf sie zu verzichten. Tabelle 7.2 zeigt, dass Muttermilch mehr Lactose enthält als Kuhmilch.

	Muttermilch	**Kuhmilch**
Protein	1.1 g/100ml	3.3 g/100ml
– Casein	0.4 g/100ml	2.7 g/100ml
– Albumin, Globuline etc.	0.7 g/100ml	0.5 g/100ml
Kohlenhydrate (v.a. Lactose)	7.0 g/100ml	4.7 g/100ml
Lipide	4.0 g/100ml	3.6 g/100ml
Cholesterin	25 mg/100ml	11.7 mg/100ml
Energie	69 kcal/100ml	64 kcal/100ml

Tabelle 7.2   Milchzusammensetzung im Vergleich.

Eiweiß: Kuhmilch ist eiweißreicher als Muttermilch, doch ist der Unterschied allein auf den hohen Caseingehalt der ersteren zurückzuführen (Tab. 7.2). Das Chymosin (=Rennin = Gastricin) der Säuglinge spaltet, wie weiter oben beschrieben, Casein, lässt es koagulieren und macht es verdaulich. Rennin aus Kälbermagen («Labferment») wurde für die Käseherstellung verwendet – heute nimmt man dafür oft gentechnisch hergestellte Enzyme.

Fett: Milch ist eine Emulsion, deren Fetttröpfchen von einem Bilayer umgeben sind. (Der Grund: Sie entstehen in der Milchdrüse durch Abschnüren lipidgefüllter Vesikel). Die Triglyceridverdauung ist ein kompliziertes, energieverbrauchendes Geschäft, an das der Säugling gut angepasst ist:

- Die Magenlipase übernimmt einen großen Teil der Verdauung.
- Die Mutter unterstützt den Säugling, indem sie der Milch eine **Milchlipase** mitgibt, die erst im Verdauungstrakt, unter dem Einfluss der Gallensäuren, wirksam wird. Pasteurisieren inaktiviert diese Lipase.
- Die Magenlipase hat eine hohe Affinität für kurze und mittellange Fettsäuren, die im Milchfett besonders häufig sind.
- Kurze und mittellange Fettsäuren gelangen nach der Aufnahme durch die Mucosazellen zu einem großen Teil direkt via Pfortader zur Leber. Die kostspielige Resynthese zu Triglyceriden und Verpackung in Chylomikronen entfällt.

99

8 | Transport, Speicherung und Mobilisierung

Glucose und Fettsäuren, die beiden wichtigsten Energieträger, können für den späteren Bedarf gespeichert werden – Glucose als Glycogen, Fettsäuren als Triglyceride (Fett). Für Aminosäuren hingegen existiert kein eigentlicher Speicher, obwohl der periodische Auf- und Abbau der Muskeleiweißmasse speicherähnliche Eigenschaften besitzt. Bei Bedarf werden Glucose (Glycogenolyse) und Fettsäuren (Lipolyse) mobilisiert und entweder an Ort und Stelle oxidiert (z.B. Muskelzellen) oder an den Verbrauchsort transportiert (z.B. Leberglycogen, Triglyceride der Fettzellen). Während Glucose im Blut gelöst problemlos im Organismus verteilt werden kann, ist das für die wasserunlöslichen Lipide komplizierter.

8.1 Glycogen

Die Kohlenhydratspeicher bestehen aus verzweigten Glucosepolymeren, dem **Glycogen**. Glycogen ist in fast allen Zellen zu finden, die höchste *Konzentration* wird in der Leber erreicht, die größte *absolute Menge* im Muskel:

- Leber: 1-100 mg/g (0.1-10%); insgesamt 1.8 g (Hungern) bis 180 g (maximal gefüllte Speicher).
- Skelettmuskel: ca. 10 mg/g (1%); insgesamt ca. 250 g.

Strukturell entspricht Glycogen dem Amylopektin, der verzweigten Form der pflanzlichen Stärke. Es ist aber mit 8-14 Glucoseeinheiten zwischen den Seitenästen dichter verzweigt. Abbildung 8.1 zeigt den Aufbau. In Worten:

- α-1,4-glycosidische Verknüpfung der Ketten
- α-1,6-glycosidische Verzweigungen
- Die freien Enden der Äste sind *nicht reduzierend* (das reduzierende C1-Ende bildet die Brücke zur nächsten Glucoseeinheit)
- Am Anfang steht ein Protein, **Glycogenin**, das über einen Tyrosinrest glycosidisch am ersten Glucosemolekül hängt.

Die Glycogensynthese

Uridin-diphosphat-Glucose (UDP-Glucose, UDPG) ist das Substrat für die Verlängerung der Ketten, die beiden Enzyme **Glycogen-Synthase**

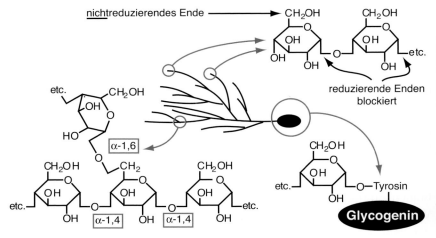

Abbildung 8.1   Die Strukturen des Glycogens.

und **Branching-Enzym** (= Amylo-1,4→1,6-Transglucosylase) katalysieren die Reaktionen.

Synthese der UDP-Glucose

Die Synthese der UDP-Glucose läuft über die Stationen Glucose → Glucose-6-P → Glucose-1-P → UDP-Glucose (Abbildung 8.2). In der Leber katalysiert die **Glucosekinase** die erste Reaktion, in den anderen Geweben die **Hexokinase**. Beachten Sie den Energieverbrauch und die Hydrolyse des PP_i durch die *Pyrophosphatase*, einen Schritt, der den Prozess in die gewünschte Richtung lenkt (vgl. Aktivierung der Fettsäuren, Kapitel 10).

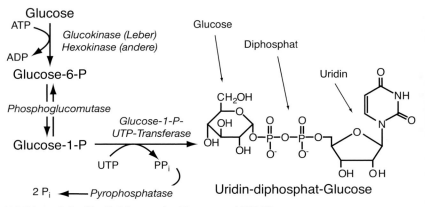

Abbildung 8.2   Die Aktivierung der Glucose zu UDP-Glucose.

Kettenverlängerung und Verzweigungen

Die **Glycogensynthase** katalysiert die *Verlängerung* bestehender Ketten. Die *Verzweigungen* entstehen auf kompliziertere Art: Hat eine Kette eine Länge von mindestens 11 Einheiten erreicht, überträgt das **Branching-Enzym** ≥ 6 davon auf das C6 einer benachbarten Kette (Abb 8.3).

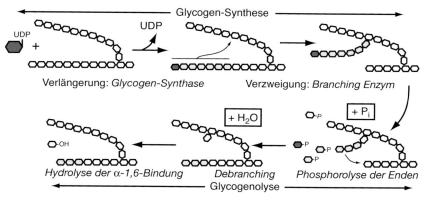

Abbildung 8.3 Glycogensynthese und Glycogenolyse. UDP: Uridin-diphosphat.

Glycogenolyse

Für die Freisetzung der Glucose aus dem Glycogen ist die **Glycogen-Phosphorylase** zuständig. Im Gegensatz zur Hydrolyse der Stärkemoleküle im Verdauungstrakt liefert die Phosphorolyse Glucose-1-**phosphat**. Glucose-1-P kann nach Mutierung zu Glucose-6-P direkt in die Glycolyse eingespeist werden – die für die Aktivierung der Glucose zu UDP-Glucose investierte Energie geht also nicht ganz verloren.

Die Auflösung der Verzweigungen gleicht ihrer Entstehung: Ist eine Seitenkette auf 4 Glucosereste geschrumpft, überträgt das **Debranching-Enzym** drei davon auf ein Zweigende. Die verbliebene α-1,6-verknüpfte Glucose hingegen wird **hydrolysiert**, nicht phosphorolysiert.

Für die Prüfung

1. Wenn Ihnen in der Prüfung die Entscheidung zwischen Glucose-6-P (Gluco/Hexokinase) und Glucose-1-P (Phosphorylase, UDPG-Synthese) schwerfällt: Beginnen Sie mit der Verknüpfung der Glucosekette (α-1,4). Die Phosphorolyse *muss* Glucose-1-P freisetzen, und die Synthese *muss* von Glucose ausgehen, deren C1 aktiviert ist.   **Pr**

2. *Mutase – Isomerase*: Die Phosphogluco*mutase* verschiebt die Phosphatgruppe zwischen C1 und C6. Die Glucose-P-*Isomerase* macht aus Glucose-6-P Fructose-6-P (und umgekehrt).

103

Phosphorylierung und **allosterische Regulation** steuern die Glycogen-speicher. Abbildung 8.4 zeigt, wie sich die beiden Kontrahenten Kinasen und Phosphatasen darum bemühen, die Glycogen-Synthase und die Glycogen-Phosphorylase nach ihrer Vorstellung zu verändern: Dominieren die Kinasen und sind deshalb die beiden Schlüsselenzyme mit einer Phosphatgruppe geschminkt, überwiegt die Mobilisierung der Glucose. Denn während die phosphorylierte Phosphorylase *aktiv* ist (a-Form), *hemmen* Phosphatgruppen die Synthase (b-Form). Unter der Herrschaft der Phosphatasen, wenn beide Enzyme ihres Make-ups beraubt dastehen, bleibt die Phosphorylase untätig, während die Synthase Glucose auf die hohe Kante legt.

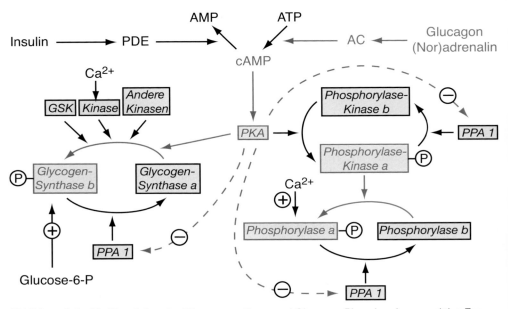

Abbildung 8.4   Die Regulation der Glycogensynthase und Glycogen-Phosphorylase. a: aktive Formen; b: inaktive Formen; AC: Adenylatzyklase; GSK: Glycogen-Synthase-Kinase; PDE: Phosphodiesterase; PKA: Proteinkinase A; PPA 1: Proteinphosphatase 1. Rot: Mobilisierung der Speicher und Hemmung der Glycogensynthese durch Glucagon, Adrenalin und Noradrenalin.

cAMP und Calcium stimulieren die Phosphorylierungsreaktionen – cAMP über die Proteinkinase A, Ca^{2+} über Calmodulin-haltige Kinasen. Insulin, der Gegenspieler des Trios Glucagon-Adrenalin-Noradrenalin, fördert die Dephosphorylierung und damit die Glycogensynthese.

Es empfiehlt sich, die prüfungsrelevanten Fakten (ist die phosphorylierte oder die dephosphorylierte Form aktiv? etc.) nicht auswändig zu lernen,

Pr

sondern logisch vorzugehen. Sie wissen, dass Glucagon, Adrenalin und Noradrenalin den Blutzuckerspiegel anheben, und dass diese drei Hormone die Adenylatzyklase stimulieren. Wie Tarzan (oder Jane) packen Sie diese erste Liane und schwingen sich von Baum zu Baum, bis Sie bei der richtigen Lösung landen: Blutzucker↗ wenn Phosphorylase↗ und Glycogensynthase↘; Glucagon, Adrenalin und Noradrenalin → Adenylatzyklase↗ → cAMP↗ → Proteinkinase A↗ → Phosphorylierung der Enzyme. Also muss die phosphorylierte Phosphorylase aktiv, die phosphorylierte Synthase hingegen inaktiv sein. Auf diese Art können Sie auch ableiten, wie sich die Phosphorylierungskaskade auf die *Proteinphosphatase 1* auswirken muss (Abbildung 8.4).

Und Calcium? Calcium strömt während den Kontraktionen in die Muskelzellen. Die Energie für die Muskelarbeit stammt z.T. aus den Glycogenspeichern, was erklärt, weshalb dieses Ion die gleiche Wirkung wie cAMP entfaltet.

Carboloading

Während Wettkämpfen, die nicht länger als 60 bis 90 Minuten dauern, verlassen sich der Läufer und die Velofahrerin vor allem auf die Glycogenspeicher in Muskel und Leber. Oft wird deshalb versucht, die Größe der Speicher durch eine Kombination von Diät und Training zu maximieren, in der Hoffnung, die Leistung zu steigern. So wird es gemacht: Auf ein erschöpfendes Training 6 Tage vor dem Wettkampf folgen zwei Tage mit kohlenhydrat*armer* Diät plus Training. Die Speicher werden leer (warum?). Anschließend stehen drei Tage lang Spaghetti, Brot und Kartoffeln auf dem Menuplan, trainiert wird nicht mehr. Das füllt die Speicher, wie Biopsien nachgewiesen haben, über das normale Maß (warum, ist allerdings nicht ganz klar).

Wirkt sich die Prozedur auf die Resultate aus? Das ist umstritten, aber eine Untersuchung, die als erste einen Placeboeffekt ausschloss, zeigt mit dem Daumen nach unten (Burke et al., Journal of Applied Physiology 88 (2000) 1284-1290).

Leber und Peripherie – ein Vergleich

Leber und periphere Organe, deren quantitativ wichtigster Vertreter die Skelettmuskulatur ist, unterscheiden sich in erster Linie dadurch, dass die Leber ein «Dienstleistungsorgan» ist und Glucose für den Export speichert, während die übrigen Organe Glycogen für den Eigenbedarf horten. Den Export der Phosphorylase-mobilisierten Glucose-1-P macht, nach

Mutierung zu Glucose-6-P, die *Glucose-6-Phosphatase* möglich, ein Enzym, das allen andern Organen mit Ausnahme der Nieren und der Darmmucosa praktisch fehlt. (Phosphorylierte Glucose ist **nicht** membrangängig!).

Man könnte meinen, dass im Fastenzustand Leberglycogen mobilisiert wird und *parallel* zur Gluconeogenese den Blutzuckerspiegel sichert. Die Wirklichkeit ist komplizierter: Neue Untersuchungen haben gezeigt, dass ca. zwei Drittel der synthetisierten Glucose-6-P den Umweg über das Glycogen nimmt, und nur ein Drittel direkt dephosphoryliert und exportiert wird (Abbildung 8.5). Offensichtlich

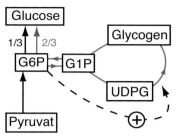

Abbildung 8.5 Gluconeogenese und Glycogenstoffwechsel in der Leber (siehe Text).

reicht die allosterische Wirkung der gluconeogen entstandenen Glucose-6-P, um die *phosphorylierte* (Glucagon!) und deshalb an und für sich inaktive Form der Glycogensynthase zu stimulieren. Der Grund für die energiefressende Schlaufe wird in den vielfältigen Regulationsmöglichkeiten vermutet, die so ein Zyklus schafft.

Glycogenspeicherkrankheiten

Fallen am Glycogenstoffwechsel beteiligte Enzyme aus, kommt es zu *Glycogenspeicherkrankheiten*. In Tabelle 8.1 sind die sechs wichtigsten aufgelistet.

Typ	Defektes Enzym
I (von Gierke)	Glucose-6-phosphatase
II (Pompe)	Lysosomale α-Glucosidase
III (Cori)	Debranching Enzym
IV (Andersen)	Branching Enzym
V (McArdle)	Phosphorylase des Muskels
VI (Hers)	Phosphorylase der Leber

Tabelle 8.1 Glycogenspeicherkrankheiten.

ZUSAMMENFASSUNG

- α-1,4 verknüpfte Ketten und α-1,6-Verzweigungen. **Glycogenin** im Zentrum.

- UDP-Glucose als Baustein, entstanden aus Glucose → Glucose-6-P → Glucose-1-P (Phosphoglucomutase) → UDP-Glucose.
- **Glycogen-Synthase** und **Branching Enzym** bauen Glycogen auf.
- **Phosphorolysierung** der Ketten (→ Glucose-1-P) und **Hydrolysierung** der α-1,6-Bindungen (→ Glucose). Debranching als Gegenstück zum Aufbau der Verzweigungen.
- Phosphorylierung aktiviert die Phosphorylase (→ a-Form), inaktiviert die Glycogen-Synthase (→ b-Form) und umgekehrt.
- Glucagon, Adrenalin und Noradrenalin (über cAMP) und Ca^{2+} mobilisieren Glucose, Insulin fördert die Speicherung.
- Glucose-6-P stimuliert die Glycogen-Synthase allosterisch.

8.2 Fettsäuren und Cholesterin

Transport: die Lipoproteine

Triglyceride, **Cholesterin**, **Cholesterinester** und **Phospholipide** zirkulieren im Blut als Bestandteile der Lipoproteine – die unpolaren Triglyceride und Cholesterinester im Innern der 5-1000 nm großen, kugeligen Gebilde, die amphiphilen Phospholipide und Cholesterin an der Oberfläche. Vervollständigt werden die Lipoproteine durch **Apoproteine** (= Apolipoproteine), die entweder teilweise in die Lipidphase eintauchen oder sich an die Außenseite anlagern (Abbildung 8.6).

	Chylomicronen	VLDL	LDL	HDL
Dichte (g/mL)	<0.95	0.95-1.006	1.019-1.063	1.019-1.210
Durchmesser (nm)	100-1200	20-80	15-25	5-10
Protein (%)	1	10	20	45
Triglyceride (%)	89	55	10	5
Phospholipide (%)	5	20	20	30
Cholesterin (%)	5	15	50	20

Tabelle 8.2 Die Zusammensetzung der Lipoproteine.

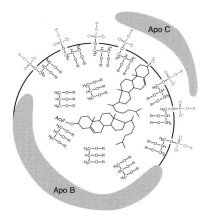

Abbildung 8.6 Der Aufbau der Lipoproteine. Rot: hydrophile Gruppen.

Wir unterscheiden 4 Lipoprotein(haupt)typen: **Chylomicronen, Very Low Density Lipoproteine** (VLDL), **Low Density Lipoproteine** (LDL) und **High Density Lipoproteine** (HDL). Sie alle enthalten sämtliche oben erwähnten Lipidklassen, jedoch in unterschiedlicher Verteilung: Chylomicronen und VLDLs sind besonders reich an Triglyceriden, während Cholesterin und Cholesterinester für LDLs und HDLs typisch sind (Tab. 8.2). Lipoproteine unterscheiden sich auch in ihrer Dichte, was mit dem unterschiedlichen Lipid- und Apoproteingehalt zusammenhängt. Je höher der Anteil der vergleichsweise leichten Lipide ist, desto niedriger ist die Dichte (und desto größer der Durchmesser).

Chylomicronen (Abbildung 8.7)
Chylomicronen werden im Dünndarm gebildet – die Triglyceride im glatten, die Apoproteine (B 48 und A) im rauhen endoplasmatischen Reticulum – und gelangen via Golgi exocytotisch in die Lymphe und danach ins Blut. Sie enthalten nebst Triglyceriden, Cholesterin(estern) und Phospholipiden auch resorbierte, fettlösliche Moleküle wie z.B. Vitamine, Carotin, Leucopen (ein Antioxidans aus Tomaten und Paprika), Coenzym Q oder Medikamente. In der Peripherie entledigen sie sich des größten Teils der Triglyceride – die Hauptabnehmer (ca. 80%) sind Muskeln, Herzmuskel und das Fettgewebe, während der Laktationsphase auch die Brustdrüse. Die Chylomicronen werden dadurch kleiner, dichter und relativ cholesterinreicher und heißen nun **Remnants** («Überbleibsel»). Die Remnants schließlich beenden ihre Laufbahn in der Leber, die sie mit Hilfe eines Rezeptormechanismus internalisiert und die so das Nahrungscholesterin empfängt.

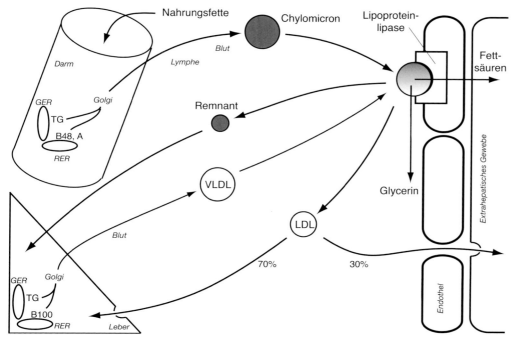

Abbildung 8.7 Chylomicronen (rot) und VLDL/LDL (weiß). GER und RER: glattes und rauhes endoplasmatisches Reticulum.

Very Low Density Lipoproteine (Abbildung 8.7)

VLDL entstehen in der Leber, besitzen aber viele Ähnlichkeiten mit den Chylomicronen: die Synthese im glatten und rauhen ER, die Lipidzusammensetzung, die Apoproteine E und C und den Triglyceridtransport in die Peripherie. Sie enthalten jedoch Apo B 100 an Stelle des B 48 und schrumpfen nach der Triglyceridabgabe nicht zu Remnants, sondern, über die Zwischenstufe der IDL (Intermediate Density Lipoproteine), zu LDL. Folgende Umstände stimulieren die VLDL-Produktion in der Leber: postprandialer Status, kohlenhydratreiche Nahrung (führt zu Fettsäure- und Triglycerid-synthese), Ethanol und hoher Insulinspiegel.

Chylomicronen und VLDL: die Lipoproteinlipase (Abbildung 8.7)

Die Lipoproteinlipase wird von den Zellen der peripheren Organe – Muskel, Herzmuskel und Fettgewebe vor allem – synthetisiert und sezerniert, und heftet sich danach an die Oberfläche der Endothelzellen. Dort bindet sie sowohl Chylomicronen wie auch VLDL via Apo A, wird durch Apo C und Phospholipide aktiviert und hydrolysiert Triglyceride zu Glycerin und Fettsäuren. Die Fettsäuren gelangen durch Diffusion und Transporter in die Zellen, Glycerin zur Leber (→ Gluconeogenese, Oxidation oder Triglyceridsynthese).

109

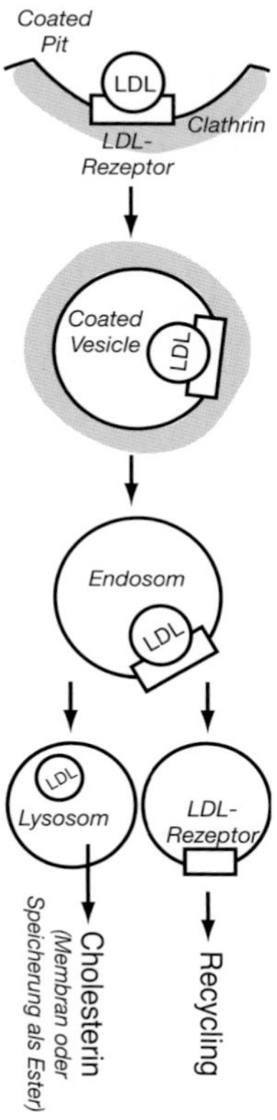

Coated Pit
LDL
Clathrin
LDL-Rezeptor

Coated Vesicle LDL

Endosom LDL

Lysosom LDL

LDL-Rezeptor

Cholesterin (Membran oder Speicherung als Ester)

Recycling

periphere Zelle
ABCA1

Cholesterin-OH + Lecithin

LCAT

Cholesterin-ester

HDL Lysolecithin

Low Density Lipoproteine (Abbildung 8.7)

LDLs entstehen aus VLDLs (vgl. Chylomicronen → Remnants!). Wie die Remnants enden sie durch rezeptorvermittelte Endocytose, 30% in der Peripherie, 70% in der Leber. Jedes individuelle LDL besitzt nur *ein* Apo B 100, eine der längsten Peptidketten, die es gibt; es bindet den LDL-Rezeptor. Der Aufnahmemechanismus umfasst folgende Schritte: Die LDL-Rezeptoren sitzen in den Clathrin-gesäumten **Coated Pits** und werden samt LDL in endocytotische Vesikel aufgenommen. Nach deren Ansäuerung trennen sich Rezeptor und LDL, der Rezeptor kehrt zur Zelloberfläche zurück, Cholesterin(ester) und die anderen Lipide gelangen in die Zelle, und Hydrolasen zerlegen das Apo B 100 in seine Aminosäuren. LDL-Rezeptoren sind wichtig: Fehlen sie oder sind sie defekt, steigen die LDL-Cholesterin-Konzentration im Blut und das Risiko, an einem Herzinfarkt zu sterben (*Familiäre Hypercholesterinämie*, siehe auch Kapitel 10.4).

High Density Lipoproteine (Abbildung 8.8)

Leber und Darm synthetisieren Apo A-I, welches mit Hilfe des Membranproteins ABCA1* Phospholipide und Cholesterin aufnimmt und so zum scheibenförmigen Prä-β HDL wird, dem Vorläufer des eigentlichen HDL. Prä-β HDL nimmt weiteres Cholesterin aus den Membranen peripherer Organe auf. Dieses freie Cholesterin bleibt nicht an der HDL-Oberfläche,

Apo A-I
ABCA1
Ch
Darm
PL
Prä-β HDL
PL
Ch
ABCA1
Extrahepatisches Gewebe
ABCA1
Ch
PL
HDL
Austausch
Apo A-I
Leber
LDL Chylomicronen

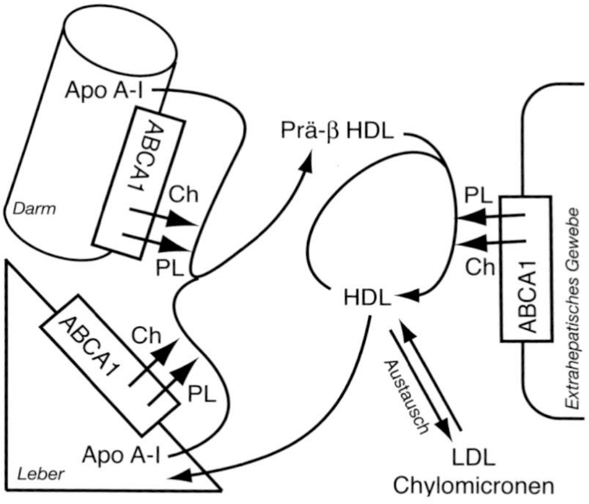

Abbildung 8.8 HDL. ABCA1: ATP-binding cassette transporter A1; Ch: Cholesterin; PL: Phospholipide.

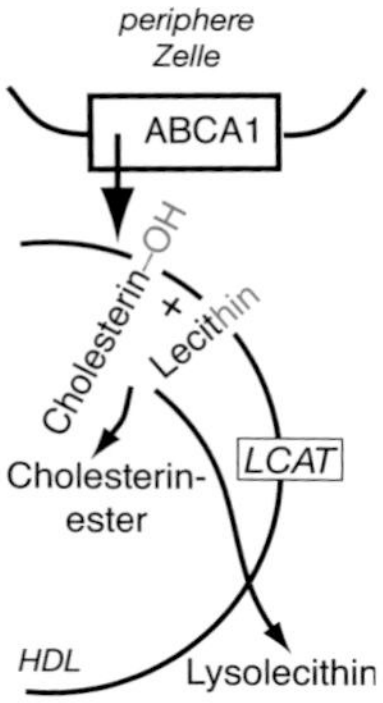

sondern wird nach Veresterung mit einer Fettsäure des Lecithins ins Partikelinnere versenkt. LCAT (= Lecithin-Cholesterin-Acyltransferase; Lecithin = Phosphatidylcholin) katalysiert diesen Schritt (siehe Abbildung im Seitenrand). So wächst Prä-β HDL zum runden, reifen HDL. Am Ende nimmt die Leber HDL auf und zerlegt es in die Einzelteile. Unter dem Strich sorgt HDL so dafür, dass Cholesterin aus der Peripherie

---

* ABCA1 steht für «ATP-binding Cassette Transporter A1» und gehört zu einer Familie von Transportern, die ATP binden und hydrolysieren.

zur Leber transportiert wird, im Gegensatz zum LDL, welches für den entgegengesetzten Weg verantwortlich ist.

Gut und Schlecht

Die Triglycerid- und Cholesterinkonzentrationen im Blut werden heute routinemäßig bestimmt, denn hohe Werte gelten als Risikofaktoren für Herz-Kreislauf-Krankheiten und begleiten oft Übergewicht und Diabetes vom Typ II. Und da diese Lipide im extrazellulären Raum immer Bestandteil der Lipoproteine sind, lassen sie sich in Fraktionen einteilen.

Triglyceridwerte widerspiegeln – wenn im nüchternen Patienten gemessen – in erster Linie den VLDL-Gehalt (Messungen kurz nach einer Mahlzeit wären wenig sinnvoll, denn die Konzentration der triglyceridreichen Chylomicronen hängt vom Fettgehalt der Nahrung ab). Hohe VLDL und Triglyceridwerte findet man nicht, wie oft angenommen, bei fettreicher-kohlenhydratarmer, sondern im Gegenteil bei kohlenhydratreicher-fettarmer Diät, insbesondere, wenn der Zuckerkonsum hoch ist. Ein Grund ist in der insulinbetonten Stoffwechsellage zu suchen: Insulin stimuliert die Fettsäuren-, Triglycerid- und VLDL-Synthese in der Leber und fördert die Fettspeicherung in der Peripherie, wo VLDL seine Triglyceride ablädt.

Cholesterinwerte werden unterschiedlich beurteilt, je nachdem, ob es sich um die LDL- (ca. 65% des Gesamtcholesterins) oder die HDL-Fraktion (ca. 25%) handelt. Während ein hoher LDL-Cholesterinwert als Risikofaktor für kardiovaskuläre Krankheiten gilt, wirkt sich viel HDL-Cholesterin günstig aus. Zusätzlich zum Gesamtcholesterin bestimmt man deshalb die Cholesterinkonzentration in diesen beiden Fraktionen und gibt das Verhältnis HDL-Cholesterin:LDL-Cholesterin an (je höher, desto besser). Der Grund für die vorteilhafte Wirkung der HDL-Fraktion ist nicht bekannt und muss nicht zwingend im Cholesterin selber zu finden sein. HDL besitzt z.B. auch *antioxidative* Eigenschaften. Es ist deshalb ungeschickt, vom «guten» (HDL) und «schlechten» (LDL) Cholesterin zu sprechen: medizinischer Babytalk, der zur Annahme verleitet, es handle sich um zwei verschiedene Arten von Cholesterin.

ZUSAMMENFASSUNG

- Lipoproteine transportieren vor allem Triglyceride, Cholesterin und Phospholipide. Freie Fettsäuren hingegen werden an Albumin gebunden transportiert.
- Nur die Zellen der Dünndarmmucosa, der Leber und der laktierenden Brustdrüse exportieren Triglyceride – der Dünndarm

in Chylomicronen, die Leber in VLDL und die Brustdrüse in exocytotischen Vesikeln (keine Lipoproteine!).

- Chylomicronen werden zu Remnants, Remnants enden in der Leber.
- VLDLs verwandeln sich in LDLs, LDLs werden in der Peripherie (ca. 30%) und der Leber (ca. 70%) aufgenommen und zerlegt.
- HDL entstehen in der Leber und im Dünndarm, die Vorläufer reifen, während sie zirkulieren, durch Aufnahme von Lipiden und Austausch von Lipiden und Apoproteinen mit anderen Lipoproteinen. Sie werden von der Leber aufgenommen und zerlegt.

Triglyceride: Speicherung und Lipolyse

Chylomicronen und VLDLs tragen Triglyceride in die Peripherie, wo die Fettsäuren nach der Freisetzung durch die Lipoproteinlipase von den Zellen aufgenommen, zu Triglyceriden resynthetisiert und in Fetttröpfchen gespeichert werden. Die Tröpfchen sind entweder winzig klein (in den meisten Zellen) oder so groß, dass sie das Cytoplasma an den Rand drängen (Fettzellen). Verglichen mit Glycogen besitzt Fett als Energiespeicher folgende Vor- und Nachteile:

- Die Energiedichte ist größer (9.3 kcal/g Trockengewicht, verglichen mit 4,1 kcal/g für Glycogen). Grund: Das Kohlenstoffgerüst der Glucose ist schon teilweise oxidiert (OH-Gruppen!).
- Da Fett kaum Wasser bindet, lässt sich viel Energie in einem kleinen Volumen und Gewicht verstauen (0.11 g/kcal). Ein Gramm Glycogen bindet hingegen 3-5g Wasser und enthält nur 1 kcal Energie.
- Der Nachteil: Fett kann nur *aerob* genutzt werden, einzig das Rückgrat (Glycerin) dient in der Leber der Gluconeogenese.

Da Fettsäuren, ausgenommen kurze, wasserunlöslich sind, kommen sie nie frei, sondern immer nur in Begleitung eines Proteins vor. Im Blut zirkulieren sie an Albumin gebunden, Zellmembranen durchqueren sie mit Hilfe spezialisierter Membranproteine, und im Cytosol fallen sie in die Arme der Fettsäure-Bindeproteine (FABP) oder der Acyl-CoA-Synthetase. Dass Fettsäuren nicht nur, wie früher angenommen, durch die Membranen diffundieren, ist wichtig: Zellen, die große Mengen Fettsäuren aufnehmen (Fett-, Muskel- und Herzmuskelzellen z.B.) besitzen mehr

Fettsäure-Transporter und erreichen mit ihrer Hilfe höhere Transportraten als durch bloße Diffusion.

ZWISCHENRUF: **Albumin** ...

- wird in der Leber hergestellt
- Hat ein Molekulargewicht von 66'000 (nahe an der Filtrationsgrenze der Nierenglomeruli)
- ist für 80% des kolloidosmotischen Drucks des Plasmas verantwortlich
- transportiert im Blut Fettsäuren, Bilirubin, verschiedene Hormone und Medikamente.

Pr

Nach der Aufnahme in die Zellen sind folgende Schritte an der Triglyceridsynthese beteiligt (Abbildung 8.9):

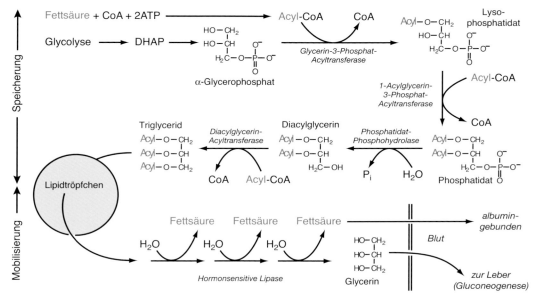

Abbildung 8.9 Speicherung und Mobilisierung der Fettsäuren im Fettgewebe. DHAP: Dihydroxyacetonphosphat.

- Aktivierung durch die Acyl-CoA-Synthetase (Kosten: 2 ATP-Äquivalente).
- Veresterung mit der randständigen OH-Gruppe des α-Glycerophosphats durch die α-Glycerophosphat-Acyltransferase. Fett-, Muskel- und die meisten anderen Zellen beziehen α-Glycerophosphat aus der Glycolyse (Reduktion des Dihydroxyacetonphosphats). Nur Darmmucosa, Leber und Brustdrüse besitzen genügend α-Glycerokinase, um α-Glycerophosphat aus Glycerin zu synthetisieren.

113

$$O^-$$
$$^-O-P=O$$

HO O   O
$H_2C-C-CH_2$

↑ ↘ NADH/H+

↘ NAD+

$$O^-$$
$$^-O-P=O$$

HO   O
$H_2C-C-CH_2$
     H
     OH

α-Glycerophosphat

- Veresterung der mittleren OH-Gruppe durch die 1-Acylglycerin-3-phosphat-Acyltransferase (= Lysophosphatidat-Acyltransferase).
- Abspaltung des Phosphats durch die Phosphatidat-Phosphohydrolase.
- Veresterung der Position 3 durch die Diacylglycerin-Acyltransferase.

Triglyceride versammeln sich in Tröpfchen, deren Oberfläche mit amphiphilen Molekülen stabilisiert wird, und die auch Cholesterinester sowie weitere fettlösliche Moleküle (z.B. Pestizide!) enthalten. Bei Bedarf werden die Fettsäuren aus den Fettzellen mobilisiert. Der Vorgang heißt **Lipolyse** und wird durch die **hormonsensitive Lipase** katalysiert (Abbildung 8.9). Die Fettsäuren gelangen an Albumin gebunden zum Ort ihres Verbrauchs, Glycerin hingegen wird zur Leber (ein kleiner Teil auch zur Darmmucosa) transportiert und dient dort als Substrat für die Gluconeogenese.

Frage: Weshalb behält das Fettgewebe Glycerin nicht selber?
Antwort: Nur *phosphoryliertes* Glycerin (α-Glycerophosphat) dient der Glycolyse oder der Triglyceridsynthese als Substrat. Fettzellen besitzen im Gegensatz zur Leber (und zur Darmmucosa oder der laktierenden Brustdrüse) kaum α-Glycerokinase.

Triglyceride: die Regulation der Speicher

Grundsätzlich gilt: Nach einer Mahlzeit, wenn der Glucosespiegel hoch ist, füllen sich die Fettspeicher – die Mobilisierung der Fettsäuren ist gehemmt; im nüchternen Zustand und während Phasen des Hungerns ist die Lipolyse aktiv, die Triglyceridsynthese hingegen gehemmt. Reguliert werden Speicherung und Mobilisierung durch die Gegenspieler Insulin auf der einen und Adrenalin und Glucagon auf der anderen Seite. Abbildung 8.10 liefert eine Übersicht:

- Insulin stimuliert die Expression der Lipoproteinlipase im Fettgewebe und fördert so die Aufnahme der Fettsäuren.
- Insulin stimuliert die Glycolyse und stellt den Acyltransferasen α-Glycerophosphat zur Verfügung.
- Insulin stimuliert die Expression der Glycerophosphat-Acyltransferase.
- Insulin stimuliert die Phosphodiesterase, senkt die cAMP-Konzentration und damit die Phosphorylierung der hormonsensitiven Lipase, die im dephosphorylierten Zustand inaktiv ist.

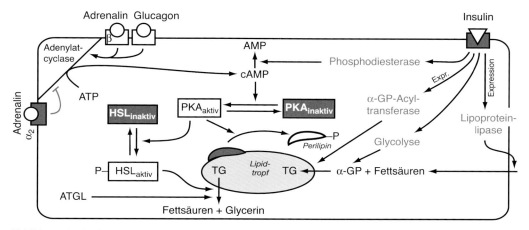

Abbildung 8.10 Regulation der Triglyceridspeicherung und der Lipolyse im Fettgewebe. α-GP: α-Glycerophosphat; ATGL: Adipocyte Triglyceride Lipase; HSL: hormonsensitive Lipase; PKA: Proteinkinase A; TG: Triglyceride. Rot: fördert Speicherung.

- Adrenalin (via β-adrenerge Rezeptoren) und Glucagon stimulieren die Adenylatzyklase, erhöhen die cAMP-Konzentration und stimulieren dadurch die Phosphorylierung (= Aktivierung) der hormonsensitiven Lipase durch die cAMP-abhängige Proteinkinase (PKA).
- Die PKA phosphoryliert **Perilipin**, ein Protein, welches die Oberfläche der Lipidtröpfchen abschirmt. Phosphoryliertes Perilipin löst sich von den Fetttröpfchen und gibt der Lipase den Weg frei.
- Adrenalin und Glucagon hemmen die Glycolyse *in der Leber*[*], senken das Angebot an α-Glycerophosphat und damit die Triglyceridsynthese.

ZUR ERINNERUNG: α- und β-adrenerge Rezeptoren ...

- sind an G-Proteine gekoppelt
- stimulieren oder hemmen die Adenylatcyclase oder die Phospholipase C
- können mit α- oder β-Blockern gehemmt werden.

Pr

Zusätzlich zur hormononsensitiven Lipase braucht es für die Lipolyse auch die **Adipocyte Triglyceride Lipase** (ATGL). Obwohl die ATGL der HSL an Bedeutung nicht nachsteht, wissen wir erst wenig über ihre Regulation. Fasten stimuliert die Expression.

---

[*] Im Muskel *stimuliert* Adrenalin die Glycolyse!

α_2-adrenerge Rezeptoren binden ebenfalls Adrenalin, hemmen aber – im Gegensatz zu den β-Rezeptoren – die Adenylatzyklase und damit die Lipolyse (Abbildung 8.10). Und da Fettzellen beide Rezeptortypen exprimieren können, bestimmt deren Verhältnis, ob und wie stark Adrenalin Fettsäuren mobilisiert. Besonders häufig sind α_2-adrenerge Rezeptoren auf den Fettzellen des Hüft- und Oberschenkelbereichs der Frauen. Die Fettpolster dieser Zonen halten Triglyceride für die gesteigerten Bedürfnisse während der Schwangerschaft und der Laktationsperiode bereit: Dann sinkt die Anzahl der α_2-Rezeptoren und die lipolytische Wirkung des Adrenalins überwiegt.

Die Menge des *abdominalen* Fetts, in dem Männer Triglyceride bevorzugt speichern, korreliert mit einem erhöhten Risiko für Herz-Kreislaufkrankheiten. Das gilt nicht für die *gynoiden* Fettgewebe an Hüften und Oberschenkel, im Gegenteil: Je ausgeprägter die sind, desto kleiner ist das Risiko. Das Verhältnis «Taillenumfang:Hüftumfang» wird deshalb für die Risikobeurteilung herangezogen, auch bei Männern. Und die «Problemzonen» der Kosmetikwerbung verursachen keine Probleme – sie sind eine Lebensversicherung!

ZUSAMMENFASSUNG

- Die meisten Zellen vermögen Fettsäuren als Triglyceride zu speichern, verbrauchen sie aber nach der Mobilisierung selber (β-Oxidation). Nur die Fettzellen speichern Fettsäuren für den Export. (Vgl. Glycogen: in den meisten Zellen vorhanden, aber nur die Leber verteilt daraus Glucose an die Peripherie). Zur Erinnerung: Die Leber exportiert *Triglyceride* (in VLDL).
- Die Speicherung von Fettsäuren als Triglyceride ist auf die Glycolyse angewiesen (phosphoryliertes Glycerin) und wird durch Insulin stimuliert.
- Glucagon und β-Adrenergica stimulieren die Freisetzung der Fettsäuren über cAMP. Die PKA phosphoryliert Perilipin und die hormonsensitive Lipase.

9 | Abbau und Synthese: Zucker

Die ATP-liefernde Achse des Kohlenhydratstoffwechsels (*Glycolyse*), der *Hexosemonophosphat-Zyklus* und der Weg zum angegliederten Speicher (*Glycogensynthese*) beginnen alle mit Glucose. Die beiden anderen wichtigen Monosaccharide, Fructose und Galactose, verschmelzen nach ein paar wenigen Verwandlungsschritten mit diesem metabolischen Kern (Abbildung 9.1). Im ersten Teil des vorliegenden Kapitels werden diese Umwandlungen behandelt. Sie sind medizinisch wichtig, weil Defekte der beteiligten Enzyme zu Störungen führen.

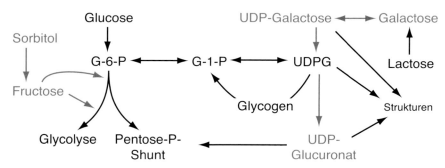

Abbildung 9.1   Übersicht über den Hexosestoffwechsel. G: Glucose; UDP: Uridin-diphosphat. Rot: Stoff dieses Kapitels.

Zucker besitzen auch *strukturelle* Funktionen: Sie liefern den Kohlenhydratanteil glycosylierter Proteine (*Glycoproteine*) und Lipide (*Glycolipide*), und sie bilden, nach ihrer Umwandlung in *Hexosamine* und *Glucuronsäure*, die *Glycosaminoglykane*. Diese zuckerhaltigen Strukturen werden im Abschnitt 9.2 besprochen.

9.1   Fructose und Galactose

Fructose und Galactose werden mit der Nahrung aufgenommen – Fructose als Monosaccharid oder als Bestandteil der Saccharose (v.a. Früchte, Süßigkeiten), Galactose als Teil der Lactose (Milchzucker).

Fructose und Sorbitol

Im Verlauf der Glycolyse wird Glucose-6-P, eine *Aldose*, zu Fructose-6-P, einer *Ketose*, mutiert. Das ist nötig, damit die Aldose-Reaktion zwei C3-Stücke liefern kann (Kapitel 3.1). Damit liegt der erste Anbindungspunkt

Saccharose:
Glc(α-1,β-2)Frc

Lactose:
Gal(β-1,4)Glc

Aldose

Ketose

117

des Fructose-Stoffwechsels auf der Hand: Die Phosphorylierung der Fructose durch die wenig spezifische *Hexokinase* führt direkt zu Fructose-6-P und in die Glycolyse.

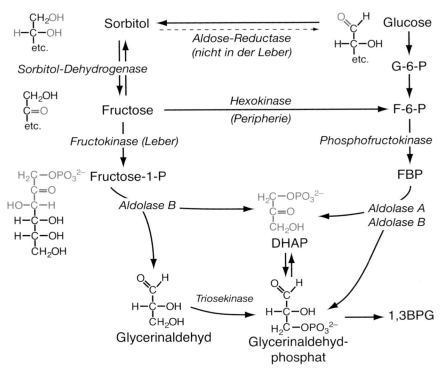

Abbildung 9.2   Fructose- und Sorbitol-Abbau. GA-Kinase: Glycerinaldehyd-Kinase; 1,3BPG: 1,3-Bisphosphoglycerat; FBP: Fructose-bisphosphat.

Allerdings wissen wir aus dem Kapitel 3, dass die Hexokinase in der Peripherie vorkommt, nicht aber in der Leber, die den größten Teil der Fructose abbaut. In der Leber wird Fructose von der **Fructokinase** zu Fructose-1-phosphat verwandelt, durch die **Aldolase B** in zwei Triosen gespalten und, wie in Abbildung 9.2 dargestellt, in die Glycolyse oder die Gluconeogenese überführt. Beachten Sie folgende Besonderheiten:

- Da nach der Spaltung von Fructose-1-P nur *eine* Triose Phosphat trägt, muss die zweite, Glycerinaldehyd, durch die **Triosekinase** phosphoryliert werden, bevor sie zur Glycolyse zugelassen wird.
- Die *Aldolase B* ist leberspezifisch und katalysiert auch die Spaltung von Fructose-bisphosphat (Glycolyse). (Aldolase A: Leber und Peripherie, spaltet nur Fructose-bisphosphat).

118

- Die Fructokinase kommt neben der Leber auch im Darm und in der Niere vor.
- Der Fructose-1-P-Weg umgeht den insulinregulierten Schritt der Phosphofructokinase. (Die Fructokinase ist *nicht* insulinabhängig.) Fructose wird deshalb auch vom Diabetiker schnell und effizient abgebaut.* Andrerseits überschwemmt eine hohe Fructosezufuhr den Leberstoffwechsel der Gesunden und der Diabetiker mit seinen Abbauprodukten – mit negativen Folgen (siehe unten).

HFCS

Soft Drinks, Eiscrème, Kuchen, Kekse und Riegel sind süß und, wenn im Laden gekauft, meist industriell fabriziert. Gesüßt wird aber nicht unbedingt mit *Saccharose* («Zucker»), sondern – v.a. in den USA – oft mit «High Fructose Corn Syrup» (HFCS), einem Gemisch aus Fructose und Glucose im Verhältnis 55:45 oder 42:58. HFCS wird aus Mais gewonnen, dessen Stärke enzymatisch in Glucose gespalten und danach durch eine Isomerase teilweise in Fructose überführt wird. Der Vorteil: Das Zeug ist billiger als Saccharose, lässt sich, weil flüßig, leichter transportieren und ist länger haltbar. Was aber sagt die medizinische Biochemie dazu?

In der *Zusammensetzung* – eine Hälfte Fructose, die andere Glucose – gleicht HFCS der Saccharose. HFCS aber lässt den Fructose-Blutspiegel stärker ansteigen als Saccharose, auch wenn im Versuch darauf geachtet wird, dass die Portionen genau gleich viel Fructose enthalten. Denn die Saccharose muss gespalten werden, bevor die beiden Monosaccharide resorbiert werden können, die Fructose gelangt deshalb langsamer in die Pfortader, und die Leber wird mit einem großen Teil davon fertig, bevor der Rest im peripheren Kreislauf auftaucht. Hohe Fructosekonzentrationen aber schaden der Gesundheit: Fructose reagiert schneller als Glucose mit Aminogruppen der Proteine ($\rightarrow$ «Glycation»), hohe Konzentrationen verursachen Insulinresistenz, erhöhen die Triglyceridkonzentration im Blut und werden für Übergewicht und andere Manifestationen des «metabolischen Syndroms» mitverantwortlich gemacht.

Sorbitol

Sorbitol ist ein *Polyalkohol* und entsteht, wenn die Aldehydgruppe der Glucose zu einer Hydroxylgruppe reduziert wird. Die Reaktion ist im Prinzip reversibel, läuft aber vorwiegend in Richtung Sorbitol und von dort in einem Oxidationsschritt, jetzt aber an Position 2, zur *Fructose*:

$$\text{Glucose} + \text{NADPH} \xrightleftharpoons[]{\textit{Aldose-Reductase}} \text{Sorbitol} + \text{NADP}^+$$

Glucose
```
    O   H
     \ //
      C
      |
 H—C—OH
HO—C—H
 H—C—OH
 H—C—OH
   CH2OH
```

Sorbitol
```
   CH2OH
 H—C—OH
HO—C—H
 H—C—OH
 H—C—OH
   CH2OH
```

Fructose
```
   CH2OH
    C=O
HO—C—H
 H—C—OH
 H—C—OH
   CH2OH
```

---

* Aber aufgepasst: die Glucose**aufnahme** ist in der Leber **nicht** insulinabhängig!

$$\text{Sorbitol} + \text{NAD}^+ \xrightleftharpoons{\textit{Sorbitol-Dehydrogenase}} \text{Fructose} + \text{NADH}$$

Die *Aldose-Reductase kommt in der Leber **nicht** vor*!

Sorbitol im Kaugummi

Damit der Kaugummi die Zähne verschont, enthält er nicht «Zucker» (Saccharose) sondern Sorbitol oder Xylitol (Xylitol ist, wie Sorbitol, ein «Zuckeralkohol»; beide schmecken süß). Der Vorteil: Die Streptokokken der Mundhöhle können damit nichts anfangen. Glucose oder Fructose hingegen würden fermentiert und zur zahnschädigenden Säuresekretion beitragen. *Streptococcus mutans* allerdings bildet eine Ausnahme: dieser enorale Keim vermag Sorbitol, wenn auch nur sehr langsam, zu fermentieren.

Fructose-Intoleranz

Ist die *Aldolase B* defekt, haben wir es mit der **Fructose-Intoleranz** zu tun. Die Folgen: Fructose-1-P sammelt sich an, hemmt die Fructose-1,6-bisphosphatase und damit die Gluconeogenese. So kann starker Fructosekonsum bei diesen Patienten eine *Hypoglykämie* verursachen. Wird Fructose vermieden, treten keine Symptome auf. Patienten zeichnen sich durch ihre *Abneigung gegen Süßes* aus.

Eine Prüfungsfrage:

Pr

Es lohnt sich, den Fructose- und Sorbitolstoffwechsel zu verstehen. Nehmen Sie diese (Prüfungs)Frage: Abklärungen haben ergeben, dass ein Säugling an einer hereditären Fructose-Intoleranz leidet. Verträgt er Milch? Gezuckerte Babynahrung? Dürfen Sie ihm Glucose infundieren? Oder Sorbitol? Kann er, wenn er alt genug ist, Fruchtsäfte trinken? Antwort in der Fussnote*.

Galactose

Die Galactose unterscheidet sich von der Glucose in der Stellung der Hydroxylgruppe an *einem* C (C4) – Galactose und Glucose sind **Epimere**. Wie Galactose *in der Leber* in Glucose umgewandelt wird, zeigt die Abbildung 9.3. Beachten Sie, dass:

- die **Galactokinase** Galactose **am C1** phosphoryliert;

---

* Keine Fructose (kommt in Früchten vor, alleine oder als Bestandteil der Saccharose). Kein Sorbitol, denn es wird zu Fructose oxidiert (kommt in Früchten vor, wird auch als Süßstoff verwendet). Lactose und Glucose sind unbedenklich.

120

- die UDP-Aktivierung der Galactose nicht wie im Falle der Glucose direkt, sondern im Austausch UDP-Glucose ⇄ UDP-Galactose stattfindet;

- die Epimerase (Galactose-UDP-4-Epimerase) **UDP-aktivierte** Galactose in UDP-Glucose umwandelt. Dieser Schritt ist reversibel.

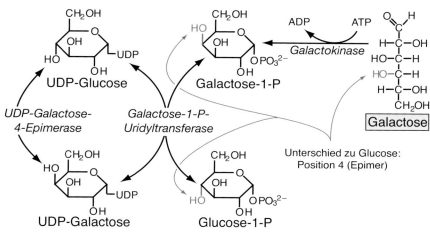

Abbildung 9.3 Die Umwandlung der Galactose in Glucose-1-P in der Leber. UDP: Uridin-diphosphat.

Der Organismus kann Glucose in UDP-Galactose verwandeln, denn die Epimerase-Reaktion ist reversibel. UDP-Galactose wird in der laktierenden Milchdrüse für die *Lactosesynthese* gebraucht (UDP-Galactose + Glucose → Lactose).

Bei der **klassischen Galactosämie** haben wir es mit einer defekten Galactose-1-P-Uridyltransferase zu tun. Wird die Krankheit nicht rechtzeitig diagnostiziert, sind Leberzirrhose und geistiges Zurückbleiben die Folgen.

9.2 Strukturelle Kohlenhydrate

Strukturelle Kohlenhydrate kommen in *Glycoproteinen*, *Proteoglycanen*, *Peptidoglycanen* und *Glycolipiden* vor. Die Nomenklatur glycosylierter Proteine ist verwirrend, die «IUPAC-IUB Joint Commission on Biochemical Nomenclature» hat sich auf folgendes Schema geeinigt:

- **Glycoproteine**: Glycosylierte Proteine. Der Kohlenhydratanteil kann aus aus einem, mehreren oder vielen Sacchariden bestehen und linear oder verzweigt sein.
- **Proteoglycane** bilden eine **Unterklasse** der Glycoproteine. Die Kohlenhydrate enthalten **Aminozucker** und sind oft sulfatiert.
- **Glycosaminoglykane** heißen die Kohlenhydratketten der Proteoglycane.
- **Peptidoglycane** kommen nur in **Bakterienwänden** vor. Die Polysaccharidketten sind mit Oligopeptiden vernetzt.

In diesem Abschnitt werden zunächst die Monosaccharide, aus denen sich strukturelle Kohlenhydrate zusammensetzen, besprochen. Zu ihnen gehört auch die *Glucuronsäure*, die in der Leber der *Glucuronidierung* wasserunlöslicher Moleküle dient. Danach werden die verschiedenen Formen struktureller Kohlenhydrate summarisch vorgestellt.

Beachte: Glucose und Fructose können mit Aminogruppen *nichtenzymatisch* **Schiff'sche Basen** bilden, die später zu «AGEs» (Advanced Glycation Endproducts) werden. AGEs sind für die Folgeschäden hoher Glucose- und Fructosekonzentrationen mitverantwortlich. *Obwohl manchmal als «nichtenzymatische Glycosylierung» bezeichnet, handelt es sich nicht um eine Glycosylierung. Der Begriff* **Glykierung** *(englisch: glycation) ist vorzuziehen.* **HBA$_{1C}$** ist **glykiertes** Hämoglobin. Seine Konzentration gilt als Hinweis auf den *durchschnittlichen* Blutglucosespiegel der vergangenen drei Monate.

Pa

Beteiligte Zucker

In den strukturellen Kohlenhydraten finden sich neben Glucose und Galactose auch Zucker, die für die Energieversorgung keine Rolle spielen. Die wichtigsten sind:

- **Mannose**: Hexose; aktivierte Form: GDP-Mannose.
- **Fucose**: Desoxyhexose; aktivierte Form: GDP-Fucose.
- **Xylose**: Pentose; aktivierte Form: UDP-Xylose.
- **N-Acetyl-Glucosamin**: aktivierte Form: UDP-GlucNAc.
- **N-Acetyl-Galactosamin**: aktivierte Form: UDP-GalNAc.
- **N-Acetyl-Neuraminsäure**: aktivierte Form: CMP-NeuAc.
- **Glucuronsäure**: aktivierte Form: UDP-Glucuronsäure.

Glucuronsäure
Glucuronsäure entsteht in der Leber aus *UDP-Glucose*; die *UDP-Glucose-Dehydrogenase* katalysiert den Oxidationsschritt unter Bildung

von 2 NADH (siehe Abbildung 9.4). Beachten Sie die Nomenklatur und die Position der Carboxylgruppe auf der einen, der aktivierenden Gruppe (Phosphat oder UDP) auf der anderen Seite:

1. Im *Pentosephosphat-Shunt* (Kapitel 6.1) ist C6 aktiviert (Glucose-6-P), **C1** wird zur Carboxylgruppe oxidiert. Die Säure heißt **Glucon**säure (Salz: Gluconat).

2. Die **Glucuron**säure (Salz: Glucuronat) trägt die Säuregruppe am **sechsten** C und die Synthese beginnt mit **C1**-aktivierter Glucose (Glucose-1-P → UDP-Glucose).

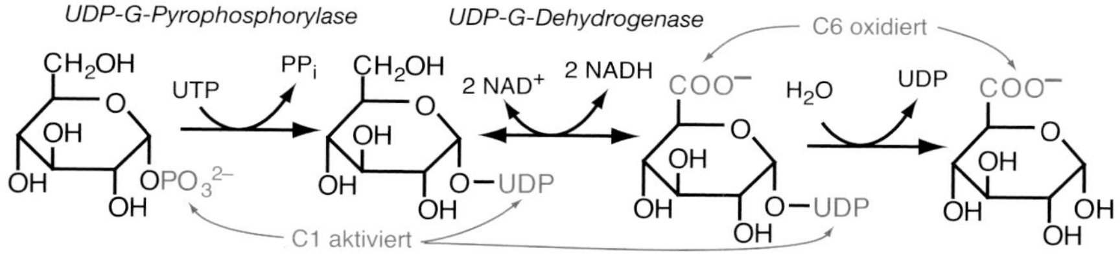

Abbildung 9.4   Glucuronsäuresynthese in der Leber. G1P: Glucose-1-phosphat; PP$_i$: inorganisches Pyrophosphat; UDP: Uridin-diphosphat; UDP-G: UDP-Glucose.

Bilirubin, Steroidhormone, Medikamente und Toxine werden in der Leber an Glucuronsäure gekoppelt («konjugiert»). Glucuronidierung macht diese Moleküle wasserlöslicher und fördert so ihre Ausscheidung mit der Galle oder dem Urin.

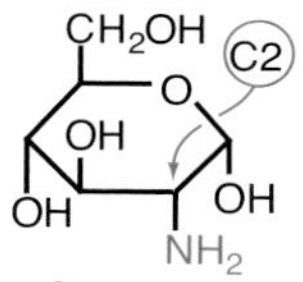

Aminozucker

Der Aminozucker *Glucosamin* erhält seine Aminogruppe vom *Glutamin*. Eine *Amidotransferase* überträgt dessen Amidogruppe auf das **zweite** C von Fructose-6-P, wodurch Glucosamin-6-P entsteht. Oft ist die Aminogruppe der Aminozucker zusätzlich acetyliert: Glucosamin-6-P + Acetyl-CoA → N-Acetyl-Glucosamin + CoA-SH. Die übrigen Aminozucker – Galactosamin, Mannosamin und die N-Acetyl-Neuraminsäure – entstehen alle aus UDP-aktiviertem Glucosamin oder N-Acetyl-Glucosamin.

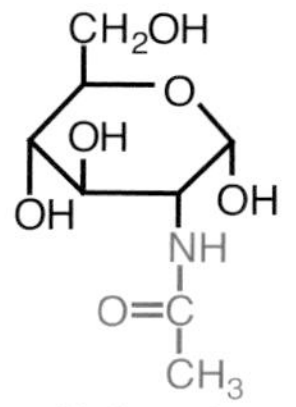

Glucosamin

N-Acetyl-Glucosamin

Glycoproteine

Proteine, die sich ganz oder teilweise (Transmembranproteine) im extrazellulären Raum aufhalten, sind meist glycosyliert. (Eine wichtige Ausnahme unter den Plasmaproteinen ist das *Albumin*.) Würde man die Zelloberfläche wie eine Landschaft von außen betrachten, bekäme man eine bewaldete Hügelkuppe zu sehen, deren Boden (der Lipidbilayer) und

Baumstämme (der extrazelluläre Teil der Peptidketten) weitgehend unsichtbar bleiben.

Wir unterscheiden zwischen **N-glycosylierten** und **O-glycosylierten** Glycoproteinen:

O-glycosylierte Glycoproteine

Der Kohlenhydratanteil ist glycosidisch mit einer Hydroxylgruppe verbunden. Die wichtigsten Eigenschaften – stichwortartig aufgezählt – sind:

- Die Hydroxylgruppen stammen von **Serin**, **Threonin** oder, im Falle des Kollagens, **Hydroxylysin**.
- Die Synthese erfolgt **posttranslational** im **Golgi**.
- **Glycoprotein Glycosyltransferasen** katalysieren die Übertragung aktivierter (UDP, GDP, CMP) Monosaccharide.

PP=Pyrophosphat

- Dolichol-PP ist *nicht* beteiligt, Tunicamycin hemmt *nicht*.

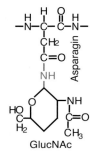

N-glycosylierte Glycoproteine

Der Kohlenhydratanteil ist mit der Aminogruppe eines **Asparagins** glycosidisch verknüpft. Die Vertreter dieser Gruppe sind zahlreicher als die O-glycosylierten Glycoproteine, die meisten Plasmaproteine gehören dazu. Ihre Synthese ist kompliziert (Abbildung 9.5): auf *Dolichol-PP* entsteht zunächst im *rauen endoplasmatischen Reticulum* ein verzweigtes Oligosaccharid, das nachher auf den Asparagin-Rest des zukünftigen Glycoproteins übertragen wird. Es folgen ein Haarschnitt durch Glycosidasen und erneute Glycosylierungen, diesmal im Golgi. Die Synthese folgt Regeln, auf die hier nicht näher eingegangen wird. Die Eigenschaften der N-glycosylierten Glycoproteine in Stichworten:

- Synthese beginnt **im RER** auf **Dolichol-phosphat**.
- Transfer des Oligosaccharids auf **Asparagin**, während oder nach der Translation (**cotranslational** oder **posttranslational**).
- Trimming und weitere Glycosylierungen, z.T. im Golgi.
- Tunicamycin **hemmt** die Synthese.

Proteoglycane und Glycosaminoglykane

Proteoglycane, eine Unterklasse der Glycoproteine, findet man v.a. in der extrazellulären Matrix. Meist ist der Kohlenhydratanteil größer als der Protein-Anteil; er kann bis zu 95% des Gesamtgewichts erreichen.

Die Kohlenhydratketten der Proteoglycane heißen **Glycosaminoglykane** (GAG) oder Mucopolysaccharide. Folgende Eigenschaften zeichnen die GAGs aus:

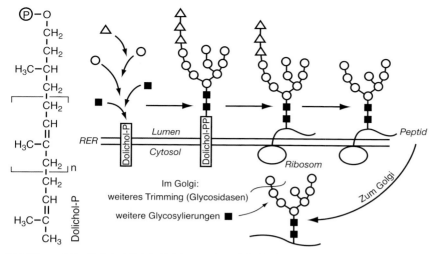

Abbildung 9.5 Dolichol-P (ein Polyisopren) und die N-Glycosylierung. RER: raues endoplasmatische Reticulum. Vierecke, Kreise und Dreiecke stehen für verschiedene Zucker.

- Sie sind unverzweigt.
- Sie bestehen aus sich wiederholenden Disacchariden, die einen **Aminozucker** (Glucosamin oder Galactosamin) und eine **Uronsäure** (Glucuronsäure oder Iduronsäure, das 5-Epimer der Glucuronsäure) enthalten.
- Sie sind, die Hyaluronsäure ausgenommen, **sulfatiert**. Die Sulfatgruppen kommen als O-Ester oder als N-Sulfat vor.
- Sie können O-glycosidisch oder N-glycosidisch ans Peptidrückgrat gebunden sein.

Die wichtigsten GAGs sind in der Tabelle 9.1 zusammengefasst (Heparin verhindert die Blutgerinnung).

Name	Disaccharid	Sulfatierung
Chondroitinsulfat	GalNAc und GlucUr	ja
Heparansulfat	GlucNAc und GlucUr	ja
Heparin	GlucNAc und IdUr	ja
Hyaluronsäure	GlucNAc und GlucUr	nein
Keratansulfat	GlucNAc und Gal	ja

Tabelle 9.1 Die wichtigsten Glycosaminoglycane und ihre Eigenschaften. GalNAc: N-Acetylgalactosamin; GlucNAc: N-Acetylglucosamin; GlucUr: Glucuronsäure; IdUr: Iduronsäure.

125

Aggrecan stellt etwa 10% des Knorpeltrockengewichts und besteht aus Proteoglycan-Monomeren und Hyaluronsäure. Die Hyaluronsäure bildet das zentrale Rückgrat; daran hängen wie Rippen Peptidketten, die ihrerseits Oligosaccharide, Keratansulfat- und Chondroitinsulfatketten tragen. Die Oligosaccharide sind *N-glycosidisch*, die beiden Glycosaminoglycane *O-glycosidisch* gebunden. Auf eine Hyaluronsäure kommen bis zu 100 Peptidketten, von denen jede bis zu 50 Keratansulfate und bis zu 100 Chondroitinsulfate besitzt. Und da eine einzelne Keratansulfatkette aus bis zu 250, und eine Chondroitinsulfatkette aus bis zu 1000 Disacchariden zusammengesetzt ist, wird verständlich, dass wir es mit enorm großen Molekülen zu tun haben, deren Molekulargewicht Zigmillionen Dalton erreichen kann (vgl. Serumalbumin: 66'000 Dalton).

Wie alle Moleküle unterliegen auch die Proteoglycane einem permanenten Erneuerungsprozess. Abgebaut werden sie durch *lysosomale Hydrolasen* (Endoglycosidasen, Exoglycosidasen und Sulfatasen), deren genetisch bedingter Ausfall **Mucopolysaccharidosen** zur Folge hat. Mucopolysaccharidosen zeichnen sich durch GAG-Ansammlungen in Leber, Milz, Knochen, Haut und Zentralnervensystem aus.

Glycolipide

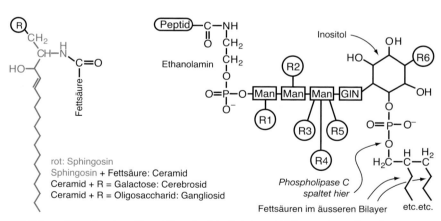

Abbildung 9.6 Cerebrosid und Ganglioside (links) und GPI-verankerte Proteine (rechts). GlN: Glucosamin; Man: Mannose; R1, R4 und R5: Monosaccharid; R2 und R3: Phosphoethanolamin; R6: Fettsäure.

Auch Lipide können ein Geweih aus Kohlenhydraten mit sich tragen. Abbildung 9.6 stellt die wichtigsten Glycolipide vor. Der **GPI-Anker**, der bestimmte Zelloberflächenproteine in der Membran festhält, besteht aus einem *Phospholipid* und einem *Oligosaccharid* (GPI = Glycosyl-phosphatidyl-inositol). Beachten Sie, dass die **Phospholipase C** derartige Proteine samt ihrem Oligosaccharid von der Zelle ablösen kann. Beispiele für GPI-verankerte Proteine sind die *Acetylcholinesterase* der Erythrocyten, eine *alkalische Phosphatase* und das *Thy-1-Antigen* der T-Lymphocyten.

Störungen des Glycolipidstoffwechsels:
- Ist der Abbau der Cerebroside und Ganglioside gestört, kommt es zu **Sphingolipid-Speicherkrankheiten**. **Pa**
- Ein genetisch bedingter Verlust des GPI-Ankers führt zu vermehrter Zerstörung roter Blutkörperchen (paroxysmale nächtliche Hämoglobinurie). Der Grund: Viele Oberflächenproteine, die eine Aktivierung des Komplementsystems verhindern, hängen an diesem Anker.

ZUSAMMENFASSUNG

- Fructoseabbau v.a. in der Leber, nach Phosphorylierung durch die **Fructokinase** und Spaltung durch die **Aldolase B**.
- **Sorbitol** ist ein Polyalkohol; kann durch Umwandlung aus Glucose entstehen und zu Fructose oxidiert werden.
- Abbau der **Galactose** nach Phosphorylierung und UDP-Aktivierung am C1.
- Galactose (und Lactose) kann in der laktierenden Milchdrüse aus Glucose synthetisiert werden, die Abbauwege sind reversibel.
- **Fructoseintoleranz** und **Galactosämie**, zwei genetisch bedingte Stoffwechselkrankheiten.
- Der Kohlenhydratanteil der **Glycoproteine** kann **O-glycosidisch** oder **N-glycosidisch** mit der Peptidkette verknüpft sein.
- Die **Glucuronsäure** kommt in strukturellen Kohlenhydraten vor, dient aber auch der **Glucuronidierung** des Bilirubins und anderer wasserunlöslicher Moleküle.
- **Glycosaminoglycane** bestehen aus sich wiederholenden Disacchariden mit charakteristischer Zusammensetzung. Als **Proteoglycane** kommen sie v.a. in der extrazellulären Matrix vor.
- GPI-verankerte Proteine hängen an einem **Ethanolamin**, einem **Oligosaccharid** und einem **Phosphatidyl-Inositol**.

- **Cerebrosid** und **Ganglioside** entstehen durch Glycosylierung eines **Ceramids**.

10 | Abbau und Synthese: Lipide

10.1 Der Fettsäure-Abbau

Fettsäuren werden in den *Mitochondrien* zu *Acetyl-CoA* abgebaut. Der Prozess heißt β-**Oxidation** und kommt in fast allen Zellen vor. Die Ausnahmen: Erythrocyten (keine Mitochondrien!), Gehirn und Nierenmark. In diesem Kapitel werden die Aktivierung der Fettsäuren und ihr Transport in die Mitochondrien, der Abbau zu Acetyl-CoA sowie einige Besonderheiten behandelt.

Aktivierung und Carnitintransport

Fettsäuren aus dem Blut oder aus lokalen Triglyceridspeichern müssen zunächst aktiviert, d.h. mit CoA thioverestert werden. Abbildung 10.1 zeigt, dass der durch die Acyl-CoA-Synthetase katalysierte Prozess zwei energiereiche Bindungen verbraucht. Zu beachten: Die Hydrolyse des Pyrophosphats treibt die Reaktion zur Vollendung.

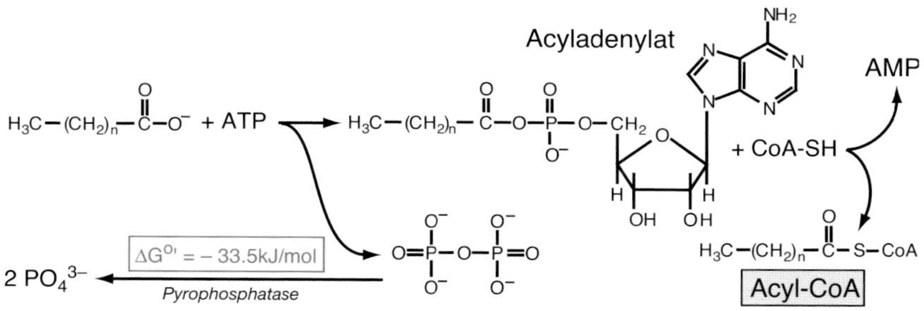

Abbildung 10.1   Die Aktivierung der Fettsäuren.

An **Carnitin*** gekoppelt werden Fettsäuren durch die innere Mitochondrienmembran transportiert: Ein Enzym auf der äußeren Mitochondrienmembran, die Carnitin-Palmitoyl-Transferase 1 (CPT1), nimmt die aktivierte Fettsäure in Empfang und tauscht CoA gegen Carnitin aus. (Der Name täuscht, CPT1 ist nicht nur für Palmitin, sondern generell für längere Fettsäuren zuständig; kürzere Fettsäuren gelangen auch ohne Carnitin in die Mitochondrien.) Gebunden an Carnitin können Fettsäuren mit

---

* Verwechseln Sie *Carnitin*, von lateinisch «carnis» (Fleisch), nicht mit *Creatin*, von griechisch «κρέας» (ebenfalls Fleisch). Beide kommen im Muskel in besonders hoher Konzentration vor, beide werden Sportlern zwecks Leistungssteigerung aufgeschwatzt.

Hilfe eines Transporters durch die innere Membran in die mitochondriale Matrix geschleust werden, wo eine zweite Transferase (CPT2) Carnitin gegen CoA austauscht. Die Energie der Thioesterbindung bleibt erhalten: Im Innern der Mitochondrien liegt die Fettsäure wieder in der aktivierten Form vor, ohne dass zusätzliches ATP verbraucht worden ist.

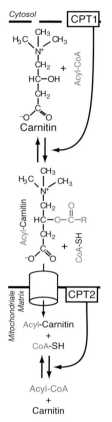

Die CPT1-Aktivität bestimmt die Transportgeschwindigkeit in die Mitochondrien und damit die Geschwindigkeit, mit der Fettsäuren oxidiert werden – sind sie einmal in der Matrix angelangt, läuft die β-Oxidation automatisch ab. Deshalb ist es wichtig, zu verstehen, wie CPT1 reguliert wird. Der bekannteste Regulationsmechanismus ist die *Hemmung durch Malonyl-CoA*, der ersten Zwischenstufe auf dem Weg vom Acetyl-CoA zur Fettsäure. Das ist sinnvoll, denn so wird verhindert, dass Fettsäureabbau und -synthese gleichzeitig ablaufen. Außerdem beeinflussen Insulin und Glucagon die *Expression* der CPT1: Im Fastenzustand stimuliert Glucagon die Expression und fördert dadurch die Fettverbrennung; hohe Glucose- und Insulinkonzentrationen bewirken das Gegenteil.

Fettsäuretran- und Ausdauersport

Ausdauersportler sind bestrebt, einen möglichst großen Teil ihres Energiebedarfs mit Fettsäuren zu decken und so die Glycogenvorräte zu schonen. Das nutzen die Anbieter leistungsfördernder Präparate aus und verkaufen, nebst vielem anderen, auch Carnitin. Macht es die Athleten schneller? Der Muskel synthetisiert Carnitin nicht selber, sondern bezieht es vor allem von der Leber, wo 3-Hydroxy-4-Trimethylamino-Buttersäure (= Carnitin) aus Trimethyllysin synthetisiert wird. Ein zusätzliches, externes Angebot könnte theoretisch den Fettsäuretransport und damit die β-Oxidation steigern. Aber trotz vielen Untersuchungen bleibt der Nutzen unbewiesen. Theoretische Überlegungen lassen daran zweifeln, dass die 20 Gramm Carnitin des Organismus auf oralem Weg entscheidend vergrößert werden können, denn 1g des teuer bezahlten Zusatzes vergrößert die körpereigene Reserve um mickrige 0.4% – der Rest wird entweder gar nicht resorbiert oder mit dem Urin gleich wieder ausgeschieden.

Die β-Oxidation

Vier Enzyme zerlegen Fettsäuren in den Mitochondrien in Acetyl-CoA, wobei für lange, mittellange und kurze Fettsäuren je ein eigenes Set zuständig ist. Die einzelnen Schritte sind in Abbildung 10.2 dargestellt (vgl. auch mit Citratzyklus!):

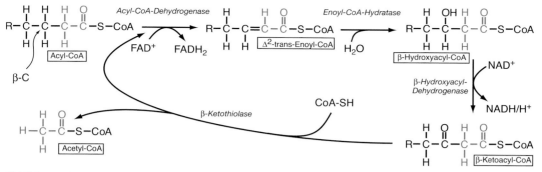

Abbildung 10.2 Die vier Schritte der β-Oxidation.

1. Die Bindung zwischen dem 2. (= α) und dem 3. (= β) C wird zu einer **trans** Doppelbindung oxidiert. Zu beachten: Ungesättigte Fettsäuren besitzen normalerweise **cis**-Bindungen. Enzym: **Acyl-CoA-Dehydrogenase**.
2. Hydratierung des 3. (= β) C. Enzym: **Enoyl-CoA-Hydratase**.
3. Dehydrogenierung der Hydroxylgruppe. Zu beachten: NAD$^+$ empfängt die Elektronen. Im ersten Schritt hingegen war es FAD. Enzym: β-**Hydroxyacyl-CoA-Dehydrogenase**.
4. Abspaltung von Acetyl-CoA durch die β-**Ketothiolase**. Zu beachten: eine *Hydrolase* würde nicht Acyl-CoA, sondern Fettsäure entstehen lassen. Die um zwei C verkürzte Fettsäure müsste neu aktiviert werden, Kostenpunkt: 2 ATP.

Die meisten Fettsäuren besitzen eine gerade Anzahl Kohlenstoffatome. Eine Wiederholung der beschriebenen Schritte führt deshalb zum vollständigen Abbau zu Acetyl-CoA (für Fettsäuren mit einer ungeraden Zahl Cs siehe weiter unten). Wird das Acetyl-CoA im Citratzyklus fertigoxidiert, ergibt sich für *Stearinsäure* (C18) folgende Energiebilanz:

β-Oxidation, pro Runde: 1 NADH/H$^+$ und 1 FADH$_2$: 3 + 2 = 5 ATP.
8 Runden à 5 ATP: 40 ATP.
Citratzyklus, pro Acetyl-CoA: 12 ATP
9 Acetyl-CoA: 108 ATP.
β-Oxidation + Citratzyklus: 40 + 108 = 148 ATP.
Aktivierung der Stearinsäure: -2 ATP
Total: 146 ATP

Energiebilanz

Pa

Der Herzmuskel: Fettsäuren oder Glucose?

Das Wort «Fett» löst, wenn mit «Herz» in Zusammenhang gebracht, ärztliche Abwehrreflexe aus. Doch der Herzmuskel liebt Fettsäuren! Das gesunde Herz deckt seinen Energiebedarf zu 65% mit Fettsäuren, während die Glucose nur auf 30% kommt.[*] Bei einer Herzinsuffizienz hingegen nimmt die Aktivität der Enzyme, die am Fettsäuretransport und der β-Oxidation beteiligt sind, ab, und das Verhältnis verschiebt sich zu Gunsten der Glucose. Noch nicht bekannt ist, ob diese Veränderung die Krankheit (mit)verursacht, oder ob wir es mit dem Versuch, die Insuffizienz zu kompensieren, zu tun haben.

Besonderheiten

Sehr lange Fettsäuren

Sehr lange Fettsäuren (meist C20 oder C22) werden nicht in Mitochondrien, sondern in **Peroxisomen** oxidiert. Dieser Typ der β-Oxidation unterscheidet sich von der mitochondrialen in folgenden Punkten:

Catalase:
$$2H_2O_2 \rightarrow 2H_2O + O_2$$

- Die Acyl-CoA-Dehydrogenase der Peroxisomen überträgt Elektronen FAD-abhängig auf Sauerstoff, es entsteht H_2O_2, das anschließend von der peroxisomalen Catalase eliminiert wird. Dieser Weg liefert *weniger ATP* als die β-Oxidation.

- Die Oxidation ist nicht vollständig, sondern bricht ab, wenn eine Länge von 8 Cs erreicht ist. Die verkürzte Fettsäure wird danach in den Mitochondrien konventionell abgebaut.

Ungeradzahlige Fettsäuren

Ist die Zahl der Kohlenstoffatome einer Fettsäure ungerade, bleibt am Schluss der β-Oxidation **Propionyl-CoA** (C3) übrig. Diese Verbindung kann durch Carboxylierung zu Succinyl-CoA verlängert werden (Abbildung 10.3). Zwar sind nur wenige Fettsäuren ungeradzahlig – sie entstehen ausschließlich in Bakterien – doch stellen Examinatoren gerne Fragen nach dem Zusammenhang zwischen Fettsäuren und der Gluconeogenese: Fettsäuren werden zu Acetyl-CoA abgebaut und sind somit *nicht glucogen*, mit Ausnahme eines einzigen Propionylrests pro (seltene) ungeradzahlige Fettsäure. (Zur Erinnerung: Glucogen: bezeichnet ein Molekül, aus dem Glucose synthetisiert werden kann; Glycogen: polymerisierte Glucose).

Pr

---

[*] Am allerliebsten sind dem Herzmuskel allerdings die Ketonkörper, die aber ihrerseits Fettsäuren entstammen; Kapitel 10.2.

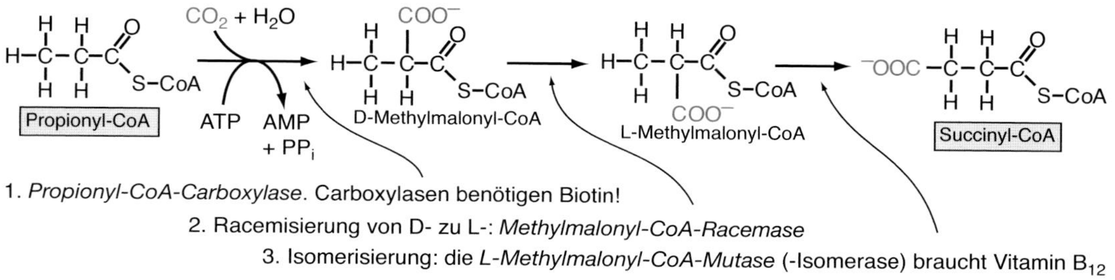

1. *Propionyl-CoA-Carboxylase*. Carboxylasen benötigen Biotin!

2. Racemisierung von D- zu L-: *Methylmalonyl-CoA-Racemase*

3. Isomerisierung: die *L-Methylmalonyl-CoA-Mutase* (-Isomerase) braucht Vitamin B_{12}

Abbildung 10.3 Propionyl-CoA ist glucogen. PP_i inorganisches Pyrophosphat.

Ungesättigte Fettsäuren

Ungesättigte Fettsäuren benötigen zusätzliche Enzyme. Die existierenden Doppelbindungen können, auch wenn sie zwischen dem α- und dem β-C liegen, von den Enzymen der β-Oxidation nicht übernommen werden, da sie in der **cis**-Konfiguration angelegt sind. Nach Umwandlung der cis- in trans-Doppelbindungen erfolgt der weitere Abbau der ungesättigten Fettsäuren analog zur β-Oxidation.

10.2 Ketonkörper

Das Fasten und der Hunger mobilisieren Fettsäuren, die nun – wo immer möglich – einen großen Teil des Energiebedarfs decken.* In den peripheren Organen folgt auf die β-Oxidation der vollständige Abbau zu CO_2 und H_2O, in der Leber aber gibt es zusätzlich die Möglichkeit, das Acetyl-CoA (C2) zu wasserlöslichen, transportfähigen **Ketonkörpern** (C4) zusammenzuhängen. Ketonkörper werden von den peripheren Organen *einschließlich des Gehirns* verbraucht.

Synthese

Die Synthese der Ketonkörper erfolgt in den Leber**mitochondrien**. Die wichtigste Quelle für den Grundbaustein – Acetyl-CoA – sind Fettsäuren, daneben spielen auch ketogene Aminosäuren eine (untergeordnete) Rolle. Glucose hingegen liefert der Ketogenese kaum Ausgangsmaterial, obwohl auch ihr Abbau über Acetyl-CoA führt, denn Fasten und Hungern hemmen die Glycolyse in der Leber. Die Details der Synthese sind Abbildung 10.4 zu entnehmen. Zu beachten: Das C6-Zwischenprodukt β-Hydroxymethylglutaryl-CoA kommt zwar auch in der Cholesterinsynthese vor, dort aber im Cytosol; die Stoffwechselwege kreuzen sich nicht, die Enzyme sind nicht identisch.

ketogene AS:
Lysin
Leucin
Isoleucin
Phenylalanin
Tyrosin
Tryptophan

Nicht möglich in? Hirn, Erythrocyten und Nierenmark.

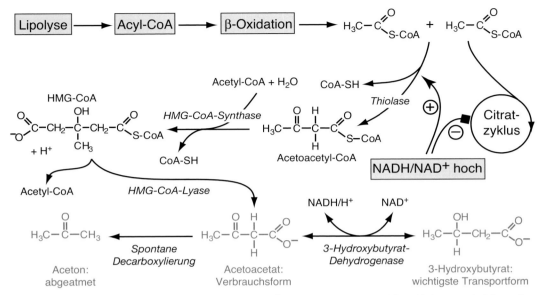

Abbildung 10.4   Die Synthese der Ketonkörper. HMG: β-Hydroxymethylglutaryl (= 3-Hydroxymethylglutaryl).

Von den drei Ketonkörpern* sind zwei von physiologischer Bedeutung: Acetoacetat und β-Hydroxybutyrat. Der dritte, Aceton, entsteht in geringen Mengen durch spontane Decarboxylierung von Acetoacetat (einer β-Ketosäure!). Unter pathologischen Bedingungen, wenn die Konzentration der Ketonkörper, etwa im Falle des unbehandelten Diabetes vom Typ I, auf sehr hohe Werte steigt, macht sich Aceton in der Atemluft bemerkbar. Acetoacetat und β-Hydroxybutyrat lassen sich durch eine Oxidoreductase und NAD(H)/(H⁺) ineinander verwandeln. Im Blut, während des Transports, liegt das Gleichgewicht weit auf Seiten des β-Hydroxybutyrats, vor dem Verbrauch muss es zu Acetoacetat reoxidiert werden.

Ketolyse

Die Oxidation des Acetoacetats (= Ketolyse) erfolgt nach Aktivierung zu Acetoacetyl-CoA in den Mitochondrien; Succinyl-CoA liefert das CoA. Der weitere Verlauf entspricht der β-Oxidation (Thiolase).

Die meisten peripheren Organe sind in der Lage, Ketonkörper zu verbrauchen. Auf das Organgewicht bezogen ist die Aktivität im Herzmuskel und in den Nieren am höchsten, absolut hingegen im Skelettmuskel (Masse!). Das Gehirn ist ein spezieller Fall: Im wohlgenährten Zustand bleibt die Ketonkörperverwertung auf tiefem Niveau weit hinter der Glucoseoxidation zurück – mit einsetzendem Fasten und später Hungern aber steigt sie

---

* Nur zwei der drei «Keton»körper sind Ketoverbindungen – Acetoacetat und Aceton.

allmählich an, und Ketonkörper werden zur wichtigsten, lebenserhaltenden Energiequelle. Die Leber schließlich verhält sich wie manche Hobbyfischer: sie verschenkt die Früchte ihres Tuns, isst selber aber nichts davon.

Regulation

Drei Faktoren steigern die Ketogenese:

1. Das Angebot an Fettsäuren. Niedrige Insulin- und hohe Glucagon- und Adrenalinkonzentrationen fördern die Lipolyse, den Transport der Fettsäuren in die Mitochondrien, die β-Oxidation und die Ketogenese.
2. Das NADH:NAD$^+$-Verhältnis. Läuft die β-Oxidation auf Hochtouren, steigt die NADH-Konzentration und hemmt die Oxidation von Malat zu Oxaloacetat, den letzten Schritt des Citratzyklus (Malat + NAD$^+$ $\rightleftarrows$ Oxalacetat + NADH/H$^+$). Acetyl-CoA wird in die Ketogenese umgeleitet.
3. Die Menge der mitochondrialen 3-Hydroxy-3-methylglutaryl-CoA-Synthase. Sie steigt im Hungerzustand und wenn die Nahrung fettreich und kohlenhydratarm ist, und sinkt unter dem Einfluss von Insulin.

Der unbehandelte Diabetes vom Typ I («juveniler Diabetes») verdeutlicht die Rolle, welche die Hormone Insulin, Adrenalin und Glucagon in der Ketogenese spielen. Den Patienten fehlt das Insulin, die Muskeln und das Fettgewebe vermögen die zirkulierende Glucose nicht zu absorbieren, und der Organismus reagiert mit einer Erhöhung des Glucagon- und Adrenalinspiegels. Unter diesen Umständen (Lipolyse! β-Oxidation! NADH:NAD$^+$ hoch!) kann die Ketonkörperkonzentration im Blut auf Werte steigen, die gesunde Menschen auch während langen Hungerperioden nicht erreichen. Und da Acetoacetat und β-Hydroxybutyrat starke Säuren sind, dissoziieren die Protonen von der Carboxylgruppe und senken den pH-Wert des Blutes: **Ketoazidose.** (Die Säuregruppe entsteht im von der HMG-CoA-Synthase katalysierten Schritt; zählen Sie die Wasserstoffatome!).

Pa

ZUSAMMENFASSUNG

- Ort der Synthese (Leber, Mitochondrien) und des Verbrauchs (Peripherie, Mitochondrien) der Ketonkörper. Das Gehirn als Spezialfall.

Pr

- Schicksal der drei Ketonkörper (Transport- und Verbrauchs-form; Eliminierung des Acetons über die Atemluft).
- Entstehung während des Fastens, bei fettreicher, kohlenhy-dratarmer (= ketogener) Ernährung und beim unbehandelten Diabetes Typ I.
- Konzentrationen der Ketonkörper im Blut: <0.1 mM postpran-dial; bis 6 mM im Hungerzustand; ca. 25 mM bei diabetischer Ketoazidose.
- Urin: Ketonkörper werden in der Niere rückresorbiert; Fasten, ketogene Diät und Diabetes erhöhen die Ausscheidung.
- Energiegewinn: 29 ATP pro Acetoacetat.

Ketogene Diäten

Fettreiche, kohlenhydratarme Diäten haben in den letzten Jahrzehnten an Po-pularität gewonnen, obwohl sie gängigen Empfehlungen zuwiderlaufen – die «Atkins-Diät», die weltweit ca. 20 Millionen Jünger haben soll, ist ein be-kanntes Beispiel. Meist wird diesen Ernährungsplänen ihre *Ketogenität* vor-geworfen. Es stimmt: Diäten, deren Fettanteil etwa die Hälfte der Gesamt-energiemenge erreicht oder übersteigt, wirken ketogen, d.h. die Konzentration der zirkulierenden Ketonkörper liegt über den «normalen» Werten. Beweise für nachteilige Effekte gibt es bisher aber nicht.

Pa

Ketonkörper (β-Hydroxybutyrat) wirken antiepileptisch. Hungern soll schon in biblischen Zeiten gegen die Epilepsie eingesetzt worden sein, und ketogene Diäten werden heute vor allem bei kindlicher Epilepsie verschrieben. Wie β-Hydroxybutyrat wirkt, weiß man noch nicht.

Muttermilch ist ein fettreiches Nahrungsmittel, auch Säuglinge ernähren sich somit ketogen. In diesem Falle sind die Ketonkörper nicht nur Energieträger, sondern auch Bausteine für die Synthese des vor allem im Gehirn in großen Mengen benötigten Cholesterins.

10.3 Fettsäuresynthese

Viele Zellen können Fettsäuren synthetisieren, aber in diesen drei Gewe-ben ist die Synthese besonders ausgeprägt:

- In der **Leber**. Sie verschickt das Produkt als Bestandteil der Trigly-ceride mit den VLDLs in die Peripherie.

- Im **Fettgewebe**. Hier werden die Fettsäuren als Triglyceride gespeichert und bei Bedarf freigesetzt (Lipolyse).
- In der **laktierenden Milchdrüse**. Die Fettsäuren sind, als Bestandteile der Triglyceride, für die Milch bestimmt.

Da die Fettsäuresynthese, wie alle anabolen Prozesse, Reduktionsäquivalente in Form von *NADPH* benötigt, ist der Hexosemonophosphatweg in diesen drei Organen besonders aktiv.

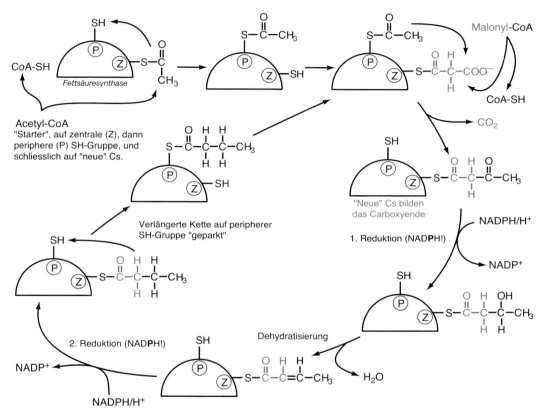

Abbildung 10.5   Fettsäuren wachsen am *Carboxyende* (rot).

Details sind Abbildung 10.5 zu entnehmen – folgende Punkte sollte man sich merken:

- Die Synthese findet im **Cytosol** auf der *Fettsäuresynthase* statt. Dieses Enzym besteht aus zwei identischen Einheiten («Homodimer»), deren jede 7 Domänen enthält. Jede Domäne katalysiert einen Schritt der Synthese.
- Pro Zyklus wird die Fettsäure um zwei Cs verlängert. Der Prozess gleicht der umgekehrten β-Oxidation, mit diesen Unterschieden:

137

Malonyl-CoA

- Nicht Acetyl-CoA, sondern **Malonyl-CoA** ist das Ausgangsmolekül. Malonyl-CoA wird durch die **Acetyl-CoA-Carboxylase** aus Acetyl-CoA und CO_2 fabriziert.
- Nicht NADH, sondern **NADPH** liefert die Elektronen.
- Nach der Dehydratisierung liegt die Doppelbindung in der **cis-Konfiguration** vor.

- Während der Synthese sitzt die wachsende Kette auf der *zentralen SH-Gruppe* (Phosphopantethein) der Synthase. Am Ende eines Zyklus wird sie vorübergehend auf der *peripheren SH-Gruppe*, einem Cysteinylrests der Synthase, «geparkt».

- Die Synthese endet normalerweise, wenn eine Länge von 16 Cs (= Palmitat) erreicht ist. Dann löst die Thioesteraseaktivität des Enzyms die freie (nicht aktivierte!) Fettsäure von der Synthase. (In der Milchdrüse kommt eine spezielle Thioesterase vor, die schon eingreift, nachdem die Ketten zwischen 8 und 12 Cs erreicht haben. Deshalb ist Milch reich an kurzen und mittellangen Fettsäuren, siehe Seite 98.

Die Regulation der Fettsäuresynthese

Malonyl-CoA

Die wichtigsten regulatorischen Mechanismen treffen nicht die Fettsäuresynthase selber, sondern die vorgeschaltete **Acetyl-CoA-Carboxylase** (ACC), die Acetyl-CoA zu Malonyl-CoA carboxyliert.[*] Und da der Rohstoff für diesen Schritt, Acetyl-CoA, aus der Glycolyse stammt, wird verständlich, dass reichliche Kohlenhydratzufuhr die Fettsäuresynthese ankurbelt, während Energiemangel und hohe Konzentrationen freier Fettsäuren das Gegenteil bewirken (Abbildung 10.6).

Stimulierend wirken:

- Ist der Citratzyklus ausgelastet, verlässt **Citrat** die Mitochondrien und bremst im Cytosol nicht nur die Glycolyse, sondern stimuliert auch die ACC allosterisch. Außerdem liefern die *Citratlyasereaktion* das Acetyl-CoA und das Malatenzym Elektronen ($NADPH/H^+$) (Abbildung 4.8).

- Insulin stimuliert den Acetyl-CoA-Nachschub (Glycolyse) und die **Dephosphorylierung** der ACC – dephosphorylierte ACC ist aktiv.

---

[*] Frage: Dieses Enzym benötigt welchen Cofaktor? Antwort: Biotin (Carboxylase!).

Hemmend wirken:

- Aktivierte Fettsäuren (C16 und länger; Produktehemmung). Nicht nur fettreiche Ernährung, sondern auch Hunger und Diabetes erhöhen das Fettsäureangebot (Lipolyse!) .
- Die AMP-abhängige Kinase* phosphoryliert und hemmt die ACC. Energiemangel erhöht das AMP:ATP Verhältnis, aktiviert diese Kinase und hemmt so nicht nur die ACC, sondern auch die Cholesterinsynthese. Diese beiden anabolen Prozesse verbrauchen viel ATP.

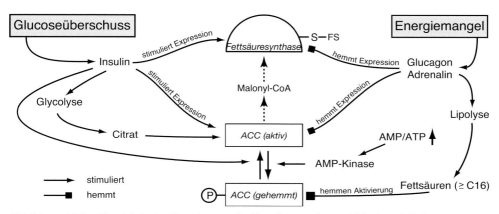

Abbildung 10.6 Die wichtigsten Regulatoren der Fettsäuresynthese. ACC: Acetyl-CoA-Carboxylase.

Auch die **Expression** der an der Fettsäuresynthese beteiligten Enzyme (ACC und Fettsäuresynthase) wird reguliert: durch Insulin (stimuliert) und Glucagon und Adrenalin (hemmen).

Zusammenhang zwischen Fettsäuresynthese und -abbau: Synthese und Abbau der Fettsäuren sollten nicht gleichzeitig ablaufen. Indem Malonyl-CoA, das Substrat für die Fettsäuresynthase, den Carnitintransport der Fettsäuren in die Mitochondrien hemmt (Seite 129), werden die beiden Stoffwechselpfade miteinander verknüpft. Interessant ist, dass eine ACC auch im Herz- und Skelettmuskel vorkommt, obwohl es dort keine Fettsäuresynthase gibt. Diese ACC beschränkt sich darauf, die β-Oxidation zu regulieren.

Die Glucose hat das Sagen

Nach einem Teller Spaghetti steigt die Glucosekonzentration im Blut, und der

---

* Nicht zu verwechseln mit der cAMP-abhängigen Kinase!

Glucoseüberschuss fließt unter dem Einfluss des Insulins in die Glycogensynthese und die Glucoseoxidation – mit anderen Worten: Das Glucoseangebot entscheidet darüber, wieviel Glucose zur Deckung des Energiebedarfs verwendet wird. Was aber passiert, wenn die Spaghetti unter einer Ladung fetter Carbonara-Sauce begraben liegen? Teilen sich Glucose und Fettsäuren anteilsmäßig in die Energieversorgung? Nein, denn die Glucosekonzentration muss in engen Grenzen gehalten werden. Deshalb richtet sich die β-Oxidation der freien Fettsäuren nicht nach dem Fettsäure-, sondern ebenfalls nach dem Glucoseangebot. Wie die Wege der beiden wichtigsten Energieträger ineinander greifen, zeigt Abbildung 10.7 am Beispiel der Leber.

Die Advokaten kohlenhydratreicher, fettarmer Diäten verteidigen ihre Nachsicht gegenüber üppigen Stärkeportionen oft mit dem Hinweis, Glucose würde kaum in Fett umgewandelt. Das stimmt nur, solange die zugeführte Kalorienmenge den Bedarf nicht übersteigt und sich der Fettanteil in den üblichen 30 bis 40% der gesamten Energiemenge bewegt. Eine kohlenhydratreiche, fettarme Diät aber gibt der Fettsäuresynthese den Weg frei, weil die Hemmung durch exogene Fettsäuren wegfällt. Der Abbildung 10.7 kann man außerdem entnehmen, dass unter diesen Umständen die aufgenommenen Fettsäuren (auf Fette kann man nicht ganz verzichten!) effizient in die Fettpolster überführt werden.

Verlängerung und Desaturierung der Fettsäuren
Essentielle Fettsäuren

Zwar bricht die Synthese der Fettsäuren nach 16 Cs ab, doch die **Elongasen** sorgen für die nachträgliche Verlängerung im endoplasmatischen Reticulum. Als Baustein dient *Malonyl-CoA*, *NADPH* liefert die Elektronen, und die Ketten wachsen am Carboxyende – wie in der regulären Synthese.

Zur Nomenklatur der ungesättigten Fettsäuren (siehe auch Abbildung 10.8):

- C4 bezeichnet das 4. C-Atom, vom Kopf (Carboxyende) her gezählt.
- ω-3 heißt: 3. C-Atom, vom Ende her gezählt. (An Stelle von ω- wird manchmal auch n- verwendet).
- Δ^9 bezeichnet die Doppelbindung zwischen dem 9. und dem 10. C-Atom, vom Carboxyende her gezählt.
- C18:2ω-6 bedeutet: eine Fettsäure mit 18 C-Atomen und 2 Doppelbindungen, die hinterste zwischen dem 6. und dem 7. C-Atom, von hinten gezählt (= Linolsäure).

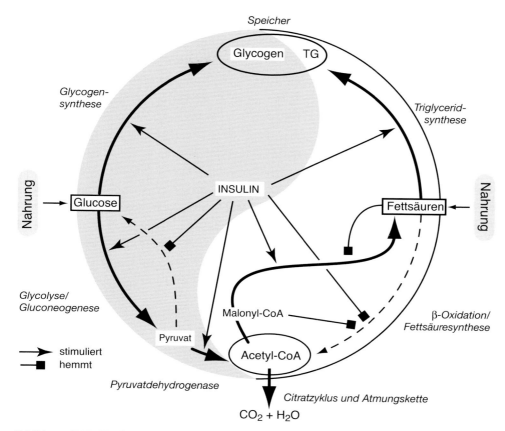

Abbildung 10.7 Die Glucose reguliert den Energiefluss (Leber). Aus dem weißen Bereich führt kein Weg zur Glucose (roter Bereich). TG: Triglyceride.

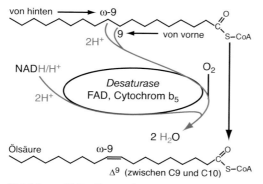

Abbildung 10.8 Desaturierung der Stearinsäure (C18). Rot: Reduktionsäquivalente.

Die **Desaturasen** fügen Doppelbindungen ein. Abbildung 10.8 illustriert den Oxidationsvorgang, in dem die Einfachbindung der Kohlenstoffkette zwei und NADH/H$^+$ weitere zwei Elektronen an molekularen Sauerstoff (O_2) abgeben. Folgende Regeln bestimmen, wo und wie Doppelbindungen eingefügt werden können:

1. Nicht jenseits Δ^9. Ist die Fettsäure, die desaturiert werden soll, gesättigt, handelt es sich meistens um Δ^9 (Beispiel: Stearinsäure → Ölsäure, Abbildung 10.8).

2. Ist die Fettsäure schon ungesättigt, können zusätzliche Doppelbindungen nur zwischen der Carboxylgruppe und der nächsten Doppelbindung eingefügt werden.

3. Doppelbindungen sind **nie konjugiert**, d.h. zwei aufeinanderfolgende Doppelbindungen sind durch **zwei** Einfachbindungen voneinander getrennt.

–C=C–C–C=C–
NICHT konjugiert

–C=C–C=C–
konjugiert

4. Doppelbindungen liegen immer in der **cis-Konfiguration** vor.

Die Position der hintersten Doppelbindung erlaubt es, ungesättigte Fettsäuren Familien zuzuordnen. Die drei wichtigsten sind:

- Die ω-9-Familie. Wichtigster Vertreter: Ölsäure (C18:1ω-9).
- Die ω-6-Familie. Wichtigste Vertreter: Linolsäure (C18:2ω-6) und Arachidonsäure (C20:4ω-6).
- Die ω-3-Familie. Wichtigste Vertreter: Linolensäure (C18:3ω-3), Eicosapentaensäure (EPA; C20:5ω-3) und Docosahexaensäure (DHA; C22:6ω-3).

Die Ölsäure ist eine **einfach ungesättigte** Fettsäure (englisch monounsaturated fatty acid; MUFA), Linol- und Linolensäure besitzen mehr als eine Doppelbindung und gehören zu den **vielfach ungesättigten** Fettsäuren (englisch polyunsaturated fatty acid; PUFA). Die kürzesten PUFAs, Linol- und Linolensäure, sind **essentiell**. Wir brauchen sie, können sie aber wie alle Tiere nicht selbst herstellen und müssen sie mit der Nahrung aufnehmen (Synthese in Bakterien und Pflanzen). Einmal aufgenommen, können wir sie aber mit Hilfe der Elongasen und Desaturasen in die übrigen Vertreter der ω-6 respektive ω-3 Gruppen verwandeln (Abbildung 10.9). Doch sind Verlängerung und Desaturierung nicht effizient genug, um den Bedarf vollständig zu decken. Eine zusätzliche Aufnahme von Arachidonsäure, EPA und DHA wird deshalb empfohlen.

PUFAs erfüllen Aufgaben als Bestandteile der Phospholipide, in denen sie meist die zweite Position einnehmen und dank ihrer krummen Form die Membranen fluidisieren. Von besonderem Interesse ist die DHA: Ihre 6 Doppelbindungen verleihen ihr die Gestalt einer Haarnadel. Wir können vermuten, dass diese Eigenschaft in den Membranen des Gehirns und der Retina, wo diese Fettsäure besonders zahlreich vorkommt, eine wichtige,

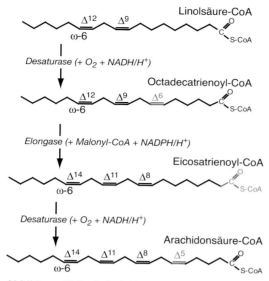

Abbildung 10.9 Beispiel für die Verlängerung und Desaturierung einer essentiellen Fettsäure.

wenn auch noch unbekannte, Rolle spielt (in den übrigen Organen findet man DHA nur in ganz kleinen Mengen).

Manche PUFAs sind auch Vorläufer für Prostaglandine, Thromboxane und Leukotriene. Durch die **Phospholipase A$_2$** werden sie von der mittleren Position der Membranphospholipide abgelöst und danach durch Cyclooxygenasen weiterverwandelt, Abbildung 10.10 zeigt ein Beispiel dafür. Auf die mannigfachen Typen und Funktionen dieser Gewebshormone gehe ich nicht ein, doch zum Verständnis der ernährungsphysiologischen Bedeutung der PUFAs brauchen wir Folgendes (siehe auch Abbildung 10.11):

- Durch die Ringbildung gehen zwei Doppelbindungen der PUFA verloren. Die Zahl der verbliebenen Doppelbindungen bezeichnet die Prostaglandin- oder Thromboxan*reihe*; z.B.: Arachidonsäure (4 Doppelbindungen) $\longrightarrow$ PGA$_2$, PGE$_2$, TxA$_2$ etc.. EPA (5 Doppelbindungen) $\longrightarrow$ PGA$_3$, PGF$_3$, TxE$_3$ etc..
- Die Buchstaben (A, E etc.) charakterisieren die Oxidationsvarianten.
- Als *grobe* Regel gilt: Die Vertreter der 2er-Reihe haben die Tendenz, Entzündungen und die Thrombocytenaggregation zu fördern. Die 3er-Reihe hingegen bewirkt das Gegenteil.
- Linol- und Linolensäure beanspruchen die gleichen Elongasen und Desaturasen. Somit kommt es zum Wettstreit zwischen der ω-6- und der ω-3-Reihe. Überwiegt das ω-6-Angebot stark, dominieren die

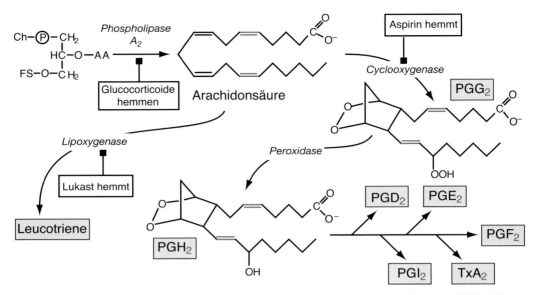

Abbildung 10.10 Prostaglandine (PG), Thromboxane (Tx) und Leucotriene entstehen aus PUFAs (hier: Arachidonsäure) nach deren Freisetzung aus Membranphospholipiden (hier: Phosphatidylcholin). AA: Arachidonsäure; Ch: Cholin; FS: Fettsäure.

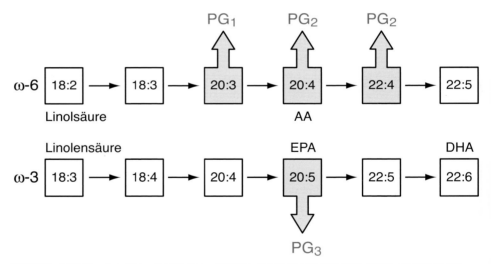

Abbildung 10.11 Aus der ω-6 und der ω-3 Reihe der ungesättigten Fettsäuren entstehen verschiedene Prostaglandintypen. AA: Arachidonsäure; DHA: Docosahexaensäure; EPA: Eicosapentaensäure.

Prostaglandine und Thromboxane der 2er-Reihe und damit das entzündungsfördernde Prinzip. Man vermutet, dass ein ungünstiges ω-6:ω-3 Verhältnis an verschiedenen Zivilisationskrankheiten mitschuldig ist (siehe «Speisefette gestern und heute»).

144

Beachte: Salicylate (z.B. Aspirin) hemmen die Cyclooxygenasen, Gluco-corticoide die Phospholipase A_2 (Abbildung 10.10). Beide sind Entzündungshemmer.

Speisefette gestern und heute

Bis zur Mitte des 20. Jahrhunderts beherrschten nördlich der Alpen tierische Fette die Gastronomie: Butter, Schweineschmalz, Rindertalg und Gänsefett. Weiter südlich kam das Olivenöl dazu, in den Tropen Kokosfett und Palm-öl. Diese Fette zeichnen sich durch ihren hohen Gehalt an gesättigten und einfach ungesättigten Fettsäuren aus (Tab. 10.1). Nach dem Zweiten Weltkrieg wurden die traditionellen Fette allmählich von industriell aus Samen gepressten vegetarischen Ölen verdrängt, eine Entwicklung, der die aufkommenden Bedenken gegenüber gesättigten Fetten und Cholesterin nachhalfen. Die «neuen» vegetarischen Öle sind reich an PUFAs, eine Eigenschaft, der man zunächst uneingeschränkt applaudierte. Doch handelt es sich dabei fast immer um Linolsäure, eine PUFA der ω-6-Reihe (LC-PUFAs wie Arachidonsäure, EPA und DHA kommen in Pflanzen kaum vor). Das hat dazu geführt, dass sich das ω-6 : ω-3-Verhältnis von 1:1 oder 2:1 bei Jägern und Sammlern auf heute 10:1, 20:1 oder noch mehr erhöht hat. Jetzt geben die Ernährungsfachleute Gegensteuer, und die Industrie offeriert uns «ω-3-Eier», «ω-3-Brot» und «ω-3-Pillen»...

	<12:0	12:0-16:0	18:0	18:1	18:2ω-6	18:3ω-3
«Klassische» Fette und Öle						
Butter	9	42	13	30 (+16:1)	2	2
Schweineschmalz	–	26	14	47(+16:1)	9	1
Rindertalg	–	33	51	3	9.5	0.1
Olivenöl	–	11	3	77	8	1
Palmöl	–	46 (v.a.16:0)	4	40	10	1
Kokosfett	14	74	3	7 (+16:1)	2	–
«Neue» pflanzliche Öle						
Distelöl	–	6	3	12	78	s.wenig
Leinöl	–	6	4	19	15	56
Maiskeimöl	–	11	2	30	55	1
Sojaöl	–	10	4	22	56	8
Sonnenblumenöl	–	6	5	22	66	1
Walnussöl	–	7	2	17	60	14

Tabelle 10.1 Die Zusammensetzung einiger Speisefette und -öle. Angaben in % der Fettsäuren. Die Werte können variieren, sie hängen u.a. von der Sorte und der Fütterung der Tiere ab.

Die wichtigsten Nahrungsquellen der verschiedenen Fettsäuren:

- *Gesättigte Fettsäuren*: Tierische Nahrung.
- *Ölsäure*: Olivenöl, Schweinefleisch.
- *Linolsäure*: Pflanzliche Öle.
- *Linolensäure*: Meerestiere (Fische, Muscheln, Krebse, Seehunde ...). Leinsamenöl. Grüne Blätter (Portulak hat viel davon).
- *Arachidonsäure*: Tierische Nahrung.
- *Langkettige ω-3-Fettsäuren (EPA und DHA)*: Meerestiere (fettreiche Fische sind z.B.: Makrelen, Sardinen, Hering, Lachs).

---

trans, konjugiert und ungerade

Tiere synthetisieren Fettsäuren nur in den in diesem Kapitel beschriebenen 2er-Schritten und fügen nichtkonjugierte cis-Doppelbindungen ein. Bakterien können mehr: Ungeradzahlige Fettsäuren, cis-Doppelbindungen und Transfettsäuren stammen, falls sie nicht industrieller Herkunft sind, aus Bakterien. Wir entnehmen diese exotischen Moleküle vor allem dem Fleisch und der Milch der Wiederkäuer. Deren Pansen funktioniert wie ein Fermentator, in dem eine riesige Zahl Bakterien die Glucose der Zellulose zu Fettsäuren – v.a. Acetat, Propionat und Butyrat, aber auch ungeradzahligen, konjugierten und Trans-Fettsäuren – fermentieren. Von diesen Fermentationsprodukten ernähren sich die Kuh und das Schaf. Für uns sind interessant:

Konjugierte Linolensäure (CLA; davon existieren verschiedene Varianten). Ihr schreibt man tumorhemmende Wirkungen zu. Funktioniert im Zellexperiment, ob CLA aber auch *in vivo* wirkt, ist (noch) nicht bekannt.

Transfettsäuren entstehen industriell in schädlichen Mengen, wenn (meist vegetarische) Öle gehärtet werden. (Härten = Sättigen der Doppelbindungen – der Schmelzpunkt steigt, Öle werden zu Margarine). Im Laufe des Härtungsprozesses kommt es vor, dass gesättigte Bindungen wieder zu ungesättigten oxidiert werden, nun aber zufällig – einmal cis, einmal trans. Transfettsäuren erhöhen das Herz-Kreislauf-Krankheitsrisiko. Transfettsäuren aus natürlichen Quellen fallen nicht ins Gewicht.

Ungeradzahlige Fettsäuren sind für die Gesundheit der Medizinstudierenden von Bedeutung. Eine Examensfrage könnte heißen: Welche Verbindung(en) ist(sind) glucogen? 1. Bla, 2. Blabla, 3. Blablabla, 4. Ungeradzahlige Fettsäuren.

10.4 Cholesterin

Cholesterin ist kein Energieträger. Das Molekül übernimmt Funktionen in den Membranen, in denen es u.a. die Fluidität beeinflusst. Aus ihm werden Gallensäuren, Steroidhormone und Cholecalciferol synthetisiert.

Aber abgebaut wird es nicht – der Überschuss verlässt den Organismus entweder unverändert oder als Gallensäuren.

Synthese

Cholesterin wird im Cytosol aus Acetyl-CoA zusammengesetzt. Der energieaufwändige Prozess ist in Abbildung 10.12 dargestellt und kann in folgende Abschnitte gegliedert werden:

1. Die Synthese eines *Isoprens*.
2. Das Zusammenfügen mehrerer Isoprene zu *Squalen*.
3. Die Ringbildung und Oxidation zu *Cholesterin*.

Die wichtigsten Punkte der Synthese sind:

- Die Synthese von 3-Hydroxy-3-methylglutaryl-CoA aus Acetyl-CoA entspricht den ersten Schritten der Ketonkörpersynthese (10.4), erfolgt aber nicht in den Mitochondrien, sondern im Cytosol. Acetyl-CoA gelangt als Teil des Citrats aus den Mitochondrien ins Cytosol (vgl. Fettsäuresynthese).
- NADPH/H$^+$ liefert die Elektronen, ATP die Energie (auch die Citratlyase, die das Acetyl-CoA freisetzt, benötigt ATP).
- Die **Hydroxymethylglutaryl-CoA-Reductase** katalysiert den für die Regulation wichtigsten Schritt. Sie ist auch Angriffspunkt der *Statine* (Cholesterinsynthesehemmer).
- Nach der Oxidation und der Ringbildung zu **Lanosterin** (30 Kohlenstoffatome) werden drei Methylgruppen eliminiert; 27 Kohlenstoffatome bleiben übrig. Über 20 Schritte führen von Squalen zu Cholesterin, dabei werden mehrere Moleküle O_2 und NADPH verbraucht.

Derivate des Cholesterinsynthesewegs

1. **Isoprene.** Farnesyl- und Geranylreste verbinden sich mit der SH-Gruppe eines Cysteinrests gewisser signalübermittelnder Proteine und verankern diese in der Zellmembran (Beispiel: das Oncogen Ras). Auch Ubichinon (Coenzym Q) und Dolichol (Glycoproteinsynthese) sind Isoprenderivate.
2. **Vitamin D.** In der Haut spaltet UVB-Licht den B-Ring des 7-Dehydrocholesterins (ein Zwischenprodukt der Cholesterinsynthese). Es entsteht **Cholecalciferol** (Vitamin D$_3$) und, nach Hydroxylierungsschritten in der Leber und der Niere, das aktive **Calcitriol** (1,25-Dihydroxycholecalciferol).

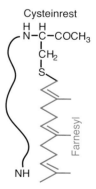

147

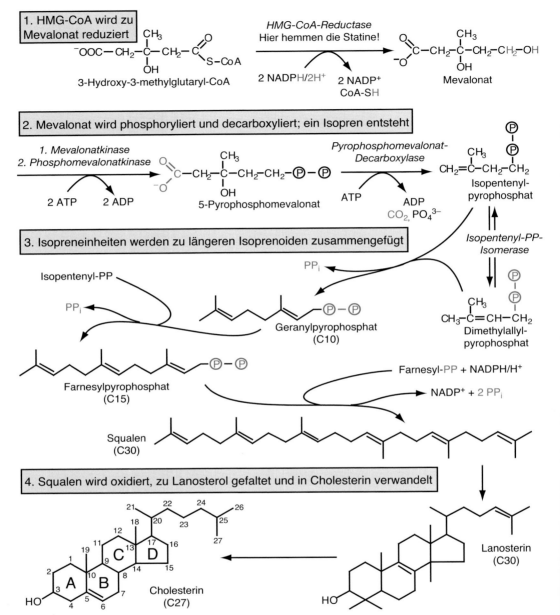

Abbildung 10.12 Die Synthese des Cholesterins. Die Umwandlung von Lanosterin in Cholesterin erfolgt über mehrere Stationen.

3. **Gallensäuren**. Gallensäuren entstehen in der Leber aus Cholesterin, die einzelnen Schritte sind in Abbildung 10.13 dargestellt. Merken Sie sich die Beteiligung von **Monoxygenasen** (= mischfunktionelle Oxygenasen), O_2, NADPH, Cytochrom P_{450} und Vitamin C. Die

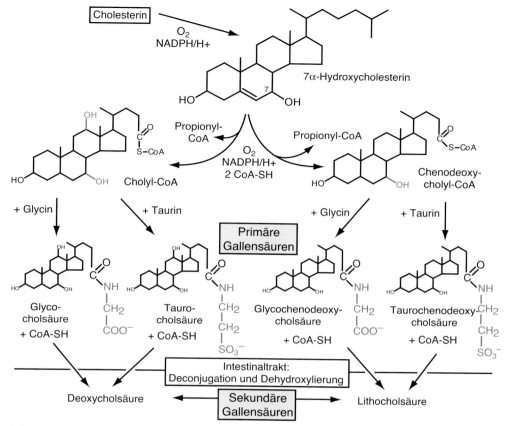

Abbildung 10.13 Die Synthese der Gallensäuren.

primären, konjugierten Gallensäuren werden im Darm von Bakterien zu den **sekundären** Gallensäuren **Deoxycholsäure** und **Lithocholsäure** deconjugiert und dehydroxyliert. Monoxygenase (mischfunktionelle Oxygenase) bedeutet? Antwort in der Fußnote[*].

4. **Steroidhormone**. Glucocorticoide, Mineralocorticoide, Geschlechtshormone.

Ausscheidung

Cholesterin und Gallensäuren gelangen mit der Galle in den Darm. Ein großer Teil wird rückresorbiert (Gallensäuren: Darmmucosa ⇒ Pfortader ⇒ Leber = enterohepatischer Kreislauf; Cholesterin: Darmmucosa ⇒

---

[*] Ein O des molekularen Sauerstoffs (O_2) dient der Hydroxylierung des Substrats, das zweite wird mit Hilfe von NADPH/H$^+$ zu H_2O reduziert.

Chylomicronen $\Rightarrow$ Lymphe $\Rightarrow$ Remnants $\Rightarrow$ Leber – diesen Weg bezeichnen wir nicht als enterohepatischen Kreislauf!). Täglich wird etwa 1g Cholesterin, die Hälfte davon als Gallensäuren – ausgeschieden, das Cholesterin zumeist als **Coprostanol**, in das es die Bakterien des Colons verwandeln.

Der enterohepatische Kreislauf der Gallensäuren wird durch das Medikament **Cholestyramin** unterbrochen, ein Harz, das die Gallensäuren im Darm bindet und so deren Resorption verhindert. Der gesteigerte Verlust an Gallensäuren bewirkt eine (meist bescheidene) Absenkung der Cholesterinkonzentration im Blut.

Regulation

Das Cholesterin unseres Körpers stammt aus der Nahrung und – zum allergrößten Teil – aus der Eigensynthese. Letztere unterliegt mannigfachen Regulationsmechanismen, die wie folgt zusammengefasst werden können:

Die Regulation der Hydroxymethylglutaryl-CoA-Reductase (HMG-CoA-Reductase)
Der wichtigste Angriffspunkt der Regulatoren (siehe Abbildung 10.14). Die AMP-abhängige Kinase phosphoryliert und hemmt die Reductase, Insulin fördert die Dephosphorylierung und aktiviert die Cholesterinsynthese. Wie im Falle der Fettsäuresynthese hemmt somit Energiemangel (AMP:ATP-Verhältnis hoch!) den kostspieligen Syntheseprozess.

Die Menge der HMG-Reductase wird durch Cholesterin selber gesteuert. Ist das Angebot hoch, wird die Expression unterdrückt, andernfalls freigegeben. Der Mechanismus ist bekannt: Eine hohe Cholesterindichte im Bilayer des endoplasmatischen Reticulums verhindert den Transport des **SREBP-2**-Vorläufers («Steroid Response Element Binding Protein 2») zum Golgi, wo der cytosolische Teil dieses Membranproteins durch eine Protease abgespalten wird. Im Kern bindet das Spaltprodukt an SRE («Steroid Response Element», eine Sequenz der DNA, die dem HMG-Reductase-Gen vorausgeht) und aktiviert die Transcription der HMG-Reductase.[*]

---

[*] SREs sind einer großen Zahl von Genen, die meisten von ihnen am Fettstoffwechsel beteiligt, vorgeschaltet. Cholesterin- und Fettsäuremetabolismus sind darum auf eine Art miteinander verhängt, auf die einzugehen hier zu weit führte.

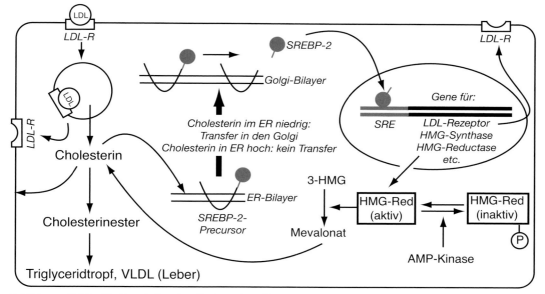

Abbildung 10.14   Die Regulation des Cholesterinstoffwechsels. Beachten Sie, dass viel Cholesterin in der Zelle die Genexpression *hemmt.* ER: Endoplasmatisches Reticulum; 3-HMG: 3-Hydroxy-3-Methyl-Glutaryl-CoA; HMG-Red: Hydroxymethylglutaryl-CoA-Reductase; LDL-R: LDL-Rezeptor; SRE: Sterol Response Element; SREBP: Sterol Response Element Binding Protein.

Die Rolle des LDL-Rezeptors

Der LDL-Rezeptor bringt der Zelle lipoproteingebundenes Cholesterin, das – siehe oben – die Cholesterinsynthese hemmt. Da auch das LDL-Rezeptor-Gen hinter einem SRE liegt, bestimmt ein negativer Rückkoppelungsprozess seine Menge: Je mehr LDL-Cholesterin aufgenommen wird, desto weniger LDL-Rezeptoren werden exprimiert. Die *Acylcholesterintransferase*, die aufgenommenes oder synthetisiertes Cholesterin verestert, wird auf dieselbe Art reguliert.

Das Hirn, ein Sonderfall

Das Gehirn ist gezwungen, sein Cholesterin zum größten Teil selber zu synthetisieren, da nur sehr wenig die Blut-Hirn-Schranke zu passieren vermag. Überschüssiges Cholesterin verlässt das Hirn nach Oxidation als *27-Hydroxycholesterin.*

ZUSAMMENFASSUNG

- Freies Cholesterin wird in Membranen eingelagert, in denen es stabilisierend wirkt. Verestertes Cholesterin kommt in Membranen nicht vor (Speicher- und Transportform).

- Aus Cholesterin entstehen Gallensäuren, Vitamin D und Steroidhormone.
- Cholesterin wird nicht abgebaut, sondern mit der Galle als Cholesterin oder Gallensäure ausgeschieden (kein Energiegewinn aus Cholesterin).
- Synthese aus Acetyl-CoA im Cytosol und ER. Verbraucht NADPH, ATP und O_2.
- Regulation der Synthese: negative Rückkoppelung via SREBP-Mechanismus. Hemmung durch AMP-abhängige Kinase.
- Cholesterinreiche Organe und Nahrungsmittel (Pflanzen enthalten *kein* Cholesterin, sondern die verwandten **Phytosterole**, die nach ihrer Aufnahme im Darm gleich wieder ausgeschieden werden):
  - Hirn: >2000 mg/100g
  - Eigelb: 500 mg/100g
  - Butter: 300 mg/100g
  - Leber: 300 mg/100g

Cervella fritte alla Milanese
(Cholesterin-Triple-Decker)

2%iges Cholesterin (Kalbshirn) gewässert. Mit kochendem Wasser übergießen, 5 Minuten brühen, danach erkalten lassen und abtrocknen. In 0.5%igem Cholesterin (Eigelb) wälzen, panieren und in viel 0.3%igem Cholesterin (Butter) auf niederem Feuer braten. Servieren, mit zerlassenem 0.3%igem Cholesterin übergießen. *Quelle: Livio Cerini di Castegnate: Il cuoco gentiluomo (Mondadori, Milano 1980)*

11 | Abbau und Synthese: Aminosäuren

Achtzig Prozent der Luft sind molekularer Stickstoff (N_2), doch Tiere und Pflanzen können diese Quelle nicht direkt nutzen. Die Fähigkeit, N_2 zu brauchbarem Ammoniak (NH_3) zu reduzieren («Fixierung»), bleibt wenigen spezialisierten Bakterien vorbehalten. Pflanzen nehmen Ammoniak und Nitrat (NO_3^-, auch ein bakterielles Produkt) aus dem Boden auf und bauen den Stickstoff in Aminosäuren ein. Tiere schließlich beziehen Stickstoff aus den organischen Molekülen der Nahrung (Abbildung 11.1).

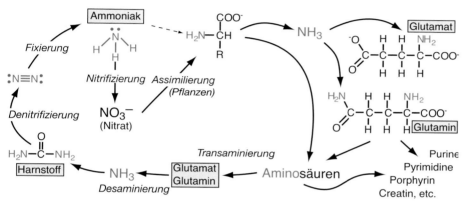

Abbildung 11.1 Der Stickstoffkreislauf. Fixierung und (De-)Nitrifizierung nur durch spezialisierte Bakterien. Pflanzen nehmen Nitrat und (wenig) Ammoniak auf, Tiere organisch gebundenen Stickstoff. Beide bauen Stickstoff aus NH_3 in Glutamin und Glutamat ein.

α-Ketoglutarat und Glutamat assimilieren Stickstoff aus Ammoniak, übertragen ihn auf α-Ketosäuren, sammeln ihn wieder ein und geben ihn schließlich als Ammoniak frei.

In diesem Kapitel wird zuerst die zentrale Rolle der beiden Aminosäuren Glutamin und Glutamat behandelt, anschließend werden die einzelnen Aminosäuren besprochen. Den Abschluss bildet der Harnstoffzyklus, in dem Ammoniak in ungiftigen Harnstoff verwandelt wird (Seite 166).

11.1 Die zentrale Rolle von Glutamin, Glutamat, Aspartat und Alanin

Glutamin, Glutamat, Aspartat und Alanin spielen eine Rolle im Stoffwechsel, die über diejenige eines bloßen Peptidkettengliedes hinausreicht. Glutamat, Aspartat und Alanin sind durch Transaminierungsreaktionen mit ihren α-Ketoverwandten α-Ketoglutarat, Oxalacetat und Pyruvat verbunden – die ersten beiden sind Bestandteile des Citratzyklus, Pyruvat ist das Verbindungsglied zwischen der Glycolyse und dem Citratzyklus. Glutamin, Glutamat und α-Ketoglutarat sind außerdem befähigt, anorganischen Stickstoff (NH_3) aufzunehmen und/oder abzugeben. In diesem Abschnitt werden zunächst die wichtigsten Enzyme und danach die Aufgaben dieser Aminosäuren besprochen.

Die Enzyme

Ammoniak ist giftig. Der größte Teil des Stickstoffes ist zwar organisch in Aminosäuren, Nucleosiden, Creatin, Aminozuckern etc. gebunden, doch ist Ammoniak als Zwischenprodukt des Ab- und Umbaus dieser Moleküle nicht zu vermeiden. Die wichtigste Eingangs- und Ausgangspforte zwischen dem anorganischen (NH_3) und dem organischen Bereich bilden die beiden Aminosäuren Glutamin und Glutamat (Abbildung 11.2A). Die **Glutamat-Dehydrogenase**, die **Glutamin-Synthetase** und die **Glutaminase** katalysieren die Reaktionen:

- Der **Glutamat-Dehydrogenase**-vermittelte Stickstoffeinbau ist *reversibel*. Unter physiologischen Bedingungen liegt das ΔG nahe bei 0, die Konzentrationen der Reaktionspartner bestimmen somit, ob Ammoniak eingebaut oder freigesetzt wird. Zu beachten: Das Enzym akzeptiert sowohl NADH wie auch NADPH, eine Ausnahme im Stoffwechsel (Abbildung 11.2A).
- Die **Glutamin-Synthetase** benötigt ATP, der Einbau des Stickstoffs in die δ-Position von Glutamat ist deshalb *irreversibel*. Der umgekehrte Weg, die Freisetzung von Ammoniak aus Glutamin, wird durch die **Glutaminase** katalysiert (Abbildung 11.2A).

Transaminasen übertragen Aminogruppen von Aminosäuren auf die α-Ketosäuren α-*Ketoglutarat, Oxalacetat* oder *Pyruvat*. Zwei wichtige Vertreter sind:

- Die **Glutamat-Oxalacetat-Transaminase** (GOT). Synonym: Aspartat-Aminotransferase (AST oder ASAT). Sie katalysiert die Reaktion Glutamat + Oxalacetat ⇄ α-Ketoglutarat + Aspartat. Leber, Skelett- und Herzmuskel enthalten hohe GOT-Konzentrationen.
- Die **Glutamat-Pyruvat-Transaminase** (GPT). Synonym: Alanin-Aminotransferase (ALT oder ALAT). Sie katalysiert die Reaktion Glutamat + Pyruvat ⇄ α-Ketoglutarat + Alanin. Die Leber ist besonders reich an GPT.

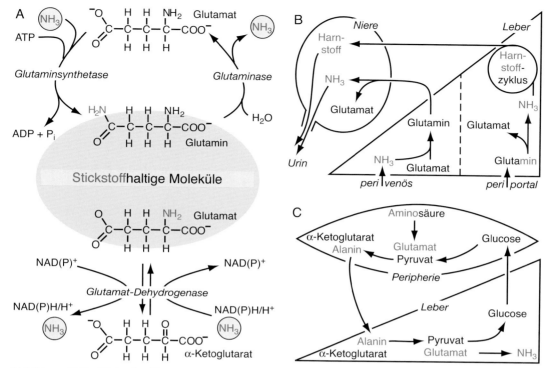

Abbildung 11.2 Glutamin, Glutamat und ihre Rolle im Stickstoffmetabolismus. A: Glutaminase, Glutamin-Synthetase und Glutamat-Dehydrogenase vermitteln zwischen NH_3 und dem organischen Bereich. B: Die Rolle der Leber. C: Der Cori-Zyklus.

Diese beiden Aminotransferasen treten vor allem bei Leberschäden ins Blut über und dienen der Diagnostik.

Aminotransferasen benötigen das Coenzym **Pyridoxalphosphat**. Es entsteht durch Phosphorylierung von **Vitamin B$_6$**. Die α-Aminogruppe einer Aminosäure bildet mit der Aldehydgruppe der Pyridoxalform eine Schiff'sche Base, worauf sich die beiden wieder trennen – die ursprüngliche Aminosäure als α-Ketosäure, das Coenzym als Pyridoxamin. Danach nimmt eine α-Ketosäure den umgekehrten Weg und erhält dabei die Aminogruppe (Abbildung 11.3).

Die Funktionen

Der Stickstofftransport

Der Aminosäurestoffwechsel in der Peripherie, vor allem im Muskel, setzt Stickstoff frei, der andernorts weiterverwendet oder ausgeschieden wird. *Glutamin* und *Alanin* übernehmen den Transport. Glutamin spielt dabei

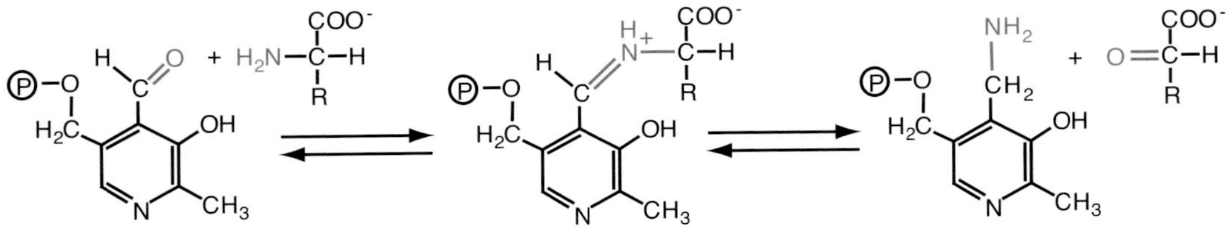

Abbildung 11.3 Der Mechanismus der Transaminierung. Von links nach rechts: die Aminosäure gibt ihre Aminogruppe an Pyridoxalphosphat ab. Von rechts nach links: eine α-Ketosäure nimmt die Aminogruppe auf.

die größere Rolle, mit 0.7mM ist es deshalb auch die *häufigste Aminosäure im Serum.*

In der Leber spaltet die **Glutaminase** Ammoniak ab, der im **Harnstoffzyklus** entgiftet und in der Niere ausgeschieden wird. In der Leber kommt aber auch die **Glutamin-Synthetase** vor. Damit kein Leerlauf («futile cycle») entsteht – Abspaltung und Wiedereinbau von NH_3 bei gleichzeitigem ATP-Verbrauch – sind die beiden Enzyme räumlich voneinander getrennt: die Glutaminase zusammen mit den Enzymen des Harnstoffzyklus in den *periportalen Zellen*, die Glutamin-Synthetase in perivenösen Hepatocyten. Auch die Synthetase trägt zur Stickstoffausscheidung bei, wenn das Glutamin in der Niere desaminiert und sein Stickstoff als Ammoniak sezerniert wird (Abbildung 11.2B; siehe auch Kapitel 15).

Die Abbildung 11.2C zeigt, wie **Alanin** am Stickstofftransport zur Leber beteiligt ist. Transaminasen übertragen Aminogruppen verschiedener Aminosäuren zunächst auf Glutamat, die Glutamat-Pyruvat-Transaminase lässt Alanin entstehen, das in der Leber den umgekehrten Weg nimmt. Durch die Gluconeogenese aus Pyruvat und den Glucoseexport in die Peripherie schließt sich der Kreis – man spricht vom **Cori-Zyklus**.

Im Gehirn zirkulieren Glutamin und Glutamat zwischen den Astrocyten und den Neuronen. In den Neuronen entsteht durch die *Glutaminase*-Wirkung Glutamat, das sezerniert wird und die postsynaptischen Rezeptoren stimuliert. Astrocyten nehmen freies Glutamat aus dem zwischensynaptischen Raum auf, resynthetisieren Glutamin (*Glutamin-Synthetase*) und stellen es den Neuronen wieder zur Verfügung.

Glutamin und Glutamat als Energieträger
Manche Gewebe nehmen große Mengen Glutamin auf, so die Nieren, die Leber, der Darm und die Zellen des Immunsystems. Sein Kohlenstoffgerüst wird als α-Ketoglutarat in den Citratzyklus eingeschleust und oxidiert.

156

Gluconeogenese

Die Leber und die Niere verwenden das Kohlenstoffgerüst des Glutamins auch für die Gluconeogenese.

Synthese stickstoffhaltiger Moleküle

Glutamin, Glutamat, Aspartat und Alanin sind auch Ausgangspunkt für die Synthese stickstoffhaltiger Moleküle, zum Beispiel:

- **Purine**: Glutamin und Aspartat,
- **Pyrimidine**: Glutamin und Aspartat.

Zellen, die sich oft teilen, nehmen besonders viel Glutamin auf. Dazu gehören die Zellen des Darmepithels und Tumorzellen.

- **Aminozucker**: Die **Amidotransferase** überträgt den Stickstoff der Amidogruppe von Glutamin auf Fructose-6-Phosphat, es entsteht **Glucosamin-6-Phosphat**.
- **Glutathion**: Ein Tripeptid aus Glutamin, Cystein und Glycin. Ungewöhnlich ist, dass nicht die α-Aminogruppe, sondern die Amidogruppe des Glutamins mit der Carboxylgruppe des Cysteins die Peptidbindung bildet.

Zur Erinnerung: **Porphyrine** entstehen aus *Glycin* (und Succinyl-CoA), **Creatin** aus *Arginin, Glycin* und *S-Adenosylmethionin*.

No sports?

Nach intensivster Anstrengung, einem Marathon z.B.,

- sinkt die Zahl der T-Lymphocyten und der NK-Zellen,
- ist die Antikörperproduktion vermindert und
- nimmt das Verhältnis zwischen den CD4 und den CD8 Zellen ab.

Es erstaunt deshalb nicht, dass die Athleten nach einem Rennen oder nach intensiven Trainingseinheiten anfällig auf Infektionskrankheiten sind.

Für die geschwächte Immunabwehr könnte ein Absinken der Glutaminkonzentration im Blut verantwortlich sein, denn nach Marathon-Wettkämpfen wurden Werte gemessen, die um ca. 25% unter den normalen 600 - 700 μM lagen. Und Glutamin ist wichtig für Lymphocyten und Macrophagen, die große Mengen davon aufnehmen. Dazu passt, dass eine Extradosis Glutamin, nach dem Wettkampf eingenommen, präventiv wirkt.

Entwarnung: Das gilt nur für extreme Anstrengungen. Kürzere oder weniger intensive körperliche Betätigung hat das Gegenteil, eine Erhöhung des Glutaminspiegels, zur Folge. Churchill's Rezept für ein langes Leben – «no sports» – findet in dieser Geschichte somit keine Begründung.

11.2 Synthese und Abbau der Aminosäuren

Synthese

Neun Aminosäuren sind essentiell, die übrigen 11 können vom menschlichen Organismus synthetisiert werden. Wie sich diese ins Stoffwechselgefüge eingliedern, zeigt Abbildung 11.4. Wir beginnen mit den einfachen und enden mit den widerspenstigen Aminosäuren:

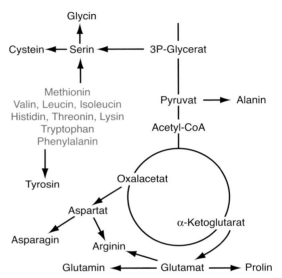

Abbildung 11.4 Die wichtigsten Synthesewege der Aminosäuren. Rot: essentielle Aminosäuren.

Essentielle Aminosäuren

Diese neun Aminosäuren sind *essentiell*: **Leucin, Isoleucin, Valin, Threonin, Methionin, Tryptophan, Phenylalanin, Histidin** und **Lysin**. Leucin, Isoleucin und Valin sind verzweigtkettig, Tryptophan und Phenylalanin enthalten einen aromatischen Ring – synthetische Kunststücke, die Bakterien und Pflanzen beherrschen, den meisten Tieren aber versagt bleiben.

Glutamat, Glutamin, Aspartat und Alanin

Diese vier Aminosäuren entstehen durch die Transaminierung einer α-Ketosäure und/oder durch den Einbau von Ammoniak (Glutamat und Glutamin). Siehe Abschnitt 11.1.

158

Tyrosin

Tyrosin entsteht durch die *Hydroxylierung* von **Phenylalanin**. Phenylalanin ist essentiell, Tyrosin wird deshalb als *bedingt essentiell* bezeichnet.

Asparagin

Wenn die Amidogruppe des Glutamins auf Aspartat übertragen wird, entsteht Asparagin. Die Reaktion ist reversibel.

Arginin

Arginin entsteht im Harnstoffzyklus aus Ornithin und Aspartat (siehe Seite 166). Ornithin selber kann auch aus Glutamat und Acetyl-CoA entstehen, ein Prozess, der fünf Schritte umfasst.

Prolin (Abbildung 11.5)

Auch Prolin entsteht aus Glutamat. Die Schritte: Aktivierung = Phosphorylierung der γ-Carboxylgruppe; Reduzierung derselben zu einem Aldehyd (Glutamat-γ-Semialdehyd); Ringbildung und Reduktion der Iminobindung zu Prolin. Die Aktivierung verbraucht **ATP**, für die Reduktionsschritte wird **NADPH** verwendet. Alternativer Weg: Synthese aus Ornithin.

Frage: In welchen Zellen ist die Prolinsynthese besonders ausgeprägt? **Pr** Antwort in der Fußnote*.

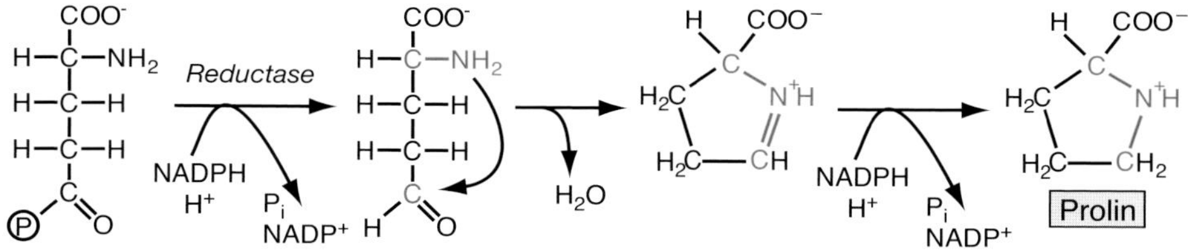

Abbildung 11.5   Prolinsynthese aus Glutamat. Im ersten, nicht gezeigten Schritt wird Glutamat zu Glutamyl-Phosphat phosphoryliert.

Serin, Glycin und Cystein (Abbildungen 11.6 und 11.7)

Serin besteht aus 3 Cs, dessen drittes eine Hydroxylgruppe trägt. Ausgangspunkt ist eine aus der Glycolyse abgeleitete Triose, **3-Glycerophosphat**, mit dessen drei Cs folgendes geschieht: C1: die Carboxylgruppe bleibt bestehen. C2: die Hydroxyl- wird zu einer Ketogruppe oxidiert und nachher transaminiert ($\rightarrow \alpha$-Aminogruppe). C3: der Phosphatester wird hydrolysiert ($\rightarrow$ Hydroxylgruppe).

Glycin, die mit zwei Kohlenstoffatomen einfachste Aminosäure, entsteht aus Serin nach Übertragung des dritten Cs auf **Tetrahydrofolat**.

---

* In den Fibroblasten, denn das Kollagen des Bindegewebes ist reich an Prolin und Hydroxyprolin.

159

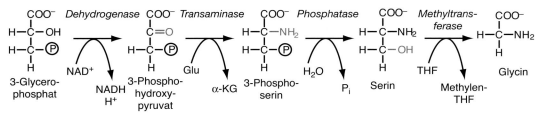

Abbildung 11.6 Die Synthese von Serin und Glycin. Glu: Glutamat; α-KG: α-Ketoglutarat; THF: Tetrahydrofolsäure.

Cystein unterscheidet sich von Serin nur durch die *Sulfhydrylgruppe*, welche die Hydroxylgruppe ersetzt. Der Schwefel entstammt dem **Homocystein**, nach der Verknüpfung von Serin mit Homocystein zu **Cystathionin** und der darauffolgenden Trennung sind Sulfhydryl- und Hydroxylgruppe vertauscht: –SH auf der C3-Säure (→ Cystein) und –OH auf der C4-Säure (→ Homoserin).

Merke: Homo- (ὁμοῖος = ähnlich), weil Homoserin und Homocystein Serin und Cystein ähnlich sind, sie besitzen nur je ein Kohlenstoffatom mehr.

Woher stammt das Homocystein? Aus dem **Methioninabbau**, der im nächsten Abschnitt beschrieben wird.

Abbau

Der Aminosäureabbau dient der Energiegewinnung und der Gluconeogenese, und er liefert Bausteine für weitere Biomoleküle.

Gluconeogenese
Aminosäuren sind die wichtigste Quelle für die Gluconeogenese. Sie kommen entweder aus der kohlenhydratarmen, proteinreichen Nahrung oder – im Fasten- und Hungerzustand – aus dem Abbau des körpereigenen Eiweißes. (Zwischenfrage: Kennen sie noch andere glucogene Moleküle? Antwort in der Fußnote*). Aber nicht alle Aminosäuren werden zu Bruchstücken zerkleinert, die für die Gluconeogenese brauchbar sind. **Ketogene** Aminosäuren liefern nur Acetyl-CoA, aus dem Ketonkörper oder Fettsäuren, aber keine Glucose synthetisiert werden kann. Folgende Einteilung muss man sich merken:

Pr

---

* Lactat, Glycerin aus dem Triglyceridabbau und Propionat, das z.B. in der β-Oxidation ungeradzahliger Fettsäuren entsteht.

- **ketogen** (es entsteht nur Acetyl-CoA): *Leucin* und *Lysin* (die beiden einzigen Aminosäuren, die mit einem L beginnen).

- **ketogen und glucogen** (es entsteht sowohl Acetyl-CoA als auch etwas für die Gluconeogenese brauchbares): *Isoleucin, Phenylalanin, Tyrosin* und *Tryptophan*.
- **glucogen** (es entsteht Pyruvat, α-Ketoglutarat, Succinat, Fumarat oder Oxalacetat): alle anderen.

Energiegewinnung

Auf eine Besonderheit sei hier noch hingewiesen: Essentielle Aminosäuren, die nicht für die Proteinsynthese vorgesehen sind, werden in der *Leber* abgebaut. Die verzweigtkettigen **Leucin, Isoleucin** und **Valin** aber passieren die Leber, ohne aus dem Blut herausfiltriert zu werden, gelangen in die Peripherie und werden vor allem im Herzmuskel, im Skelettmuskel und in den Nieren abgebaut.

Einzelne Aminosäuren

Alanin: *Pyruvat* entsteht durch Transaminierung.

Aspartat: *Oxalacetat* entsteht durch Transaminierung, *Fumarat* im Harnstoffzyklus.

Glutamat: α-*Ketoglutarat* entsteht durch Transaminierung.

Glutamin: Desaminierung zu *Glutamat*.

Methionin (siehe Abbildung 11.7): Vier Besonderheiten:

1. **S-Adenosylmethionin** (SAM), das erste Zwischenprodukt des Methionin-Abbaus, ist ein *Methylgruppenspender*.
2. **Homocystein**, ein weiteres Zwischenprodukt des Methioninabbaus, ist ein *Risikofaktor für Atherosklerose*.
3. Drei Vitamine sind am Methionin-Abbau beteiligt: **B$_{12}$**, **B$_6$** (als Pyridoxalphosphat) und **Folsäure** (als Tetrahydrofolat).
4. Der Methionin-Schwefel wird auf Serin übertragen, **Cystein** entsteht (Transsulfurierung).

Im Ab- und Umbau des Methionins finden wir die wichtigsten Komponenten versammelt, die an *Methylierungsreaktionen* beteiligt sind:

- **S-Adenosylmethionin** (SAM) für die Synthese von: Creatin (90% des SAM wird für die Creatinsynthese verbraucht!), Cholin, Carnitin, Adrenalin, Polyamine, DNA-Methylierung.
- **Tetrahydrofolat** für die Synthese von: Methionin, Thymidin.

Betain

$$\begin{array}{c} COO^- \\ | \\ CH_2 \\ | \\ H_3C - N^+ - CH_3 \\ | \\ CH_3 \end{array}$$

– **Vitamin B$_{12}$** (Cobalamin): als Coenzym am Methyl-Transfer beteiligt (Methionin-Synthase und Methylmalonyl-CoA-Mutase; beide spielen im Abbau von Methionin eine Rolle, siehe Abbildung 11.7).

– **Betain** (= Trimethylglycin): aus der Nahrung und aus Eigensynthese.

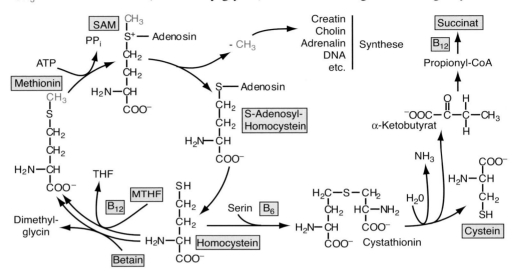

Abbildung 11.7 Der Methioninabbau. Betain: Trimethylglycin; (M)THF: (Methyl)tetrahydrofolat; SAM: S-Adenosylmethionin.

Pa

Homocystein und Herzinfarkt

Während des Methionin-Abbaus entsteht *Homocystein*, das entweder zu Methionin remethyliert oder, nach Kombination mit Serin, zu Cystein umgewandelt werden kann. An beiden Prozessen sind Vitamine beteiligt: Folsäure (als Methyl-Tetrahydrofolat) liefert die Methylgruppe, die via Vitamin B$_{12}$ auf die SH-Gruppe des Homocysteins übertragen wird; und Vitamin B$_6$ ermöglicht die Vereinigung von Homocystein mit Serin zu Cystathionin.

Homocystein, das sich in Zellen anstaut, wenn die Kapazität beider Abflusswege nicht ausreicht, tritt ins Blut über. Es wird erst in der Niere und der Leber, die besonders reich an den entsprechenden Enzymen sind, umgebaut. Aber: Homocystein im Blut ist ein Risikofaktor für Atherosklerose. Das hat zur Folge, dass sowohl ein Mangel an B$_6$, B$_{12}$ (Veganer!), Folsäure und/oder Betain als auch eine chronische Niereninsuffizienz die Wahrscheinlichkeit eines Herzkreislaufleidens erhöhen. Herzkreislaufversagen ist eine häufige Todesursache im Endstadium chronischer Nierenkrankheiten.

• **Verzweigtkettige Aminosäuren** (Valin, Leucin, Isoleucin): Das Prinzip: nach Transaminierung werden die entstandenen α-Ketosäuren decarboxyliert und wie (verzweigte) Fettsäuren abgebaut.

Die oxidative Decarboxylierung durch die «Verzweigtkettige-α-Keto-säure-Dehydrogenase» entspricht der Decarboxylierung von Pyruvat (Beteiligung von CoA-SH, Lipoamid, FAD und NAD sowie hemmende Phosphorylierung durch eine Kinase). Ein Defekt an dieser Stelle ver-ursacht die **Ahornsirupkrankheit** (die α-Ketosäuren sammeln sich an, schädigen das ZNS und werden im Urin ausgeschieden).

Pa

• **Tryptophan, Phenylalanin** und **Tyrosin**: Nach Transaminierung wer-den die Ringe gespalten. Dafür braucht es molekularen Sauerstoff. Phe-nylalanin wird vor dem Abbau zu Tyrosin hydroxyliert. Ist dieser Schritt blockiert, sammelt sich transaminiertes Phenylalanin (= Phenylpyruvat) an und erscheint im Urin: **Phenylketonurie** (Abbildung 11.8). Auch der Tyrosinabbau kann auf Grund eines genetischen Defektes gehemmt sein. Ist der Schritt von Tyrosin zu Homogentisat betroffen, haben wir es mit einer **Tyrosinämie** zu tun, eine Blockade des Homogentisat-Abbaus verursacht eine **Alkaptonurie** (Abbildung 11.8).

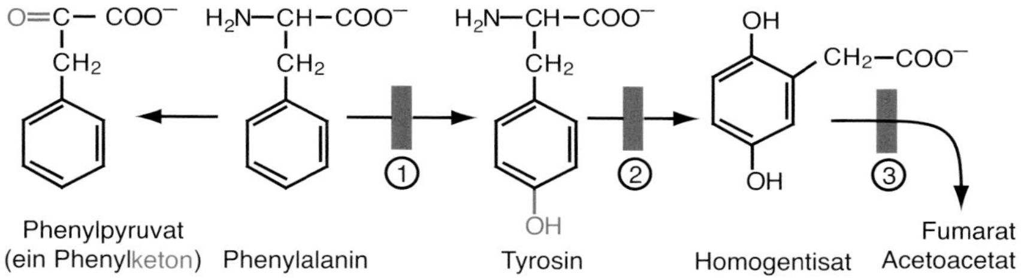

Abbildung 11.8   Der Abbau von Phenylalanin und Tyrosin. Genetische Defekte führen zu: 1: Phenylketonurie; 2: Tyrosinämie; 3: Alkaptonurie.

Zusammenfassung: eine Liste der Abbauprodukte

Alanin, Cystein, Glycin, Serin:	Pyruvat
Tryptophan:	Pyruvat und Acetoacetyl-CoA
Lysin:	Acetoacetyl-CoA
Asparagin, Aspartat:	Oxalacetat
Phenylalanin, Tyrosin:	Fumarat und Acetoacetat
Leucin:	Acetoacetat
Methionin, Threonin, Valin:	Succinyl-CoA
Isoleucin:	Succinyl-CoA und Acetyl-CoA
Arginin, Glutamat, Glutamin, Histidin, Prolin:	α-Ketoglutarat

Pr

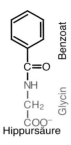

Hippursäure

Aminosäuren bilden das Rückgrat der Peptide und liefern Energie sowie glucogene Substrate. In diesem Abschnitt finden Sie zum Schluss eine Liste von Aminosäurederivaten mit weiteren Funktionen.

Glycin: Sekretion

Nicht nur Gallensäuren («konjugierte Gallensäuren»), sondern auch viele Medikamente und ihre Metaboliten werden an Glycin gekoppelt mit der Galle ausgeschieden. Zusammen mit Benzoat, einem Nahrungsmittelzusatz, bildet Glycin die **Hippursäure**. Glycin ist auch ein inhibitorischer Neurotransmitter.

Serin: Cholin

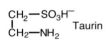

Cholin

Cholin – es steckt unter anderem im Phosphatidyl**cholin** und im Acetyl**cholin** – entsteht aus Serin (Serin wird zu Ethanolamin decarboxyliert und danach drei Mal methyliert).

Cystein: Taurin

$CH_2-SO_3H^-$
CH_2-NH_2 Taurin

Taurin entsteht nach Decarboxylierung von Cystein und Oxidation der Sulfhydrylgruppe. Es dient wie Glycin der Gallensäurekonjugation (Abbildung 10.13).

Prolin und Lysin: Hydroxyprolin und Hydroxylysin

Hydroxyprolin

Hydroxyprolin und Hydroxylysin sind keine Standard-Aminosäuren: Für sie gibt es weder einen genetischen Code noch tRNAs. Sie können deshalb erst *nach* ihrem Einbau in Proteine durch *Hydroxylasen* modifiziert werden. Die Reaktion benötigt O_2 und **Vitamin C**, wird von mischfunktionellen Oxygenasen durchgeführt und ist für Collagen besonders wichtig (Vitamin C-Mangel → Skorbut).

Pa

• Hydroxyprolin im Urin ist ein Maß für den *Kollagenabbau*.

Arginin: NO

Endothelzellen, Neuronen und Macrophagen v.a. benutzen das Gas NO (Stickoxid) für die Signalübermittlung. Sie gewinnen es aus Arginin, aus dessen gegabeltem Aminoschwanz die **NO-Synthase** unter Einbezug von O_2 und NADPH NO abspaltet. Citrullin bleibt zurück (Abbildung 6.7).

Tyrosin: Catecholamine, Melanin und Thyroxin

Hydroxylierungen, Decarboxylierung und Methylierung verwandeln Tyrosin in **DOPA** (Dihydroxyphenylalanin), **Dopamin**, **Noradrenalin** (Norepinephrin) und **Adrenalin** (Epinephrin). Beteiligt sind: O_2 und Vitamin

C für die Hydroxylierung, S-Adenosyl-Methionin als Methylgruppen-spender und Pyridoxalphosphat (Pyridoxin = Vitamin B_6) für die Decar-boxylierung (siehe auch Abbildung 15.3). DOPA ist auch Ausgangssub-stanz für das **Melanin**, und wie der Name vermuten lässt, ist **Thyroxin** ein Tyrosinderivat.

- Die **Vanillinmandelsäure** ist ein Abbauprodukt der Catecholamine und deutet, wenn es im Urin in hohen Konzentrationen auftaucht, auf ein **Phäochromocytom** hin.

Pa

- **DOPA** passiert im Gegensatz zu Dopamin die Blut-Hirn-Schranke und wird deshalb an Patienten, die an der *Parkinsonschen Krankheit* (Dopamin-Mangel) leiden, verabreicht.

Tryptophan: Serotonin und Niacin

Serotonin ist **5-Hydroxytryptamin**: Es entsteht durch Hydroxylierung und Decarboxylierung von Tryptophan. Auch **Niacin** (Nicotinsäure) und **Melatonin** können aus Tryptophan synthetisiert werden.

- *Serotonin*-Mangel ist an der Entstehung von *Depressionen* beteiligt.
- *Niacin*-Mangel verursacht **Pellagra**.

Glutamat: GABA

Der Neurotransmitter γ-**Aminobutyrat** (GABA) ist decarboxyliertes Glutamat (ein Amin). GABA ist ein inhibitorischer, Glutamat ein exci-tatorischer Neurotransmitter.

ZUSAMMENFASSUNG

Unterteilen Sie, um Ordnung in das schwierige Kapitel der Amino-säuren zu bringen, das Thema so:

- **Der Stickstoff**. Glutamat und Glutamin spielen zusammen mit Aspartat und Alanin die zentrale Rolle in der Aufnahme, dem Transport, der Weitergabe und Eliminierung des organisch gebundenen Stickstoffs. Enzyme: Glutamat-Dehydrogenase, Glutamin-Synthase und Transaminasen.
- **Synthese und essentielle Aminosäuren**. 9 Aminosäuren sind essentiell. Die anderen kann der Mensch aus Elementen des Citratzyklus und der Glycolyse oder aus den essentiellen Me-thionin und Phenylalanin selber basteln.

165

- **Abbau des Kohlenstoffgerüsts**. Verwendung als Energie-spender und als Substrat für die Gluconeogenese (Unterscheidung zwischen *glucogenen* und *ketogenen* Aminosäuren). Die einzelnen Abbauwege können kompliziert sein.
- **Aminosäurenderivate**. Messengers, Hormone, SAM als Methylüberträger, Konjugierung mit Glycin und Taurin, modifizierte Aminosäuren (Hydroxyprolin und Hydroxylysin) als Bestandteil von Peptidketten etc..

11.3 Proteinabbau und Stickstoff-Ausscheidung

Aminosäuren, die für den Abbau bestimmt sind, stammen entweder aus der Nahrung oder aus dem Abbau körpereigener Proteine. Der Organismus besitzt zahlreiche Peptidasen, die Eiweiße nicht nur im Verdauungstrakt, sondern auch im Cytosol, im endoplasmatischen Reticulum oder in den Lysosomen spalten können. Zwei Systeme seien hier hervorgehoben:

1. Im sauren Milieu der *Lysosomen* verdauen die **Kathepsine** Proteine, die entweder aus dem extrazellulären Raum oder aus dem Cytosol stammen. Beispiel: In den Zellen der Nierentubuli verdauen lysosomale Kathepsine Eiweiß, das aus dem Primärharn pinocytiert wurde (Kapitel 15).

2. Im Cytosol sind die **Proteasomen** mit der Hydrolysierung von Eiweißen beschäftigt. Proteasomen sind röhrenförmige Gebilde. Sie bestehen aus Peptid-Einheiten und nehmen Eiweiße auf, die durch mehrfache Koppelung an **Ubiquitin** («Ubiquitinierung») zum Abbau bestimmt wurden[*]. (Ubiquitin ist selber ein Protein). Ubiquitinierte Proteine werden ATP-getrieben entfaltet und danach im Innern der Proteasomen vom Ubiquitin befreit und in kurze Stücke von ca. 12 Aminosäuren zerschnitten. Cytosolische **Aminopeptidasen** zerlegen zum Schluss diese Oligopeptide in einzelne Aminosäuren.

Ammoniak:
NH_3

Nach dem Abbau der Aminosäuren, der in den vorhergehenden Abschnitten behandelt wurde, bleibt **Ammoniak** übrig. Ammoniak ist giftig. Er wird deshalb in der Leber in ungiftigen **Harnstoff** (englisch: urea) verwandelt. Dieser Vorgang – der **Harnstoffzyklus** – ist Thema des nächsten Abschnitts.

---

[*] Falsch gefaltete, oxidierte oder hitzegeschädigte Eiweiße werden bevorzugt ubiquitiniert.

166

Der Harnstoffzyklus beginnt in den Mitochondrien und hört im Cytosol mit der Abspaltung von Harnstoff aus Arginin auf. Der Ablauf ist in Abbildung 11.9 dargestellt, es folgen Bemerkungen zu den einzelnen Schritten:

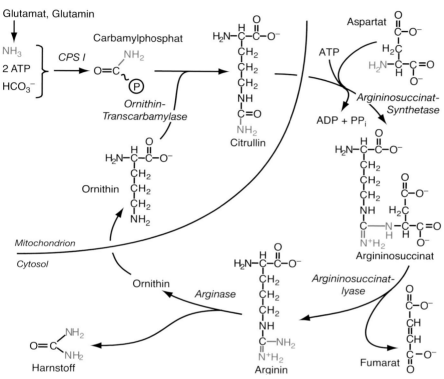

Abbildung 11.9 Der Harnstoffzyklus. CPS I: Carbamylphosphat-Synthetase I; PP$_i$: Pyrophosphat (wird durch die Pyrophosphatase in 2 P$_i$ gespalten).

- Durch *Glutaminase* aus Glutamin oder *Glutamat-Dehydrogenase* aus Glutamat freigesetztes Ammoniak wird zur Synthese von **Carbamylphosphat** verwendet, ein Schritt, der 2 ATP benötigt und von der **Carbamylphosphat-Synthetase I** (CPS I) katalysiert wird. Bicarbonat, Carbamylphosphat und Harnstoff besitzen strukturelle Ähnlichkeiten (siehe Randfigur).

Neben der CPS I, die im Mitochondrion wirkt, kommt im Cytosol die CPS II vor. Das im Cytosol hergestellte Carbamylphosphat dient der Pyrimidin-Synthese.

167

- Zusammen mit **Ornithin** bildet Carbamylphosphat **Citrullin**. Somit liefert Carbamylphosphat **eine** Aminogruppe des zukünftigen Harnstoffs.
- Citrullin verlässt das Mitochondrion und verbindet sich im Cytosol mit **Aspartat**. Der Schritt benötigt ATP, das zu AMP und Pyrophosphat (PP$_i$) gespalten wird. Und da PP$_i$ durch die Pyrophosphatase in seine zwei Phosphate zerteilt wird, gehen *zwei* energiereiche Bindungen verloren.
- Nach der kurzen Umarmung trennt sich das Kohlenstoffgerüst des Aspartats vom Argininosuccinat, lässt aber seine Aminogruppe zurück. Sie wird das **zweite Stickstoffatom** des Harnstoffs liefern.
- Fumarat ist Teil des Citratzyklus und kann via Malat zu Oxalacetat verwandelt werden, und nach Transaminierung neues Aspartat liefern.
- Die Arginase spaltet Arginin in Harnstoff und Ornithin.
- Ornithin kehrt durch den Antiporter ORNT1 im Austausch mit Citrullin ins Mitochondrion zurück.

Die Regulation des Harnstoffzyklus

So wie die Pyruvat-Dehydrogenase den Zufluss zum Citratzyklus bestimmt, kontrolliert die CPSI das Rad des Harnstoffzyklus. Wichtigster Regulator ist **N-Acetyl-Glutamat**. Da die *N-Acetyl-Glutamat-Synthase* ihrerseits durch Arginin und Glutamat stimuliert wird, hängt die Aktivität des Harnstoffzyklus schlussendlich vom Aminosäurenangebot ab. Das heißt: besonders aktiv ist er im Hungerzustand, wenn körpereigene Proteine abgebaut werden, und nach Aufnahme einer eiweißreichen Mahlzeit.

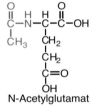
N-Acetylglutamat

Die Stickstoffbilanz

Stickstoff wird mit der Nahrung aufgenommen und verlässt den Körper als **Harnstoff** im Urin (ungefähr 85%), als **Ammoniak** oder mit den **Faeces**.

Vergleicht man die Stickstoffaufnahme mit dem Verlust, trifft man auf diese drei Möglichkeiten:

1. **Positive Bilanz** (aufgenommener N > ausgeschiedener N): Phasen des Wachstums, Einfluss anaboler Hormone.
2. **Ausgeglichene Bilanz** (N aufgenommen = N ausgeschieden): der Normalfall für gesunde Erwachsene. Unter diesen Umständen lässt sich die aufgenommene Eiweißmenge berechnen: Protein (aufgenommen) in Gramm = Harnstoff (ausgeschieden) in Gramm x 3.

Erwachsene Personen benötigen **0.5 - 1 g Protein pro kg Körperge-wicht und Tag**.

3. **Negative Bilanz** (N aufgenommen < N ausgeschieden): Hungerpha-sen, mit katabolen Zuständen verbundene Krankheiten (z.B. Kache-xie bei Tumorpatienten).

«Rabbit Disease»

Entdecker des 19. Jahrhunderts haben berichtet, dass die Indianer des ame-rikanischen Nordens gelegentlich an einer Krankheit litten, die sie «rabbit disease» nannten, und die durch Kopfschmerzen, Müdigkeit und Gewichts-verlust gekennzeichnet war und im Extremfall mit dem Tod endete. Sie trat auf, wenn die Jäger – meist im Frühjahr – bloß Kaninchen erwischten. Ka-ninchen sind fettarm (der Fettgehalt eines Tieres korreliert nicht nur absolut, sondern auch prozentual mit seiner Körpergröße). Eine «Kaninchendiät» be-deutet somit, dass der Energiebedarf zu einem großen Teil mit Eiweiß gedeckt wird.

Bei der «Kaninchenkrankheit» handelt es sich um eine Ammoniakvergiftung: übersteigt der Proteinanteil der Diät etwa 40% der Gesamtenergie, ist der Harnstoffzyklus der Leber überfordert, und der Ammoniakgehalt des Blutes steigt an. Unter modernen Lebensbedingungen trifft man dieses Phänomen bei Gesunden nicht an – der durchschnittliche Energieanteil der Proteine be-trägt im Westen 10-15%, und Haustiere sind bedeutend fettreicher als ihre wilden Verwandten.

ZUSAMMENFASSUNG

- **Kathepsine** in den Lysosomen, **Proteasomen** für ubiquitinier-te Proteine im Cytosol.
- **Ammoniak** (NH_3) ist giftig. Entgiftet wird er durch: Einbau in Harnstoff, Fixierung in Glutamin (Glutamin-Synthetase), Einbau in Glutamat (Glutamat-Dehydrogenase).
- Der Harnstoffzyklus beginnt im **Mitochondrion** (Carbamyl-phosphat-Synthese, Citrullin-Synthese) und endet im **Cytosol**.
- Zwischenprodukte des Harnstoffzyklus, die man sich merken muss: **Ornithin, Citrullin, Argininosuccinat** und **Arginin**.
- **Ammoniak** liefert die erste, **Aspartat** die zweite Aminogrup-pe des Harnstoffs.
- 4 energiereiche Bindungen werden im Harnstoffzyklus ver-braucht (2 Mal ATP → ADP, ein Mal ATP → AMP + PP_i und PP_i → $2 P_i$.

- Reguliert wird der Harnstoffzyklus durch **N-Acetylglutamat**, dessen Konzentration vom **Aminosäureangebot** abhängt.
- Der tägliche Eiweißbedarf eines Erwachsenen beträgt etwa 0,5 - 1 g/kg Körpergewicht.
- **Stickstoffbilanz**: Positiv, wenn die Gesamteiweißmenge des Körpers vergrößert wird (z.B. Wachstum); meist ausgeglichen im Erwachsenenalter; negativ (Verlust körpereigener Proteine) bei Hunger und bestimmten Krankheiten.

12 │ Abbau und Synthese: Nucleotide

Nucleotide sind aus einer Base (Pyrimidin oder Purin), einer Pentose (Ribose oder Desoxyribose) und ein bis drei Phosphatgruppen zusammengesetzt. Zur Nomenklatur:

Pyrimidin

Purin

- Adenin, Guanin, Thymidin, Uracil und Cytidin heißen die **Basen**.
- Base + Zucker = **Nucleosid**.
- Nucleosid + Phosphatgruppe(n) = **Nucleotid** (<u>s</u> kommt vor <u>t</u>!).

Nucleotide und Nucleoside sind nicht nur die elementaren Einheiten der Erbsubstanz, sondern auch:

- Träger energiereicher Phosphatbindungen (ATP, GTP, CTP, UTP),
- Second messenger: cAMP (zyklisches AMP) und cGMP (zyklisches GMP),
- Signalübermittler (Adenosin),
- Bestandteile von Coenzymen (z.B. NAD, FAD),
- Überträger von Zuckern (Glycosylierung): UDP-Zucker, GDP-Fucose etc.,
- Methylgruppenspender (S-Adenosylmethionin),
- Sulfatspender (PAPS = 3-Phosphoadenosin-5-phosphosulfat).

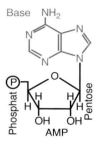

AMP

In diesem Kapitel konzentrieren wir uns auf die Synthese und den Abbau der Pyrimidine (Cytosin und Thymidin respektive Uracil) und der Purine (Adenin und Guanin). Zur Struktur der DNA nur soviel: G(uanin) paart sich mit C(ytidin), T(hymidin) mit A(denin). In der DNA wird die Basenpaarung durch 3 (GC) oder 2 (TA) **Wasserstoffbrücken** hergestellt (siehe Randfigur).

Merke: Die *größeren* Basen (Purine) sind diejenigen mit dem *kürzeren* Namen. Außerdem: «Purin AG» (die beiden Purinbasen heißen Adenin und Guanin) und «GC»* (in der DNA ist die Purinbase Guanin mit der Pyrimidinbase Cytidin gepaart).

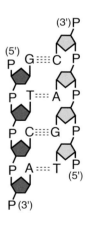

12.1 Synthese und Abbau der Pyrimidine

Mit der Nahrung aufgenommene Basen werden kaum weiterverwendet. Deshalb stammt der Nachschub vor allem aus der Eigensynthese. Das

---

* GC ist ein Zürcher Fußball-Club (Grasshoppers Club). Nichtschweizer müssen sich einen anderen Vers reimen.

Gerüst der Pyrimidinbasen entsteht, *bevor* die Ribose angehängt wird – im Gegensatz zu den Purinbasen, die *auf der Ribose* montiert werden. Pyrimidine können zu CO_2 und Ammoniak abgebaut werden.

Synthese der Pyrimidine

Für die Synthese der Pyrimidinbasen braucht es **HCO$_3^-$**, **Glutamin** und **Aspartat**. Die Reaktionen finden Sie in der Abbildung 12.1, folgende Punkte gilt es zu beachten:

Carbamyl-
phosphat

- Zwei *multifunktionale* Enzyme (CAD-Komplex und UMP-Synthase) und die Dihydroorotat-Dehydrogenase sind beteiligt: Das cytosolische **CAD** umfasst die Carbamylphosphat-Synthetase-Reaktion (in Abbildung 12.1 nicht eingezeichnet) und die Reaktionen 1-2 (Abbildung 12.1); die **UMP-Synthase** ist für die Reaktionen 4 und 5 zuständig.
- Die **Carbamylphosphat-Synthetase II** (CAPS II) katalysiert zwar, wie die CAPS I des Harnstoffzyklus (Seite 166), die Synthese von Carbamylphosphat. Es handelt sich aber nicht um das gleiche Enzym, denn es befindet sich als Bestandteil des CAD im *Cytosol*, nicht in den Mitochondrien; und es benutzt nicht freien Ammoniak, sondern übernimmt den Stickstoff direkt vom Glutamin.
- Die **Dihydroorotat-Dehydrogenase** sitzt auf der Außenseite der inneren Mitochondrienmembran und transferiert Elektronen auf das **Ubichinon** und damit in die Atmungskette.
- Das Zwischenprodukt, das auf die Ribose übertragen wird, heißt **Orotat**.
- Für die Kombination von Orotat und Ribose braucht es **Phosphoribosyl-pyrophosphat** (PRPP). Das Pyrophosphat sitzt α-verbunden auf dem C1 der Ribose und wird nach seiner Abspaltung von der *Pyrophosphatase* hydrolysiert.
- **Thymidin** nimmt in der DNA die Stelle des Uridin ein und entsteht nach Methylierung von Desoxyuridin-monophosphat. Der Methylgruppenspender, **N^5,N^{10}-Methylen-Tetrahydrofolat**, wird in zwei Schritten regeneriert:

$$\text{Dihydrofolat} + \text{NADPH} + \text{H}^+ \xrightarrow[\text{Reductase}]{\text{Dihydrofolat-}} \text{Tetrahydrofolat} + \text{NADP}^+$$

$$\text{THF} + \text{Serin} \xrightarrow[\text{methyl-Transferase}]{\text{Serin-Hydroxy-}} \text{N}^5,\text{N}^{10}\text{-Methylen-THF} + \text{Glycin} + \text{H}_2\text{O}$$

Methotrexat, ein Cytostaticum, hemmt die Dihydrofolat-Reductase

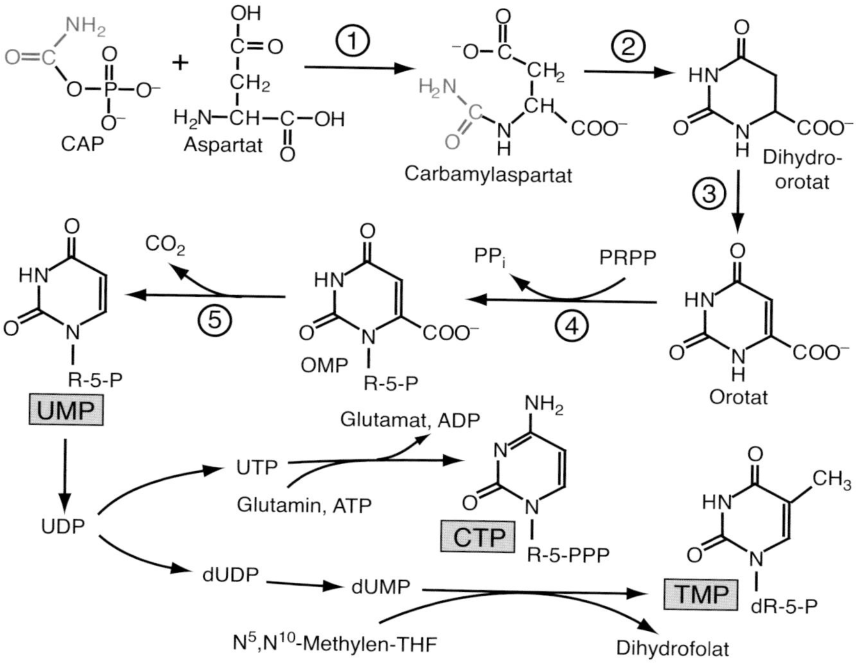

Abbildung 12.1 Die Synthese der Pyrimidin-Nucleotide. CAP: Carbamylphosphat; dR: Desoxyribose; PRPP: 5-Phosphoribosyl-1-pyrophosphat; THF: Tetrahydrofolat. Die Enzyme heißen: 1. *Aspartat-Transcarbamylase* 2. *Dihydroorotase* 3. *Dihydroorotat-Dehydrogenase* 4. *Orotat-phosphoribosyl-Transferase* 5. *Orotidinphosphat-Decarboxylase.*

Modifikation und Abbau der Pyrimidine

Die *Methylierung des Cytosins* dient der Genregulation.

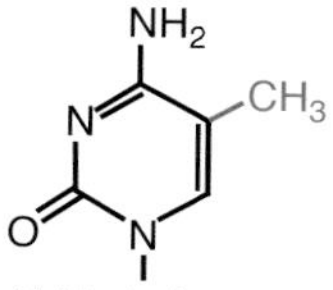

Cytosin ist chemisch nicht stabil. Wird es desaminiert, entsteht aus Cytidin Uracil und aus methyliertem Cytidin Thymidin.

In der Leber werden die Basen der Pyrimidine nach Ringspaltung zu CO_2 und Ammoniak abgebaut. Dabei entstehen die Zwischenprodukte β-**Alanin** (aus Cytosin und Uracil) und β-**Aminoisobutyrat** (aus Thymidin). Sie können im Urin nachgewiesen werden.

5-Methylcytosin

Die Regulation der Pyrimidinsynthese

Die Pyrimidinsynthese wird auf der Ebene der **Carbamylphosphat-Synthetase** reguliert (Glutamin + HCO_3^- + 2ATP + H_2O → Carbamylphosphat + 2ADP + Glutamat). ATP, ein Substrat, und PRPP stimulieren diesen Schritt. UDP und UTP, zwei Produkte des Synthese-wegs, hemmen an der gleichen Stelle. Außerdem hemmt UMP die Orotat-Phosphoribosyltransferase.

12.2 Synthese und Abbau der Purine

Synthese der Purine

Purine entstehen auf Phosphoribosyl-pyrophosphat (PRPP). Die Pyro-phosphatgruppe wird im ersten Schritt abgespalten.

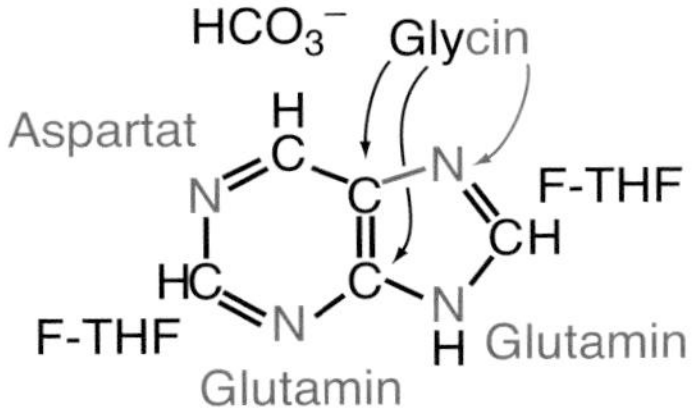

Abbildung 12.2 Das Gerüst der Pu-rine. Rot: Stickstoff-Spender; schwarz: Kohlenstoffspender. F-THF: N^{10}-Formyl-Tetrahydrofolat.

Bicarbonat (HCO_3^-), **N^{10}-Formyl-Tetrahydrofolat** und Glycin liefern den Kohlenstoff, **Glycin**, **Aspartat** und **Glutamin** den Stickstoff der Pu-rine (Abbildung 12.2). Nur Glycin bringt mehr als ein Gerüstatom ein!

Wir unterteilen die Synthese in drei Abschnitte:

1. Die Aktivierung von Ribose-5-phosphat zu **5-Phosphoribosyl-1-Pyrophosphat** (PRPP).
2. Das schrittweise Anfügen der N- und C-Atome bis zur Entstehung des **Inosin-monophosphats** (IMP).
3. Die Verwandlung von IMP in **Adenosin-monophosphat** (AMP) und **Guanosin-monophosphat** (GMP).

Abbildung 12.3 zeigt, wie alles beginnt. Die neun Schritte vom 5-Phosphoribosyl-1-Amin zum IMP lasse ich weg, in Abbildung 12.4 fin-den Sie die Umwandlung von IMP in AMP und GMP.

- Ribose-5-P stammt aus dem *Pentosephosphat-Shunt* (Kapitel 6.1). Ihre Pyrophosphorylierung am C1 wird genau reguliert, damit die

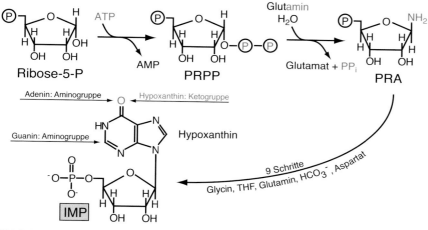

Abbildung 12.3 Die Synthese von Inosinmonophosphat (IMP). PRA: Phosphoribosylamin; PRPP: Phosphoribosyl-pyrophosphat. Die Enzyme der ersten beiden Schritte heißen *Ribosephosphat-Pyrokinase* und *Amidophosphoribosyl-Transferase*.

gewünschte Menge RPRR für die Synthese nicht nur der Purine, sondern auch der Pyrimidin-Nucleotide zur Verfügung steht.

- Die Amidogruppe eines Glutamins ersetzt das Pyrophosphat im nächsten Schritt. Es entsteht 5-Phosphoribosylamin. Auch dieser Schritt wird reguliert (siehe unten).

- Nach Anhängen von Glycin und 8 weiteren Schritten ist IMP fertiggestellt. Seine Base heißt **Hypoxanthin**.

- Wenn im 8. Schritt Aspartat seine Aminogruppe beisteuert, entsteht Fumarat. Diese Reaktion kennen Sie u.a. aus dem *Harnstoffzyklus* (11.3).

- Um IMP in AMP zu verwandeln, braucht es eine Aminogruppe, die vom **Aspartat** stammt. Dass **GTP**, nicht ATP, die Energie beisteuert, können wir verstehen: Erstens wäre es nicht schlau, wenn das gewünschte Molekül (Adenosin) zu seiner eigenen Synthese nötig wäre. Und zweitens werden so die Adenosin- und die Guanosin-Konzentrationen aufeinander abgestimmt.

- Zwischen IMP und GMP liegen ein *Oxidationsschritt* und eine *Aminierung*. **Glutamin** liefert die Aminogruppe, und die Energie kommt auch hier vom Nucleotid des *anderen* Purinsynthese-Astes: ATP.

Desoxyribonucleotide

Den Desoxyribonucleotiden der DNA fehlt die Hydroxylgruppe am C2 der Ribose. Sie werden *als Nucleotide* von der **Ribonucleotid-Reductase** reduziert. Die Reductase muss danach ihrerseits regeneriert, d.h. reduziert werden, was mit der Hilfe von **Thioredoxin**, **FADH₂** und **NADPH**

175

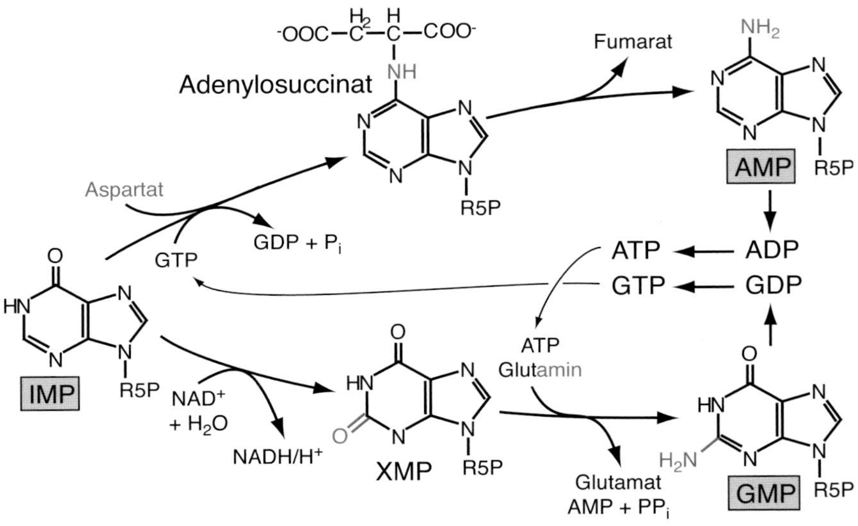

Abbildung 12.4 Die Verwandlung von Inosin-monophosphat (IMP) in AMP und GMP. ATP trägt zur GMP-Synthese bei, GTP zur AMP-Synthese. XMP: Xanthin-monophosphat.

geschieht. **Thymidin**, die Uridin-analoge Base der DNA, erhält ihre Methylgruppe nach der Reduzierung von UMP zu dUMP (Abbildung 12.1).

Freie Purinbasen können wiederverwendet werden

Freie Purinbasen – Adenin, Guanin und Hypoxanthin, die im RNA- und im DNA-Stoffwechsel anfallen – können bei Bedarf wiederverwendet werden. Die beiden dafür zuständigen Enzyme heißen **Adenin-Phosphoribosyltransferase** (APRT) und **Hypoxanthin-Guanin-Phosphoribosyltransferase** (HGPRT):

$$\text{Adenin} + \text{PRPP} \xrightleftharpoons{APRT} \text{AMP} + \text{PP}_i$$

$$\text{Guanin (oder Hypoxanthin)} + \text{PRPP} \xrightleftharpoons{HGPRT} \text{GMP (oder IMP)} + \text{PP}_i$$

Pa

Die HGPRT der Lesch-Nyhan Patienten ist defekt. Das lässt die Harnsäurekonzentration ansteigen, weil unbeschäftigtes PRPP die *Amidophosphoribosyl-Transferase* antreibt. So nehmen die Konzentrationen der Purine und ihres Abbauproduktes, der Harnsäure, zu.

Dass der HGPRT-Mangel weiterreichende, noch nicht verstandene Folgen nach sich zieht, erkennt man an den neurologischen Symptomen der Patienten, die an einem Selbstzerstümmelungsdrang leiden.

Wie im Abschnitt über die Pyrimidine beschrieben, gilt auch für die Purin-Nucleotide: Ihre Desoxyformen entstehen *nicht*, indem Desoxyribose für die Synthese verwendet wird. Ribonucleotide werden *nach* ihrer Synthese zu Desoxyribonucleotiden reduziert.

Der Abbau der Purine

Im Gegensatz zu den Pyrimidinen lassen sich Purine nicht zu CO_2 oxidieren. Sie werden in **Harnsäure** umgewandelt und ausgeschieden. Die Umwandlung erfolgt vor allem in der **Leber** (Purine aus dem Stoffwechsel) und im **Darm** (Purine aus der Nahrung); ausgeschieden wird die Harnsäure im Urin.

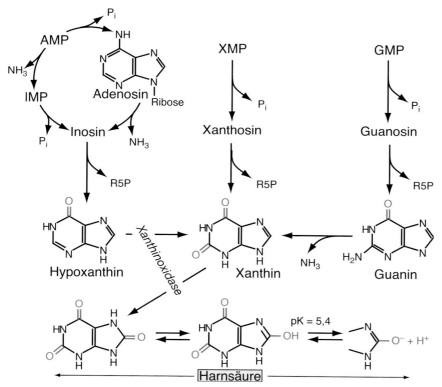

Abbildung 12.5 Abbau der Purine. IMP: Inosinmonophosphat; R5P: Ribose-5-phosphat; XMP: Xanthosinmonophosphat.

Wenn man die Struktur der Harnsäure mit derjenigen der Purine (Adenin, Guanin, Hypoxanthin und Xanthin) vergleicht, stellt man fest, dass:

177

- die Aminogruppen des Adenins und des Guanins verschwunden sind;
- alle C-Atome, die nicht die beiden Ringe zusammenhalten, eine Ketongruppe tragen.

Um diesen Zustand zu erreichen, wird AMP oder Adenosin desaminiert und dann, nach Abspaltung der Ribose, zwei Mal durch die **Xanthinoxidase** oxidiert (Abbildung 12.5). Guanin wird zu Xanthin desaminiert und ebenfalls von der Xanthinoxidase weiterverwandelt. Der Vergleich mit der Synthese zeigt, dass die Base des AMP den Weg zurück zur IMP-Base (=Hypoxanthin) geht und nachher zur ersten Station des GMP-Pfades vorrückt (Xanthin). Guanin hingegen braucht nur bis zu Xanthin zurückzukehren. (Dieser Vergleich betrifft nur die Basen und soll das Lernen unterstützen. Es handelt sich beim Abbau nicht um die Umkehr der Synthese!)

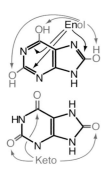

Generell gilt: Keto- und Enolformen lassen sich ineinander überführen – sie stehen miteinander im Gleichgewicht (siehe Randfigur; in Lehrbüchern finden Sie normalerweise nur eine der beiden Formen; welche das ist, bleibt dem Autor überlassen). Auch die Harnsäure alterniert zwischen der Keto- und der Enolform. Die Enolform dissoziiert mit einem pK von 5,4. Das bedeutet: je tiefer der pH-Wert, desto höher der Anteil der schlecht löslichen, nicht dissoziierten Form. In den ableitenden Harnwegen können sich dann *Harnsäuresteine* bilden.

Urat =
Salz der
Harnsäure
Urea =
Harnstoff

Pa

Die Gicht

Gicht ist die Folge einer zu hohen Harnsäurekonzentration. Dann lagern sich in den Gelenken, dem Bindegewebe, den Sehnenscheiden und der Niere Na^+-Urat und Harnsäurekristalle ab, die entzündliche Reaktionen nach sich ziehen. (Charakteristisch sind solche Ablagerungen im Ohrknorpel («Gichttophi») und in den Gelenken der großen Zehe.)

Als Ursachen für die Gicht kommen Gendefekte, eine Purinüberproduktion und eine verminderte Harnsäureausscheidung in Frage, Beispiele:

- Defekte oder fehlende Hypoxanthin-Guanin-Phosphoribosyltransferase ist die häufigste genetische Ursache (z.B. Lesch-Nyhan Syndrom, siehe oben).
- Der hohe Zellumsatz bei Leukämien steigert den Purinstoffwechsel und die Harnsäurekonzentration.
- Eine verstärkte Rückresorption der Harnsäure aus den Nierentubuli lässt die Konzentration im Blut ebenfalls ansteigen.

Als Mittel gegen die chronische Gicht wird **Allopurinol**, ein Hypoxanthin-Analog, eingesetzt. Allopurinol *hemmt die Xanthinoxidase*. (Xanthin ist wasserlöslicher als Harnsäure).

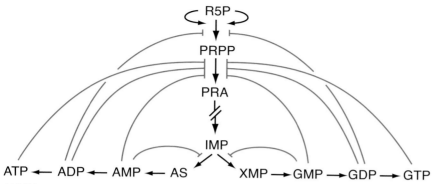

Abbildung 12.6 Die Regulation des Purinstoffwechsels. AS: Adenylosuccinat; IMP: Inosinmonophosphat; PRPP: Phosphoribosyl-pyrophosphat; R5P: Ribose-5-phosphat; PRA: Phosphoribosylamid; XMP: Xanthinmonophosphat. Rot: Hemmung.ls

Die Nucleotidkonzentrationen müssen, bedingt durch die Basenpaarungen in der DNA, aufeinander abgestimmt sein. Das erklärt die mannigfachen Regulationsmechanismen. Abbildung 12.6 vermittelt eine Übersicht:

- Reguliert wird der Anfang: die Synthese des PRPP und des 5-Phosphoribosylamins.
- Auch die erste Reaktion nach der Verzweigung – katalysiert durch die Adenylosuccinat-Synthetase und die IMP-Dehydrogenase – unterstehen einem Rückkoppelungsmechanismus.
- PRPP reguliert sowohl den Purin- wie auch den Pyrimidinstoffwechsel. Das trägt zu einem ausgeglichenen Basenverhältnis bei (s. oben).
- Die Tatsache, dass **GTP** für die **AMP-Synthese** und **ATP** für die **GMP-Synthese** zuständig ist, hält die Adenosin- und die Guaninkonzentrationen in vergleichbarem Rahmen.
- Der gemeinsame Abschnitt des Wegs – von Ribose-5-Phosphat bis IMP – wird von sämtlichen Purinnucleotiden gehemmt, der erste Schritt der beiden Äste durch das jeweilige Monophosphat.

ZUSAMMENFASSUNG

- **Pyrimidine** bestehen aus zwei Ringen; **Cytosin**, **Uridin** und – in der DNA – **Thymidin**.
- **Purine** besitzen nur einen Ring; **Adenin** und **Guanin** («Purin AG»).

- Pyrimidinsynthese aus **Bicarbonat**, **Glutamin** und **Aspartat**; Ribose-5-phosphat wird später angehängt.
- Die **Carbamylsynthase II** (CAPS II) im Cytosol ist nicht mit der CAPS I des Harnstoffzyklus (in den Mitochondrien!) identisch.
- **Methotrexat** hemmt die Dihydrofolat-Reductase und indirekt die **Thymidinsynthese**.
- Pyrimidine können in der Leber vollständig zu CO_2 und NH_3 abgebaut werden.
- Synthese der **Purine** aus **Bicarbonat**, **Tetrahydrofolat**, **Glycin**, **Aspartat** und **Glutamin** auf Ribose-5-phosphat.
- **Inosinmonophosphat** (IMP) mit der Base **Hypoxanthin** ist der Punkt, an dem sich die Wege zum **GTP** respektive **ATP** trennen.
- Freie Purine werden zusammen mit Phosphoribosyl-pyrophosphat zu Nucleotiden zusammengesetzt («Salvage Pathway»).
- Purine werden zu **Harnsäure** oxidiert und im Urin ausgeschieden. **Gicht** ist die Folge einer pathologisch erhöhten Harnsäurekonzentration. **Allopurinol** hemmt die **Xanthinoxidase**.
- Die Desoxyformen der Nucleotide entstehen nachträglich durch Reduzierung des C2 des Riboseteils **eines Nucleotids**.

13 | Häm und Eisen

Häm ist ein eisenhaltiger **Porphyrinring**. Ein paar Begriffe:

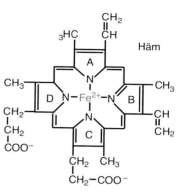

Häm

- Die Ringe A, B, C und D des Häms sind **Pyrrole**.
- 4 Pyrrole bilden ein **Porphyrin** – Porphyrin ist ein **Tetrapyrrol**.
- **Methingruppen** verbinden die Pyrrolringe miteinander.
- Enthält der Porphyrinring **Eisen**, handelt es sich um ein **Häm**.
- Häme sind Bestandteile der **Cytochrome**.
- **Hämin** enthält oxidiertes Eisen (**Fe^{3+}**).
- **Hämatin** ist säuregeschädigtes Hämoglobin. Es ist schwarz.
- Porphyrinringe, die nicht Eisen, sondern ein anderes Ion tragen, heißen **nicht** Häm. Beispiel: Im Zentrum des Chlorophylls der Pflanzen sitzt Magnesium.

Häme spielen folgende Rollen:

Pyrrol

$=C-$
Methingruppe

- Als Bestandteil des **Hämoglobins** und des **Myoglobins** bindet und transportiert Häm Sauerstoff.
- In den Cytochromen der Atmungskette transportiert es Elektronen (Kapitel 5).
- Cytochrom P$_{450}$ und andere **Oxygenasen** binden und spalten molekularen Sauerstoff (Kapitel 6).

Der Hämstoffwechsel und das Eisenangebot sind aufeinander abgestimmt. In diesem Kapitel behandle ich die Häm-Synthese, den Abbau und den Transport des Eisens.

13.1 Häm-Synthese

Alle Zellen können Häm synthetisieren (Cytochrome!), aber die Vorläufer der Erythrocyten fallen mit ca. 85% am stärksten ins Gewicht, und die Leber produziert den größten Teil der verbleibenden 15% (P$_{450}$ etc.).

Ausgangsmaterial für die Hämsynthese sind eine Aminosäure: **Glycin**, und ein Bestandteil des Citratzyklus: **Succinyl-CoA**. Die Synthese beginnt (Succinyl-CoA!) und endet (Eisen-Einbau!) im Mitochondrion, dazwischen liegen vier Schritte im Cytosol.

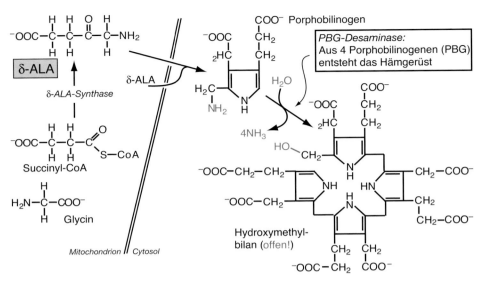

Abbildung 13.1 Die ersten 3 Schritte der Hämsynthese. δ-ALA: δ-Aminolävulinat; PBG: Porphobilinogen.

Die Abbildung 13.1 zeigt den Anfang:

- Die δ-**Aminolävulinatsynthase** (δ-ALAS) katalysiert den ersten, regulierten Schritt der Synthese. Von diesem Enzym gibt es zwei Formen: ALAS1 kommt in allen Zellen vor, ALAS2 nur in den Erythrocyten-Vorläufern.
- Die ALAS braucht **Pyridoxalphosphat** (Vitamin B_6). Das erklärt die Anämie bei Vitamin B_6-Mangel.
- **Blei** hemmt die δ-ALA-Dehydratase (= Porphobilinogen-Synthase), eine weitere Ursache der Anämie.

Zu den in Abbildung 13.2 gezeigten Schritten gilt:

- Nach dem Ringschluss (Hydroxymethylbilan → Uroporphyrinogen III) tragen die 4 Pyrrolringe je einen Acetat- und Propionatrest. Alle Acetat- und zwei der vier Propionatreste werden in der Folge decarboxyliert.
- Die Decarboxylierungen machen das Molekül **hydrophob**.
- Für die Verwandlung von Protoporphyrinogen IX zu Protoporphyrin IX braucht es molekularen Sauerstoff (O_2). 3 O-Atome nehmen 6 Protonen des Protoporphyrinogens auf (→ 3 H_2O). Es entstehen *konjugierte Doppelbindungen*, die Licht absorbieren. Das heißt: (Uro/Kopro/Proto)porphyrino**gene** sind **farblos**, **Porphyrine** hingegen **farbig**.

182

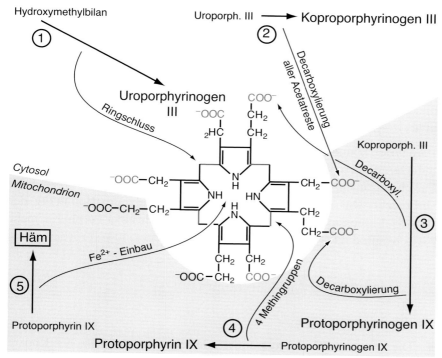

Abbildung 13.2 Hämsynthese: der Weg vom Hydroxymethylbilan zum Häm im Cytosol (weiß) und Mitochondrion (grau). Die Enzyme heißen: 1: *Uroporphyrinogen III-Synthase*; 2: *Uroporphyrinogen-Decarboxylase*, der Pfeil ist nur auf *einen* der 4 betroffenen Acetatreste gerichtet; 3: *Koproporphyrinogen-Oxidase*; 4: *Protoporphyrinogen-Oxidase*, der Pfeil zeigt nur auf *eine* betroffene Bindung; 5: *Ferrochelatase*.

Regulation und Defekte

Zur Regulation der Hämsynthese muss man sich zwei Dinge merken:

1. Der *erste* Schritt, katalysiert durch die δ-Aminolävulinat-Synthase, wird reguliert.
2. Die ALAS1 und die ALAS2 unterliegen nicht den selben Regulationsmechanismen: Die Expression – und damit die Aktivität – der ALAS1 wird *durch Häm gehemmt*. Für die ALAS2 trifft das nicht zu. Sie wird stattdessen durch Eisen (Fe^{2+}) stimuliert, während Häm die Eisenaufnahme in die Zellen hemmt. Das hat zur Folge, dass die Hämsynthese in den Erythrocyten-Vorläufern so aktiv wie möglich ist, während sie in den übrigen Zellen auf das notwendige Maß beschränkt bleibt.

Defekte der Hämsynthese heißen **Porphyrien**. Die Symptome hängen vom betroffenen Enzym ab und sind entweder auf einen Mangel des Endprodukts Häm (Anämie) oder auf durch Zwischenprodukte verursachte Schäden zurückzuführen. Sichtbares Licht mit Wellenlängen um die 400nm kann Porphyrine anregen. Sie reagieren dann mit Sauerstoff, bilden Radikale und schädigen Lysosomen und andere Organellen («Photosensitivität»).

Porphyrien können durch Medikamente und Toxine, die Cytochrom P_{450} induzieren, verschlimmert werden. Das funktioniert so: Mehr Cytochrom P_{450} heißt, mehr Häm (ein zentraler Bestandteil der Cytochrome!) wird verbraucht. Die sinkende Häm-Konzentration hebt die Hemmung der ALAS1-Expression auf, mehr Häm – oder, im Falle einer Porphyrie: mehr Zwischenprodukt – wird synthetisiert.

13.2 Abbau und Ausscheidung

Das Wichtigste in Kürze:

- Die Zellen des **Reticuloendothelialen Systems** der Milz, des Knochenmarks und der Leber nehmen das Hämoglobin der Erythrocyten auf, trennen Häm vom Protein und zerlegen letzteres in seine Aminosäuren.
- In der *microsomalen Fraktion* wird das Eisen entfernt, der Porphyrinring gespalten und Biliverdin zu Bilirubin reduziert.
- Das wasserunlösliche Bilirubin gelangt an Albumin gebunden zur Leber und wird dort mit *Glucuronsäure konjugiert* und in der Galle ausgeschieden.

Abbildung 13.3 zeigt die Umwandlung des Häms in Bilirubin. Die Namen deuten auf die Farbe der Verbindungen hin: Bili*verdin* ist grünlich, Bili*rubin* ist – nun ja: gelblich-bräunlich. Die Verwandlungen werden an den sukzessiven Verfärbungen eines «blauen Auges» (Hämatoms) sichtbar. Und noch ein Kuriosum: Fische, Reptilien, Vögel und Insekten nutzen Biliverdin als Pigment.

Kohlenmonoxid – mehr als ein giftiges Gas?

Kohlenmonoxid (CO) ist giftig. Es verdrängt Sauerstoff vom Häm – seine Affinität für Hämoglobins ist ca. 250 Mal größer als die Affinität des Sauerstoffs - und führt zur Erstickung.

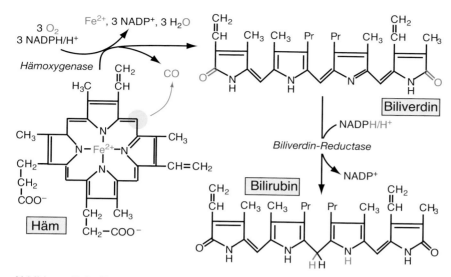

Abbildung 13.3 Der Hämabbau in den Microsomen. Pr: Propionatrest.

Kohlenmonoxid entsteht, wenn organisches Material verbrennt, z.B. in einer Zigarette: In den Erythrocyten der Raucher kann CO 10-15% des Hämoglobins besetzen. CO entsteht aber auch, wenn die Hämoxygenase eine Methinbrücke des Häms knackt, sodass sogar unter physiologischen Bedingungen eine kleine Menge CO im Körper zirkuliert. Physiologisch entstandenes CO wurde bislang als zwar unschädliches, aber auch unnützes Abfallprodukt des Stoffwechsels angesehen. Neue Untersuchungen deuten aber darauf hin, dass CO, ähnlich wie NO, Signalwirkung hat. Es erweitert die Gefäße, hemmt entzündliche Prozesse und schützt vor Abstoßungsreaktionen nach einer Transplantation.

Stressfaktoren wie UV-Bestrahlung, inflammatorische Zytokine, Schwermetalle, Hypoxie oder Hitzeschock induzieren die Hämoxygenase und steigern so die CO-Produktion. Wahrscheinlich dient das Kohlenmonoxid in diesen Fällen der Stressabwehr.

Bilirubin besitzt zwar zwei Propionatreste, ist aber dennoch wasserunlöslich, weil deren Carboxylgruppen interne Wasserstoffbrücken bilden. Deshalb wird es im Blut *an Albumin gebunden* transportiert. In der Leber verbindet sich **Glucuronat** mit den Carboxylgruppen des Propionats und hebt die Wasserstoffbrücken auf. Ein- und (vor allem) zweifach glucuroniertes Bilirubin wird mit Hilfe eines Transporters vom ABC-Typ (ATP-binding cassette) in die Gallengänge ausgeschieden.

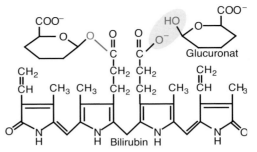

Abbildung 13.4 Die Glucuronierung der beiden Propionatreste in der Leber durch die *UDP-Glucuronyltransferase*.

Im Dickdarm entfernen anaerobe Bakterien die Glucuronatreste und verwandeln Bilirubin zu Stercobilin*. Die Zwischenformen werden unter den Begriffen **Urobilinogene** (farblos) und **Urobilin** zusammengefasst. Sie heißen:

1. **Mesobilirubin**: + 4 Protonen (Reduktion); die Vinylseitenketten werden zu Ethylgruppen.
2. **Mesobilirubinogen**: + 4 Protonen (Reduktion); die Doppelbindungen der Methinbrücken sind nun gesättigt, die verbliebenen Doppelbindungen nicht mehr konjugiert → Mesobilirubin**ogen** ist *farblos*;
3. **Stercobilinogen**: + 4 Protonen (Reduktion); die beiden Ketogruppen sind zu Hydroxylgruppen reduziert worden; farblos.
4. **Stercobilin**: - 2 Protonen (Oxidation); dank neu gebildeten *konjugierten* Doppelbindungen wieder *farbig*.

*-ogen = farblos!

Zusammen mit weiteren bakteriellen Bilirubin-Abbauprodukten gibt Stercobilin dem Stuhl seine Farbe. Zum Teil werden sie rückresorbiert und durchlaufen den *enterohepatischen Kreislauf* (Pfortader → Leber → Galle → Darm), Spuren davon gelangen in den Urin.

Gelbsucht

Eine erhöhte Bilirubinkonzentration (> 2-2,5 mg/100ml) führt zur **Gelbsucht (Ikterus)**. Um die verschiedenen Formen zu verstehen, betrachte und beachte man Abbildung 13.5 und folgende Punkte:

---

* Stercus: Stuhl (lateinisch).

1. Das *wasserunlösliche* Bilirubin zirkuliert an Albumin gebunden im Blut. Normale Werte liegen unter 1 mg/100ml; sind sie höher, spricht man von **Hyperbilirubinämie**.

2. Übersteigt die Bilirubinkonzentration das Bindungsvermögen des Albumins (> 2-2.5 mg/100ml), diffundiert Bilirubin ins Gewebe, u.a. auch ins Gehirn (Kernikterus) und die Haut, die gelb wird.

3. Glucuroniertes (wasserlösliches) Bilirubin wird normalerweise mit der Galle ausgeschieden, kann aber, wenn die Sekretion blockiert ist, ins Blut übertreten (rot in Abbildung 13.5).

4. Glucuroniertes Bilirubin kann, da wasserlöslich, aus dem Blut in den Urin ausgeschieden werden, unkonjugiertes nicht. Umgekehrt dringt glucuroniertes Bilirubin nicht ins Gehirn ein (Blut-Hirn-Schranke!).

5. Mit der **Diazoreaktion**, die Bilirubin misst, erfasst man glucuroniertes Bilirubin direkt. Um an Albumin gebundenes Bilirubin nachzuweisen, muss es, damit die Reaktion angibt, mit Alkohol vorbehandelt werden. Glucuroniertes Bilirubin wird deshalb als **«direktes»** **Bilirubin** bezeichnet, das albumingebundene als **«indirektes» Bilirubin**.

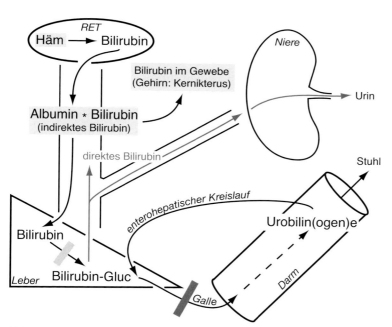

Abbildung 13.5 Ursachen der Hyperbilirubinämie. Grau: Erhöhung des *indirekten* Bilirubins; rot: Erhöhung des *direkten* Bilirubins. RET: Reticuloendotheliales System. Einzelheiten siehe Text.

Damit lassen sich Ursachen und Diagnose der Hyperbilirubinämien verstehen (siehe auch Abbildung 13.5):

Indirektes (albumingebundenes) Bilirubin ist erhöht:

prähepatisch

1. Ein *Häm-Überangebot* erhöht die Konzentration des albumingebundenen, *indirekten* Bilirubins, weil die (gesunde) Leber nicht mithalten kann. Man nennt das **prähepatische Hyperbilirubinämie**. Sie kommt bei *Hämolyse* vor, wenn viele Erythrocyten abgebaut werden.

intrahepatisch

2. Ein Leberschaden (Hepatitis, etc.) kann die Koppelung von Bilirubin an Glucuronat beeinträchtigen (grauer Balken in Abbildung 13.5). Auch in diesem Falle steigt die Konzentration des *indirekten* Bilirubins. Neugeborene, deren Hämolyse ohnehin gesteigert ist, besitzen noch keinen effizienten Glucuronidierungs-Apparat. Eine Hyperbilirubinämie der Neugeborenen (bis zum Ikterus) ist deshalb *physiologisch*. Pathologische Formen kommen aber vor und können zum **Kernikterus** führen, wenn sich das lipophile Bilirubin in den Hirnkernen ansammelt (Beispiel: Rhesus-Inkompatibilität).

Pa

Direktes (glucuronidiertes) Bilirubin ist erhöht:

intrahepatisch

1. Wenn die Sekretion des konjugierten Bilirubins aus den Leberzellen oder sein Abfluss durch die Canaliculi beeinträchtigt ist, steigt die Konzentration des *direkten* Bilirubins im Blut (rote Pfeile in Abbildung 13.5). Da die Ursache *in* der Leber liegt, handelt es sich um *intrahepatische* Formen der Hyperbilirubinämie.

posthepatisch

2. Ist der Abfluss der Galle blockiert (Gallensteine, Tumor; roter Balken in Abbildung 13.5), gelangt das Bilirubin ins Blut und wird dort als *direktes* Bilirubin gemessen (rote Pfeile in Abbildung 13.5). Wir haben es mit der **posthepatischen** Form der Hyperbilirubinämie zu tun.

ZUSAMMENFASSUNG

- Stichworte zur Struktur des Häms: **Porphyrinring – Tetrapyrrol – Eisen**
- Vorkommen des Häms: **Hämoglobin**, **Myoglobin**, **Cytochrome der Atmungskette, Oxygenasen**.
- Hämsynthese im **Mitochondrion** (1. und 3 letzte Schritte) und **Cytosol** (Schritte 2 bis 5).
- Die Bausteine für den Porphyrinring sind **Glycin** und **Succinyl-CoA**.

- Die δ-**Aminolävulinat-Synthase** katalysiert den ersten, regulierten Schritt im Mitochondrion.
- Die *Ferrochelatase* baut im Mitochondrion Fe^{2+} ein.
- 2 Formen der δ-Aminolävulinat-Synthase (ALAS): ALAS1 (in allen Zellen) und ALAS2 (nur in Erythrocyten-Vorläufern).
- Defekte der Hämsynthese führen zu **Porphyrien**.
- Abbau des Hämoglobin-Häms im **Reticuloendothelialen System**, des restlichen Häms in allen Zellen. Subzellulär: in der **microsomalen Fraktion**. Stufen: Häm → **Biliverdin** → **Bilirubin**.
- **Glucuronidierung** in der Leber. **Indirektes** (nicht glucuronidiertes) und **direktes** (glucuronidiertes) Bilirubin.
- Ausscheidung des glucuronidierten Bilirubins mit der **Galle**, Umbau durch anaerobe Bakterien im Dickdarm zu **Urobilin** und **Urobilinogenen**.

13.3 Der Eisenstoffwechsel

Eisen steckt in den Fe-S-Komplexen (Abbildung 5.1, Seite 60) und in einigen Enzymen (z.B. in der *Aconitase* des Citratzyklus). Den Löwenanteil aber beanspruchen die Häme, vor allem das Häm des Hämoglobins. Der Eisenstoffwechsel und der Stoffwechsel des Häms müssen deshalb zusammenpassen.

Die – auch für die Prüfung! – wichtigen Fragen sind:

- An welches Trägerprotein ist Eisen wo gebunden?
- In welchem Oxidationszustand befindet es sich?
- Wie wird es durch die Membranen transportiert?

Pr

Die Abbildung 13.6 fasst das Schicksal des Eisens, angefangen bei seiner Resorption im Duodenum, zusammen. Die wichtigsten Punkte sind:

- Nahrungseisen ist entweder hämgebunden (tierische Nahrung) oder ungebunden (v.a. pflanzliche Nahrung). Die beiden Formen benutzen verschiedene Wege in die Mucosazellen des Duodenums: einen Transporter für Häm und einen für divalente Metalle (DMT1).
- Stichwort *divalent*: in den Zellen liegt Eisen als gelöstes Fe^{2+} oder, im Ferritin, als Fe^{3+} vor. Im Extrazellulärraum ist Eisen oxidiert (Fe^{3+}). Damit es den Transporter für divalente Kationen benutzen

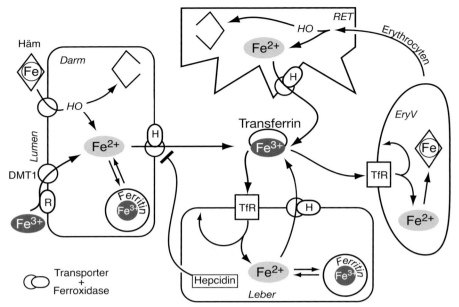

Abbildung 13.6 Vereinfachte Darstellung des Eisenkreislaufs. DMT1: divalente-Metalle-Transporter; EryV: Erythrocyten-Vorläufer; H: Häphaestin, in Kombination mit dem Fe-Transporter Ferropontin; HO: Hämoxygenase; R: Eisen-Reductase; TfR: Transferrin-Rezeptor. Rot: Oxidiertes Eisen (Fe^{3+}); grau: reduziertes Eisen (Fe^{2+}).

kann, muss das Nahrungs-Fe^{3+} durch eine Fe-Reductase zu Fe^{2+} reduziert werden.

- Die **Hämoxygenase** der Mucosazellen zerlegt das Häm wie im Abschnitt 13.2 beschrieben. Eisen wird frei und ...
- wie seine Kollegen, die den anderen Eingang benutzten, im **Ferritin** gebunden. Ferritin ist das wichtigste intrazelluläre eisenbindende Protein. Es ist riesig (480 kD), besteht aus 24 Untereinheiten und kann in seinem hohlen Innenraum bis zu 4500 Eisenatome lagern. Ferritin kommt in allen Zellen vor.
- Ins Blut gelangt Fe (ohne Ferritin) durch einen weiteren Transporter, der an eine Fe-Oxidase gekoppelt ist. Ich habe auf die Namen der Transporter und Oxido-Reductasen der Übersicht zuliebe verzichtet. Den Namen dieser Oxidase aber merken wir uns – nicht, weil sie wichtiger als die anderen wäre, sondern um die Phantasie seiner Entdecker zu belohnen: Sie heißt **Häphaestin**[*].
- Im Blut bindet **Transferrin** das Fe^{3+}. Für die Aufnahme am Bestimmungsort ist der **Transferrin-Rezeptor** verantwortlich. Die

---

[*] Ἥφαιστος, der Schmied der griechischen Götter und einziger ehelicher Sohn von Zeus.

Transferrin-Fe-Aufnahme gleicht der LDL-Aufnahme durch den LDL-Rezeptor (Kapitel 8.2): Bindung durch den Rezeptor → Internalisierung → Ablösen des Eisens in den sauren Lysosomen → Rezirkulation des Rezeptors an die Oberfläche. (Im letzten Schritt unterscheiden sich die LDL- und Transferrinaufnahme. Das Apoprotein des LDL wird zerlegt, nur der Rezeptor kehrt zur Zelloberfläche zurück).

Alle Zellen nehmen Eisen auf, aber diese Organe sind besonders wichtig:

- Die *Leber*. Sie speichert Eisen und stellt es dem Organismus bei Bedarf zur Verfügung.
- Die *Mucosazellen des Duodenums*, die für die Aufnahme aus der Außenwelt verantwortlich sind.
- Die *Erythrocyten-Vorläufer*, die besonders viel Eisen benötigen.
- Die *Zellen des reticuloendothelialen Systems*. Sie lassen das Eisen aus dem Hämoglobin-Abbau rezirkulieren.

Regulation des Eisenstoffwechsels

Zuviel Eisen ist gefährlich, weil es die Radikalbildung fördert. Zuwenig Eisen führt zur Eisenmangel-Anämie*. Wo greift der Organismus ein, um seinen Eisenvorrat im gewünschten Rahmen zu halten?

Nicht bei der Ausscheidung. Eisen verlässt den Körper hauptsächlich mit abgeschilferten Epithelzellen und mit Blut (Frauen vor der Menopause). Beides lässt sich nicht regulieren.

Reguliert wird stattdessen die *Zufuhr*. Ist die Eisenreserve hoch, hemmt ein Leberprotein – **Hepcidin** – die Expression des divalente-Metalle-Transporters auf der luminalen und die Aktivität des Eisen-Transporters auf der basalen Seite der Mucosazellen (Abbildung 13.6). Das reduziert die Aufnahme aus dem Darm, während Eisen im Ferritin der Mucosazellen bis zur Erneuerung des Darmepithels blockiert bleibt. Dann wird es mit den Faeces eliminiert.

Die Zellen besitzen einen Eisensensor: **IRP** («Iron Regulatory Protein») bindet Eisen und interagiert mit dem **IRE** («Iron Response Element»). IREs liegen z.B. vor den Genen für Ferritin und dem Transferrin-Rezeptor.

---

* Anämie = pathologische Verminderung des Hämoglobins im Blut.

Die Lebendauer der Erythrocyten ist mit 120 Tagen relativ kurz. Dementsprechend groß ist der Eisen**umsatz**: etwa 20mg pro Tag. Da der Bedarf aber zum größten Teil aus rezykliertem Eisen gedeckt wird, muss täglich nur etwa 1mg mit der Nahrung aufgenommen werden, um den Verlust auszugleichen (siehe Randfigur). Dennoch ist Eisenmangel häufig.

Eisenmangel und Hämochromatose

Eisenmangel

Pa

Eisenmangel führt zur **Eisenmangel-Anämie**. Sie ist häufig und tritt auf, wenn die Nahrung zu wenig Eisen enthält, um den Verlust auszugleichen. Frauen vor der Menopause sind stärker betroffen als Männer. Die *Hepcidin-Expression* ist niedrig, die *Häphaestin-* und *DMT1-Expression* hoch, so dass die Eisenaufnahme maximiert wird.

Hepcidin und Ferritin sind **Akutphasenproteine** – Entzündungen erhöhen ihre Expression. Das erklärt z.T. die Anämien, die während chronischen und akuten Entzündungen auftreten (Tumoren, Infektionen). Wahrscheinlich schützt sich der Körper mit diesem Verhalten, weil so den Tumorzellen oder den Bakterien Eisen, das sie brauchen, entzogen wird. Erniedrigte Ferritinwerte sind für die Eisenmangelanämie diagnostisch.

Hämochromatose

Pa

Die Überladung des Körpers mit Eisen heißt **Hämochromatose**. Die **hereditäre Hämochromatose** kommt zustande, wenn eines der für das Eisengleichgewicht verantwortlichen Gene defekt ist. Aber auch häufige Transfusionen oder hämolytische Krisen können die Eisenmenge auf pathologisch hohe Werte treiben.

Die Hämochromatose wirkt sich v.a. in der Leber aus. Sie speichert sehr hohe Eisenmengen und kann dadurch cirrhotisch werden. Aber auch der Herzmuskel ist betroffen, und die Haut nimmt eine bronzene Farbe an.

ZUSAMMENFASSUNG

- Aufnahme als **Hämeisen** oder als **Salz**, durch Hämtransporter respektive DMT1 (divalente-Metalle-Transporter).
- Intrazellulär frei als Fe^{2+} und im **Ferritin** als Fe^{3+} gespeichert. (Die Konzentration des freien Fe^{2+} ist sehr tief!).
- Extrazellulär als Fe^{3+} an **Transferrin** gebunden.
- Aufnahme in die Zellen mit dem **Transferrin-Rezeptor**, der zwischen Oberfläche und intrazellulären Vesikeln pendelt.

- Transport von den Zellen ins Blut durch einen Transporter bei gleichzeitiger Oxidation durch eine **Ferroxidase** (Häphaestin).
- Die Leber speichert Eisen (im Ferritin) und gibt es bei Bedarf frei.
- Absolute Menge: 3.5 - 5g Körpereisen. Tagesbedarf ca. 20mg. Aufnahme und Ausscheidung ca. 1mg.
- Zu viel Eisen: **Hämochromatose**. Zu wenig Eisen: **Anämien**.

14 | Muskeln und Fettgewebe

Auf den ersten Blick scheinen das Markenzeichen des Sportlers und das Prunkstück der Sofakartoffel (engl.: Couch potato) nicht ins gleiche Kapitel zu passen. Aber sie haben dies gemeinsam: beide – quergestreifte Muskulatur wie auch Fettgewebe – nehmen Glucose *insulinabhängig* auf. Und beide dominieren dank ihrer Masse den Stoffwechsel des Organismus mengenmässig.

14.1 Skelett- und Herzmuskel

Die Muskelkontraktion

Protein	MW
Myosin komplett	540 kD
Myosin (Heavy Chain)	230 kD
Myosin (Light Chain)	20 kD
G-Actin	42 kD
Tropomyosin	33 kD
Troponin	72 kD

Tabelle 14.1 Einige Muskelproteine. MW: Molekulargewicht.

Über den Aufbau der Muskelfasern und den Mechanismus der Kontraktion geben Lehrbücher der Anatomie und Physiologie Auskunft. Tabelle 14.1 und die folgende Zusammenfassung beschränken sich deshalb auf das Nötigste.

Die Kontraktion wird durch die Interaktion zwischen den Myosinköpfen und den Aktinfilamenten ermöglicht und durchläuft diese Schritte:

1. Kein ATP: Der Myosinkopf ist an das Aktinfilament gebunden.
2. ATP bindet ans Myosin: Die Verbindung mit dem Aktinfilament wird gelöst.
3. ATP wird zu ADP + P_i gespalten. Myosin bindet wieder an Aktin.
4. P_i wird freigesetzt. Der Myosinkopf ändert seinen Winkel und verschiebt dadurch das Aktinfilament: Das ist die Kontraktion.
5. ADP wird freigesetzt, der Zyklus kann von vorne beginnen.

Calcium und Troponin
Im quergestreiften Muskel reguliert **Troponin** den Kontraktionszyklus. Troponin besteht aus 3 Untereinheiten, deren eine (T) an **Tropomyosin** bindet, ein langgestrecktes Protein, das in den Furchen der Actinfilamente liegt. Tropomyosin *hemmt die Myosin-Actin-Bindung*. Zur Kontraktion

kommt es erst, wenn Ca^{2+} einströmt, an die Troponin-Untereinheit C bindet und durch die folgende Konformationsänderung das Tropomyosin von der Myosinbindungsstelle auf dem Actin wegbewegt. Die Bindungsstelle wird frei, und der oben beschriebene Kontraktionszyklus kann beginnen. (Die dritte Untereinheit des Troponins heißt «I» und interagiert sowohl mit Tropomyosin als auch mit Actin).

Der Energiestoffwechsel des quergestreiften Muskels

Muskeln brauchen ATP, um folgende Prozesse am Laufen zu halten:

1. Die Actomyosin-ATPase. ATP bindet Myosin und wird im Laufe des Kontraktionszyklus hydrolysiert. Für diese Aufgabe werden etwa ⅔ der Energie aufgewendet.
2. Die Ca^{2+}-ATPase. Das vor der Kontraktion eingeströmte Ca^{2+} wird durch die Ca^{2+}-ATPase aus dem Cytosol herausgepumpt, was die Relaxationsphase einleitet.
3. Pumpen, welche die übrigen Ionengradienten aufrechterhalten. Beispiel: Na^+-K^+-ATPase.

Alle drei Energieträger spielen im quergestreiften Muskel eine Rolle:

- **Kohlenhydrate**: Glucose aus dem Blut und aus den Glycogenspeichern der Leber und der Muskelzellen.
- **Fettsäuren**: Fettsäuren aus dem Blut und aus den Triglyceriden. Letztere werden sowohl im Fettgewebe wie auch in den Muskelzellen selber gespeichert.
- **Aminosäuren**: Vor allem **verzweigtkettige** Aminosäuren. (Welche Aminosäuren sind verzweigt? Antwort: ˙uıɔnǝlosi pun uıɔnǝꓤ 'uılɐʌ)

Eine Diskussion der Energieträger muss den Muskelfasertyp berücksichtigen (Zusammenfassung siehe Tab. 14.2): **Typ I** (= «slow twitch») Fasern sind für Ausdauerleistungen zuständig. Ihr Stoffwechsel ist vorwiegend **aerob**, sie verwenden sowohl Glucose wie auch Fettsäuren. **Typ II** (= «fast twitch» Fasern ermöglichen explosive Muskelkontraktionen. Ihr Stoffwechsel

	Typ I	Typ II
Kontraktion	langsam	schnell
Stoffwechsel	aerob	anaerob
Mitochondrien	viele	wenige
Myoglobin	ja	nein
Farbe	rot	weiß
Myosin-ATPase	wenig	viel

Tabelle 14.2 Typ I und Typ II Fasern im Vergleich.

ist vorwiegend **anaerob**, Glucose ist deshalb ihr wichtigster Brennstoff.

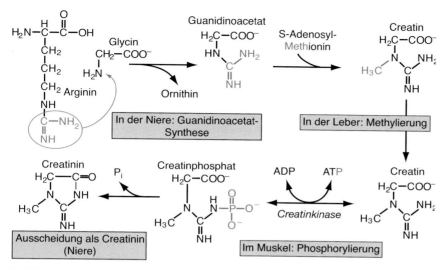

Abbildung 14.1 Synthese und Ausscheidung des Creatins.

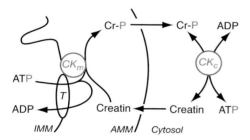

Abbildung 14.2 Die Creatinkinasen. AMM: Äussere Mitochondrienmembran; Cr: Creatin; CKc und CKm: cytosolische und mitochondriale Creatinkinase; IMM: innere Mitochondrienmembran; T: Adeninnucleotid-Transporter.

ATP ist kein Energie*speicher* – der Vorrat reicht nicht einmal für eine Sekunde heftiger Bewegung. Die Energie des überschüssigen ATPs lässt sich aber im **Creatinphosphat** speichern und kann bei Bedarf in ATP zurückverwandelt werden. Creatin wird wie in Abbildung 14.1 gezeigt in den Nieren und der Leber synthetisiert und als *Creatinin* mit dem Urin ausgeschieden. Creatinphosphat ermöglicht einen 4-5 Sekunden langen Sprint. Abbildung 14.2 zeigt, wie die **Creatinkinase** auf der Aussenseite der inneren Mitochondrienmembran das γ-Phosphat des im Mitochondrion gebildeten ATPs aufnimmt, sodass dem ATP/ADP der lange Weg vom Mitochondrion ins Cytosol und zurück erspart bleibt. Arbeitet der Muskel, liefert cytosolische Creatinkinase ATP.

Vergleichen wir die beiden Extremsituationen – den kurzen, anaeroben Sprint und den Stunden dauernden, aeroben Marathon – erhalten wir folgendes Bild:

- Der Sprinter verlässt sich vor allem auf die schnellen («fast twitch») Typ II Fasern mit ihrem ausgeprägten glycolytischen Apparat. Die Glucose stammt hauptsächlich aus den *Glycogenspeichern der Muskelfaser*n.
- Der Marathonläufer versorgt seine langsameren («slow twitch») Typ I Fasern mit allen Energieträgern, spart aber seine Glucosevorräte so gut wie möglich[*]: Der Fettsäureverbrauch ist hoch, und die Glucose stammt zu einem großen Teil aus dem Blut, wohin sie entweder aus der Leber oder mit der Nahrung gelangt.

Die Regulation des Muskelstoffwechsels

Der und die aufmerksame Student(in) des Metabolismus stellt sich, wenn es um den Muskelstoffwechsel geht, Fragen: adrenerge Stimuli hemmen die Glycolyse; doch sollte, wenn der Grizzlybär droht und die Nebennieren ihr Adrenalin ausschütten, nicht alles getan werden, um die Muskeln mit anaerob, also glycolytisch, gewonnener Energie zu versorgen[†]? Und wie kommt die Glucose beim Ausdauerläufer mit seinem niedrigen Insulinspiegel überhaupt in die insulinabhängigen Muskelzellen?

Zur ersten Frage: In der *Leber* stimuliert das adrenalin-, noradrenalin- oder glucagonerhöhte cAMP die Glycogenolyse, hemmt danach aber die Glycolyse, weil auch die *Fructose-6-phosphat-2-Kinase* (PFK2) phosphoryliert wird. (Phosphorylierte PFK2 hemmt die Produktion von Fructose-2,6-bisphosphat (F2,6BP), eines Stimulators des zweiten Glycolyseschrittes, siehe Abbildung 3.5, Seite 39.) Unter Adrenalineinfluss mobilisierte Leberglucose wird deshalb nicht an Ort und Stelle verbraucht, sondern dem Organismus zur Verfügung gestellt. Im *Muskel* stimuliert cAMP die Phosphorylase ebenfalls, doch fehlt der Muskelform der PFK2 die Phosphorylierungsstelle. Die PFK2 wird *nicht* gehemmt, Glucose fließt ungebremst in die Glycolyse.

Und die Glucoseaufnahme im Muskel? Überschüssige Glucose wird vom Muskel unter Insulineinfluss aufgenommen. (Da die Muskelmasse groß

---

[*] Gefüllte Glycogenvorräte reichen für ca. 60-90 Minuten intensiver, aerober Anstrengung.
[†] Ok, vor Bären wegrennen wird nicht empfohlen; stattdessen sollte man sich totstellen – viel Glück!

ist, wirkt sie wie ein Schwamm, der Glucose «aufsaugt».) Unter Belastung springt ein insulinunabhängiger Mechanismus, die AMP-Kinase, ein: Belastung (ATP wird verbraucht) $\rightarrow$ AMP-Konzentration steigt $\rightarrow$ AMP-Kinase wird aktiviert $\rightarrow$ der Glucosetransporter GLUT4 wird zur Zellmembran transportiert.

Die **AMP-Kinase** (AMPK) – nicht zu verwechseln mit der cAMP-abhängigen Kinase (PKA) – reguliert den Energiestoffwechsel. Da sie auf AMP anspricht, und da die AMP-Konzentration steigt, wenn es an ATP mangelt, spielt sie die Rolle eines *Energiesensors*. Sie hemmt energieverbrauchende Prozesse (Beispiele: Fettsäure-, Cholesterin- und Proteinsynthese) und stimuliert die Wege, die ATP liefern (Glucose-Transport, Glycolyse, Glycogenolyse, β-Oxidation). Natürlich vermag die AMP-Kinase Insulinmangel oder -resistenz bei Diabetes nicht zu kompensieren!

AMP-Kinase
$\neq$
PKA

Die Rolle des Calciums

Calcium löst die Muskelkontraktion aus, wenn es aus dem Extrazellulärraum oder dem Sarcoplasmatischen Reticulum ins Cytosol fließt (siehe oben). Sinnvollerweise wird es gleich auch dafür eingesetzt, die ATP-Produktion zu steigern: Calcium stimuliert die **Pyruvat-Dehydrogenase**, die **Isocitrat-Dehydrogenase** und die **α-Ketoglutarat-Dehydrogenase**. Das heißt: der *oxidative* Abbau der Glucose und die Aktivität des Citratzyklus werden gesteigert.

Der Stickstoffmetabolismus

Im Hungerzustand mobilisiert der Körper Aminosäuren des Muskelproteins und nutzt deren glucogene Vertreter zur Gluconeogenese in der Leber. In beschränktem Rahmen kommen Ab- und Aufbau aber auch unter normalen Bedingungen, etwa während der nächtlichen Fastenperiode und nach der darauf folgenden Verpflegung, vor. Dabei werden vor allem die verzweigtkettigen Aminosäuren desaminiert und z.T. lokal oxidiert, während der Stickstoff, der anfällt, mit Alanin zur Leber und mit Glutamin zu den Nieren und zur Darmmucosa verfrachtet wird (Abbildung 14.3).

Abbildung 14.3 zeigt die Einzelheiten:

1. Die Aminogruppen der verzweigtkettigen Aminosäuren werden durch *Transaminasen* auf α-Ketoglutarat übertragen. Es entsteht **Glutamat**.
2. Aus Glutamat und Pyruvat entstehen mit Hilfe der Pyruvat-Glutamat-Transaminase **Alanin** und α-Ketoglutarat.
3. Glutamat wird zu **Glutamin** aminiert.

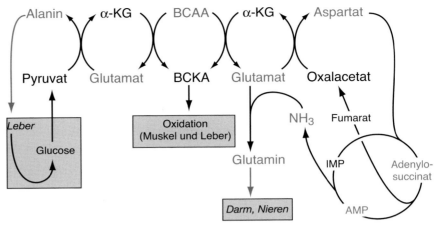

Abbildung 14.3 Der Stickstoffmetabolismus des Muskels. α-KG: α-Ketoglutarat; BCAA: Verzweigtkettige Aminosäuren; BCKA: Verzweigtkettige α-Ketosäuren; IMP: Inosinmonophosphat. Rot: Stickstoffhaltige Moleküle.

Cori-Zyklus

Der Zyklus «Alanin (Muskel) → Alanin (Leber) → Pyruvat (Leber) → Glucose (Leber) → Glucose (Muskel) → Pyruvat (Muskel) → Alanin (Muskel)» wird als **Cori-Zyklus** bezeichnet (graue Box links in Abbildung 14.3).

Der Ammoniak (NH_3) für die Glutaminsynthese entstammt dem **Purinnucleotidzyklus** (Kreis in Abbildung 14.3). Dieser Zyklus füllt auch, da gleichzeitig aus Aspartat Fumarat entsteht, den Citratzyklus auf («anaplerotische Reaktion», siehe Kapitel 4 und Abbildung 4.5). Der Grund, weshalb im Muskel dieser komplizierte Weg über den Purinnucleotidzyklus eingeschlagen wird, um die zweite Aminogruppe ins Glutamin zu bringen, liegt im Fehlen der Glutamat-Dehydrogenase. (In der Leber desaminiert die *Glutamat-Dehydrogenase* Glutamat zu α-Ketoglutarat und Ammoniak).

14.2 Der Herzmuskel

Herzmuskel und Skelettmuskel haben vieles gemeinsam. In diesem Abschnitt gehe ich auf einige Herzensangelegenheiten ein.

Der Stoffwechsel

Der Herzmuskel verwertet alle Energieträger: **Fettsäuren, Glucose** und **Aminosäuren**. Zwischen den Mahlzeiten dominieren die Fettsäuren (60-90%). Ketonkörper spielen im Fastenzustand eine große Rolle. Glucose und Lactat aus dem Blut stellen den größten Teil der verbleibenden 10-40%. Ihr Anteil steigt unter dem Einfluss von Insulin und während körperlichen Anstrengungen, wenn der Skelettmuskel vermehrt Lactat exportiert.

Als Fettsäurequellen dienen v.a. **freie Fettsäuren**, die an Albumin gebunden im Blut zirkulieren und aus dem Speicher des Fettgewebes stammen. Daneben aber auch Fettsäuren, die als Teil der Triglyceride in VLDLs oder Chylomicronen verpackt zum Herzen gelangen und dort durch die *Lipoproteinlipase* des Herzmuskelgewebes aus ihrer Esterbindung befreit und aufgenommen werden. Für den Transport der Fettsäuren durch die Membran und im Cytosol sind Bindeproteine wichtig, die die Aufnahme und den Verbrauch mitbestimmen.

Die Energie wird in folgenden *Stoffwechselprozessen* gewonnen:

1. Die β-**Oxidation** der Fettsäuren in den Mitochondrien.
2. Die **Ketolyse** der Ketonkörper in Situationen erhöhter Ketonkörperkonzentration (Fasten).
3. Die **aerobe** Oxidation des Pyruvats, das entweder aus der Glycolyse oder aus dem Blut stammt. In letzterem Falle handelt es sich v.a. um **Lactat**, das nachher zu Pyruvat oxidiert wird. **Lactat aus dem Blut ist eine wichtige Energiequelle des normalen Herzmuskels!**
4. Die **Glycolyse**, d.h. der *anaerobe* Teil des Glucoseabbaus, trägt nur etwa 2% zur Energieversorgung bei. Nicht erstaunlich, wenn man bedenkt, dass die Substratkettenphosphorylierung der Glycolyse netto nur 2 ATP pro Glucosemolekül produziert (3, wenn die Glucose aus dem zelleigenen Glycogenspeicher stammt; denn dann beginnt die Glycolyse nicht mit Glucose, sondern mit Glucose-6-phosphat).

Fettsäure- und Glucosemetabolismus beeinflussen sich gegenseitig. Schlüsselstellen der Interaktion sind für die β-Oxidation der **Carnitin-vermittelte Transport** der Fettsäuren in die Mitochondrien (CPT1), und für den Glucoseabbau die **Pyruvatdehydrogenase** (PDH), die darüber entscheidet, wieviel Pyruvat in den aeroben Abschnitt der Glucoseoxidation fließt (siehe Abbildung 14.4). Ein hohes Fettsäureangebot wird die aerobe Glucoseoxidation hemmen, weil NADH und Acetyl-CoA, beides Produkte der β-Oxidation, die PDH hemmen und die PDH-Kinase stimulieren (die PDH-Kinase phosphoryliert *und hemmt* die PDH; nicht eingezeichnet). Ist hingegen das Glucose- und Lactatangebot hoch, stimulieren Pyruvat und Ca^{2+} die PDH. Zudem fördert das hohe Acetyl-CoA-Angebot im Cytosol zusammen mit Insulin die Synthese von **Malonyl-CoA**, des wichtigsten Hemmers der CPT 1.

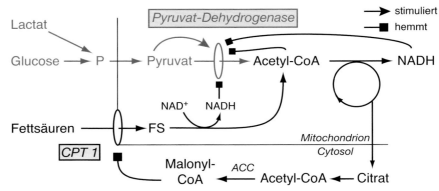

Abbildung 14.4 Der Fettsäuren- und der Glucosestoffwechsel im Herzmuskel. Rot: verstärkt den *aeroben* Stoffwechsel der Glucose. ACC: Acetyl-CoA-Carboxylase; CPT 1: Carnitin-Palmitoyl-Transferase 1; P: Pyruvat. Acetyl-CoA kann neben dem Export als Teil des Citrats auch als Acetyl-Carnitin mit Hilfe der CPTs in Cytosol gelangen.

Ca^{2+} leitet, wie im Skelettmuskel, die Kontraktionsphase der Herzmuskelfasern ein und moduliert gleichzeitig den Stoffwechsel:

- Ca^{2+} *hemmt* die Pyruvatdehydrogenase-Kinase und *stimuliert* so die Pyruvatdehydrogenase (Kapitel 4.1 und 4.3).
- Ca^{2+} stimuliert die α-Ketoglutarat-Dehydrogenase und hält so den Citratzyklus auf Trab (Kapitel 4.2 und 4.3).
- Ca^{2+} stimuliert die Phosphorylierung (= Hemmung) der Glycogensynthase und verlagert bei starker Anstrengung das Gleichgewicht zwischen Glycogen-Synthese und Glycogenolyse auf die Seite der Lyse (Kapitel 8.1).

Die AMP-abhängige Kinase

Die AMP-abhängige Kinase passt den Herzstoffwechsel an die Versorgungslage an. Durch die Hydrolyse von ATP steigt die ADP-Konzentration. Aus zwei ADP entstehen danach durch die katalysatorische Wirkung der **Adenylatkinase** ein AMP und ein ATP:

$$ADP + ADP \xrightleftharpoons{\textit{Adenylatkinase}} AMP + ATP$$

Steigt die AMP-Konzentration, reduziert die Zelle kostspielige Syntheseprozesse und steigert gleichzeitig den ATP-bildenden Katabolismus, eine Umstellung, die durch die AMP-Kinase vermittelt wird.

Die AMP-Kinase hemmt den ersten Schritt der Fettsäuresynthese, indem sie die Acetyl-CoA-Carboxylase (ACC) phosphoryliert (Abbildung 10.6). Der Herzmuskel synthetisiert zwar keine Fettsäuren, doch er benutzt, wie der Skelettmuskel auch, das Produkt der ACC, **Malonyl-CoA**, um den Transport der Fettsäuren in die Mitochondrien zu regulieren (Abbildung 14.4). Die wichtigsten AMPK-Ziele sind (vereinfachende Übersicht in Abbildung 14.5):

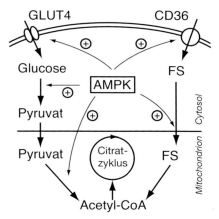

Abbildung 14.5 Die AMP-abhängige Kinase stimuliert den Glucose- und den Fettsäureverbrauch. CD36: ein Fettsäure-Transportprotein; FS: Fettsäure.

- Fettsäurenstoffwechsel
  - Die **Acetyl-CoA-Carboxylase**. Sie wird inaktiviert (siehe oben).
  - Die **Malonyl-CoA-Decarboxylase** wird stimuliert.
  - Die **Glycerin-3-phosphat-Acyltransferase**, die am Beginn der Triglyceridsynthese steht, wird gehemmt.
  - Die **Hormonsensitive Lipase** wird stimuliert. Das erhöht die Menge der verfügbaren Fettsäuren.
  - Der Fettsäuretransport in die Herzmuskelzellen wird erhöht.
- Glucosestoffwechsel
  - Die **Fructose-6-Phosphat-2-Kinase** (PFK-2) wird stimuliert. Dadurch steigt die Fructose-2,6-bisphosphat-Konzentration. F2,6BP stimuliert die Phosphofructokinase und damit die Glycolyse. *Nur die Herzmuskel-Isoform der PFK-2 besitzt die entsprechende Phosphorylierungsstelle. Dieser AMPK-Effekt ist somit herzmuskelspezifisch.*
  - Die **Glycogensynthase** wird phosphoryliert und gehemmt.
  - **GLUT 4**, der insulinabhängige Glucosetransporter, wird externalisiert. Die AMPK mobilisiert GLUT4 über einen vom Insulinsignal abweichenden Weg.

Neben diesen direkten Wirkungen auf Enzyme beeinflusst die AMPK auch die Expression von Transportsystemen und Enzymen, die alle in die gleiche Richtung zielen: Erhöhung der ATP-Produktion durch Steigerung der Glycolyse, des oxidativen Glucoseabbaus, und der β-Oxidation bei gleichzeitiger Hemmung kostspieliger Synthesevorgänge (Triglyceridsynthese, Glycogensynthese, Cholesterinsynthese und Proteinsynthese).

Der geschädigte Herzmuskel

Das P/O-Verhältnis – die Anzahl ATP pro verbrauchtem O-Atom – charakterisiert die Sauerstoff-Effizienz eines Substrats. Glucose bringt es auf ein P/O-Verhältnis von 3.17, die gesättigte Fettsäure Palmitat (C16:0) hingegen bloss auf 2.8, ein Umstand, den man sofort versteht, wenn man sich vor Augen hält, dass Glucose pro C schon ein Sauerstoffatom trägt. Glucose nützt den zur Verfügung stehenden Sauerstoff also besser aus, was unter

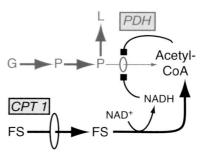

Abbildung 14.6 Ischämie drosselt die Glucoseoxidation in den Mitochondrien. (Vgl. Abbildung 14.4).

O_2-Mangelbedingungen ins Gewicht fallen könnte.[*]

Ist die Blutversorgung des Herzmuskels reduziert, z.B. bei einer Verengung der Coronargefäße oder nach einem Herzinfarkt, sinkt die Menge des verfügbaren Sauerstoffs. Zwar steigt dann der Anteil der Glycolyse an der Energieversorgung, aber unter dem Einfluss der AMP-Kinase nimmt auch die Fettsäure-Oxidation zu und verringert die Gesamtausbeute an ATP pro (jetzt kostbarem) O-Atom. Zudem hemmen die Fettsäureabbau-Zwischenprodukte NADH und Acetyl-CoA mit der Pyruvat-Dehydrogenase den *aeroben* Abbau des Pyruvats (Abbildung 14.6).

Pa

Wie im Skelettmuskel ist auch im Herzmuskel **Troponin** an der Auslösung der Kontraktion beteiligt. Die *cardiale Isoform* des Enzyms lässt sich von der Skelettmuskelvariante unterscheiden, was diagnostisch genutzt wird: Absterbende Muskelzellen entlassen Troponin ins Blut. Wenn dort

---

[*] Auf das *Gewicht* bezogen sind Fettsäuren allerdings effizienter als Glucose, siehe die Bilanzen in den entsprechenden Kapiteln.

die Konzentration der *cardialen Isoform* erhöht ist, haben wir es wahrscheinlich mit einem Herzinfarkt zu tun.

14.3 Das Fettgewebe

Nicht alle Fettpolster sind gleichwertig: Unterhautfett des Oberkörpers, Unterhautfett an Hüften und Oberschenkeln und intraabdominales Fettgewebe verhalten sich unterschiedlich:

- **Intraabdominales Fettgewebe** reagiert nur schwach auf Insulin. Infolgedessen vermögen Insulinkonzentrationen, die anderswo die Lipolyse unterdrücken, die Freisetzung von Fettsäuren nicht zu verhindern. Freie Fettsäuren aus intraabdominalem Fettgewebe gelangen in die Pfortader und werden von der Leber abgefangen. Ihr Beitrag zur Deckung des Energiebedarfs bei Ausdauerleistungen ist gering. Große intraabdominale Fettmengen sind ein Gesundheitsrisiko.
- **Subkutanes Fettgewebe des Oberkörpers**: Während Ausdauerleistungen stammt der größte Teil der Fettsäuren, die im Skelettmuskel oxidiert werden, aus diesem Kompartiment (ca. 50%; die restlichen 50% liefern intramuskuläre Triglyceride, Plasmatriglyceride, das intraabdominale Fettgewebe und das Unterhautfettgewebe des Unterkörpers.)
- **Unterhautfettgewebe der Hüften und Oberschenkel**: Diese Triglyceridspeicher lassen sich nur schwer mobilisieren, was wahrscheinlich mit der höheren Konzentration der α-adrenergen Rezeptoren zu tun hat (siehe auch Seite 116). Im Gegensatz zu den *β-adrenergen Rezeptoren* **hemmen** α-Rezeptoren die Adenylat-Zyklase.

Das Fettgewebe reguliert den Stoffwechsel

Das Fettgewebe ist mehr als ein Fettsack, der Triglyceride speichert und wieder freigibt, wenn es nötig wird. Es sendet auch Signale aus, die den Stoffwechsel des gesamten Organismus mitregulieren. Vermittelt werden die Signale von den **Adipokinen**, von denen wir schon mehr als 50 Vertreter kennen. Entspechend komplex ist die Geschichte, Abbildung 14.7 verdeutlicht deshalb nur das Prinzip.

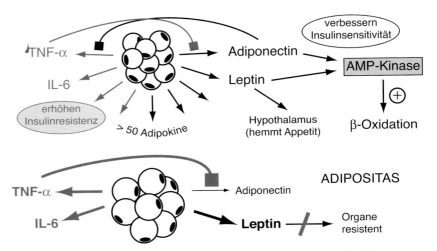

Abbildung 14.7   Das Fettgewebe als endokrines Organ. Oben: normales Fettgewebe mit «schlanken» Fettzellen; unten: Adipositas mit «dicken» Fettzellen. IL-6: Interleukin 6; TNF-α: Tumor Necrosis Factor α. Rot: Inflammatorische Mediatoren. Nur je 2 Adipokine werden gezeigt (Erklärungen siehe Text).

Adipositas geht oft mit *Insulinresistenz, pathologischen Blutfettwerten* und *Bluthochdruck* einher. Interessant ist aber: Fehlt das Fettgewebe (**Lipodystrophie**), findet man die gleichen Symptome. Mit Hilfe der Abbildung 14.7 und der folgenden Hinweise kann man das verstehen:

- Die Adipocyten sezernieren **Adiponectin** und **Leptin**. Die beiden erhöhen die Insulinsensitivität, z.T. über eine Aktivierung der AMP-Kinase. (Freie Fettsäuren machen Zellen insulinresistent; die AMP-Kinase erhöht die β-Oxidation der Fettsäuren und erniedrigt dadurch deren intrazelluläre Konzentration).
- Inflammatorische Adipokine wie **Tumor Necrosis Factor-α** (TNFα) und **Interleukin-6** (IL-6) werden von Macrophagen und anderen Entzündungs-Zellen hergestellt. Adipöses Fettgewebe rekrutiert mehr Macrophagen.
- **Adipositas**: Die **Leptinkonzentration** steigt proportional zur Fettgewebsmasse, aber die Organe werden leptinresistent (warum, weiss man noch nicht). Die **Adiponectinkonzentration** sinkt, weil die erhöhte TNF-α-Konzentration seine Synthese hemmt.
- **Lipodystrophie**: Das rudimentäre Fettgewebe sezerniert zu wenig Adiponectin und Leptin, deren positive Wirkung entfällt, und das Krankheitsbild gleicht in mancher Beziehung demjenigen der Übergewichtigen.

- Die **Actomyosin-ATPase** und die **Ionentransporter** der Muskeln verbrauchen viel Energie.
- Ca^{2+} löst im quergestreiften Muskel zusammen mit **Troponin** und **Tropomyosin** die Kontraktionen aus.
- **Typ I** und **Typ II** Fasern sind auf aeroben respektive anaeroben Stoffwechsel spezialisiert.
- Der *insulinabhängige* GLUT4 transportiert Glucose in die Skelettmuskel-, Herzmuskel- und Fettzellen.
- Die **AMP-Kinase** spielt eine wichtige Rolle im Muskelstoffwechsel. Sie erwirkt u.a. den Einbau der GLUT4 in die Zellmembran, wenn die Insulinkonzentration tief ist.
- Ca^{2+} löst nicht nur die Kontraktion der quergestreiften Muskeln aus. Es reguliert auch deren Stoffwechsel.
- **Verzweigtkettige Aminosäuren** werden vor allem im Skelettmuskel abgebaut. Stickstoff, der in diesem Prozess anfällt, wird mit **Alanin** und **Glutamin** zur Leber (Alanin) und zu den Nieren und der Darmmucosa (Glutamin) gebracht.
- Im Herzmuskel stimuliert die AMP-Kinase die **Fructose-2,6-bisphosphat**-Synthese und stimuliert so die Glycolyse, wenn die ATP-Konzentration sinkt.
- Das subcutane Fettgewebe des Oberkörpers (v.a. am Bauch), das subcutane Fettgewebe an Hüften und Oberschenkel und das intraabdominale (viszerale) Fettgewebe verhalten sich unterschiedlich. Stichworte: Lipolyseresistent (Hüften und Oberschenkel) – Insulinresistent (intraabdominal) – «Typisch» (subcutan Oberkörper).[*]
- Das Fettgewebe sezerniert **Adipokine. Adiponectin** und **Leptin** erhöhen die Insulin*sensitivität*, **Tumor Necrosis Factor** α und **Interleukin-6** erhöhen die Insulin*resistenz*.
- Die Wirkungen der Adipokine erklären die Gesundheitsrisiken der Übergewichtigen und der Lipodystrophie-Patienten.

Genauer müsste es heißen: **relativ** insulinresistent und **relativ** lipolyseresistent. Das intraabdominale Fettgewebe reagiert z.B. drei Mal schwächer auf Insulin als subcutanes Fettgewebe.

15 | Nieren und Nebennieren

In den Glomerula der Nieren treten niedermolekulare Bestandteile des Blutes in den Primärharn über (Abschnitt 15.1). Schädliches und Überschüssiges verlässt danach den Körper mit dem Urin, alles andere wird ins Blut rückresorbiert. Die Transportprozesse gleichen den Vorgängen in der Darmschleimhaut und kommen im Abschnitt 15.2 zur Sprache.

Der Urin wäre, würde er nicht gepuffert, zu sauer. Im Abschnitt 15.3 werden die Säureausscheidung, die Pufferung und der Aminostoffwechsel erklärt.

Die ununterbrochene Rückresorption durch die Tubuli kostet Energie. In der Rangliste des Energieverbrauchs belegen die Nieren denn auch, auf das Gewicht bezogen, gleich nach dem Herzmuskel einen Spitzenplatz: 440 kcal/kg · Tag, das sind 6-9% des gesamten Energieverbrauchs des menschlichen Organismus. Welche Energiequellen in Nierenmark und -rinde bevorzugt werden, und weshalb die Tubuluszellen der Rinde zur Gluconeogenese fähig sind, beschreibe ich im Abschnitt 15.4.

Die Zusammensetzung des Urins lässt auf den Gesundheitszustand eines Patienten schließen. Im Abschnitt 15.5 finden Sie Angaben über die wichtigsten Harnbestandteile.

Schließlich ist die Niere auch an der Synthese von Vitamin D und Erythropoietin beteiligt (Abschnitt 15.6).

Die Nebennieren entstehen zwar getrennt von den Nieren, doch ihre geographische Nähe rechtfertigt ihre Behandlung in diesem Kapitel. Sie sind ein *endokrines* Organ, dessen Rinde *Steroidhormone* produziert, während das Mark die *Katecholamine* herstellt (Abschnitt 15.7).

15.1 Filtration

In den Glomerula der Nierenrinde werden die Plasmabestandteile filtriert. Kleine (MW < ca. 60 kD) Moleküle gelangen in den Primärharn, wo sie die gleiche Konzentration wie im Serum erreichen. Allerdings hängt die Filtration nicht nur vom Molekulargewicht, sondern auch von der Ladung ab. Die Oberflächen des Filters sind negativ geladen (z.B. Heparansulfat der extrazellulären Matrix, der Glycokalix) und erschweren negativ geladenen Molekülen die Passage. Deshalb erscheinen auch relativ kleine

Proteine unter physiologischen Bedingungen nur in Spuren im Urin. Serumalbumin z.B. liegt mit einem Molekulargewicht von 66'000 nahe an der Fitrationsgrenze, aber nur etwa 1% gelangt in den Primärharn. Und nur 75% des Myoglobins werden filtriert, obwohl seine 16'000 Dalton weit unter dieser Grenze liegen.

15.2 Rückresorption und Sekretion

Die meisten Metaboliten werden schon proximal resorbiert, die distalen Tubulusbereiche hingegen sind v.a. für den Transport der Ionen und des Wassers zuständig. Die unmittelbare Energie für die meisten Transportprozesse liefert der Na^+-Konzentrationsgradient zwischen dem Primärharn (150 mM) und dem Cytosol (15 mM): **Na^+-Cotransporter** und **Na^+-Antiporter** kommen sowohl auf der luminalen als auch der Blutseite der Tubuluszellen vor und dienen je nach Kombination der Resorption oder der Sekretion; Abbildung 15.1 stellt das Prinzip vor. Die Na^+-K^+-ATPase (3 Na^+ ins Blut, 2 K^+ ins Cytosol) hält den Na^+-Gradienten aufrecht – die Na^+-abhängigen Transporter gehören somit zu den *sekundär aktiven* Transportsystemen. *Passive Transporter* übernehmen den Transport dort, wo Metaboliten konzentrationsabwärts fließen (z.B. Glucose aus den Tubuluszellen ins Blut).

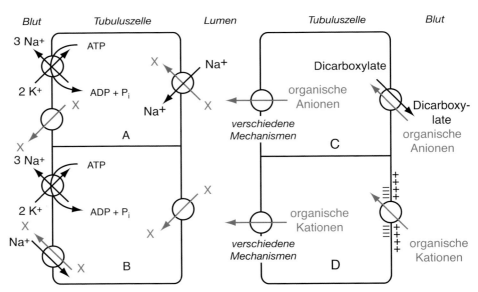

Abbildung 15.1 Resorption (A,B) und Sekretion (C,D) im proximalen Tubulus. Beispiele für X sind: Glucose, Aminosäuren in A; Ca^{2+} in B. ↗: Transport gegen den, ↘: Transport mit dem Konzentrationsgradienten.

Es folgt eine nach Metaboliten geordnete Aufzählung der wichtigsten Mechanismen:

Glucose, Fructose und Galactose

Zwei Formen des «Sodium-dependent Glucose Transporters», SGLT2 und SGLT1, kommen vor; SGLT2 proximal, SGLT1 distal daran anschließend (aber immer noch im proximalen Tubulusbereich). SGLT2 benötigt ein, SGLT1 zwei Na^+-Ionen für den Transport *eines* Glucosemoleküls. Der Cotransport mit zwei Na^+-Ionen vermag den distal größer werdenden Glucose-Konzentrationsunterschied auszugleichen. SGLT1 befördert auch *Fructose*, während *Galactose*, deren intrazelluläre Konzentration vernachlässigbar klein ist, von den Tubuluszellen passiv aufgenommen wird. Glucose gelangt mit Hilfe des GLUT2 passiv ins Blut.

Aminosäuren, Peptide und Proteine

Auch Aminosäuren und Dipeptide benützen Na^+-Cotransporter für ihre Rückresorption; es gibt Transporter sowohl für neutrale als auch für saure Aminosäuren.* Oligopeptide werden zuvor durch die Peptidasen des Bürstensaums in Aminosäuren gespalten. Proteine hingegen, die trotz negativer Ladung den glomerulären Filter passiert haben, werden endocytiert und erst in den Lysosomen weiter zerlegt. Der Transport ins Blut erfolgt passiv.

Organische Anionen, Sulfat und Phosphat

Für Monocarboxylate wie Pyruvat oder Lactat stehen *Monocarboxylat-Na^+-Cotransporter* bereit, für Dicarboxylate (Malat etc.) *Dicarboxylat-Na^+-Cotransporter*. Auch für Sulfat und Phosphat existieren Na^+-Cotransporter in der luminalen Tubulusmembran.

Calcium

Calcium strömt durch einen Calciumkanal aus dem Primärharn in die Tubuluszellen und wird danach mit Hilfe der *Ca^{2+}-ATPase* oder eines Na^+-Ca^{2+}-Antiports ins Blut befördert.

Bicarbonat

Ins Filtrat übergetretenes Bicarbonat (HCO_3^-) wird vollständig rückresorbiert. Abbildung 15.2 zeigt, wie dieser Prozess an die Protonenausscheidung gekoppelt ist. Carboanhydrasen im Bürstensaum und Cytosol katalysieren die Reaktion $CO_2 + H_2O \rightleftarrows HCO_3^- + H^+$.

---

* Man hat *Glutamin-Na^+-Cotransporter* sowohl in der luminalen wie auch in der gegenüberliegenden Tubulusmembran gefunden. Glutamin ist ein wichtiges Substrat für den Energiestoffwechsel der proximalen Tubuluszellen (siehe unten) und wird deshalb aus beiden Kompartimenten – Primärharn und Blut – aufgenommen.

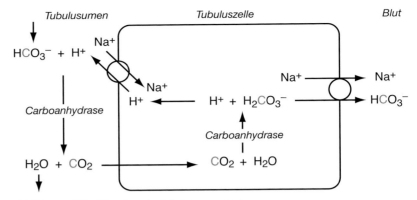

Tubuluslumen   Tubuluszelle   Blut

$$HCO_3^- + H^+$$

Na^+

$Na^+ \longrightarrow Na^+$

Na^+

$H^+ \longleftarrow H^+ + H_2CO_3^- \longrightarrow HCO_3^-$

Carboanhydrase

Carboanhydrase

$$H_2O + CO_2 \longrightarrow CO_2 + H_2O$$

Abbildung 15.2   Bicarbonat wird rückresorbiert

Wasser

Wasser diffundiert durch die Zellmembranen der Tubuluszellen. Zusätzlich erleichtern **Aquaporine**, Wasserkanäle, den Fluss des Wassers aus dem Primärharn zurück ins Blut. Das **Antidiuretische Hormon** (ADH; = Vasopressin = Adiuretin) stimuliert die Inkorporation von Aquaporin in die Tubuluszellen und damit die Rückresorption von Wasser; fehlendes ADH oder ein defekter Aquaporin-Kanal führen zu **Diabetes insipidus**.

Die Sekretion organischer Anionen

Viele organische Anionen – Medikamente, Toxine und körpereigene Metaboliten – werden von den proximalen Tubuluszellen aus dem Blut aufgenommen und ins Tubuluslumen ausgeschieden (Abbildung 15.1). Auf der basalen (Blut-) Seite befördern **Organische-Anionen-Transporter** (OATs) die Anionen im Austausch mit **Dicarboxylaten** ins Zellinnere. Das wichtigste Dicarboxylat, welches diese **Anionen-Dicarboxylat-Antiporter** antreibt, ist α-Ketoglutarat, dessen intrazelluläre Konzentration die Konzentration im Blut weit übersteigt (die Nieren konsumieren große Mengen Glutamin [siehe unten], das nach zweifacher Desaminierung zu α-Ketoglurarat wird). Beispiele für auf diese Art ausgeschiedene Anionen sind: p-Amino-Hippursäure, Prostaglandine, Mycotoxine, Diuretica, Antibiotica vom β-Lactam Typ, Salicylate, Glucuronid- und Sulfat-Konjugate.

Eine Vielzahl von Mechanismen ist auf der *luminalen* Seite für den Export der aufgenommenen Anionen zuständig: passive und ATP-abhängige; Uniporter, Symporter und Antiporter.

Die Sekretion organischer Kationen

Die **Organische-Kationen-Transporter** (OCTs) sind mit den OATs verwandt, doch bildet das *Membranpotential* die treibende Kraft. Auch die

Kationen benutzen verschiedene Mechanismen, um ins Lumen zu gelangen (Abbildung 15.1). Beispiele für organische Kationen: Nicotin, Alkaloide, Adrenalin, Dopamin, kationische Medikamente (Cimetidin, Procainamid).

15.3 Säuren, Basen und die Rolle des Stickstoffs

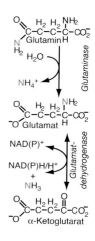

Überschüssige Protonen verlassen den Körper mit dem Harn. Um dessen pH (normal: 5-6) nicht zu stark absinken zu lassen, braucht es Puffer. Der *Phosphatpuffer*

$$HPO_4^{2-} + H^+ \rightleftharpoons H_2PO4^- \ (pK_a = 6.8),$$

bindet ca. 50% der Protonen im Urin und spielt damit die wichtigste Rolle. Diese Protonen lassen sich titrieren, denn mit 6.8 liegen der pK_a-Wert und der pH-Wert des Urins nahe beieinander.

Leber und Nieren teilen sich in die Aufgabe der Stickstoffausscheidung. Beide benutzen die Aminogruppen des Glutamins, die von der Leber zusammen mit Bicarbonat zu Harnstoff synthetisiert werden, während sie von der Niere als Ammoniak oder Ammonium entsorgt werden. Die Abspaltung von Ammoniak – zuerst durch die Glutaminase, danach die Glutamatdehydrogenase – generiert neben NH_3 auch je ein Proton, das sich bei physiologischem pH mit NH_3 zu Ammonium verbindet:

$$NH_3 + H^+ \rightleftharpoons NH_4^+ \ (pK_a = 9.4).$$

NH_3 diffundiert durch die Zellmembran, während die Protonen die Drehtür des Na^+-H^+-Antiports benutzen. Daneben existieren auch NH_4^+-Transporter (das geladene Ammoniumion diffundiert nicht durch Membranen!). Auch im Urin, dessen pH weit vom pK_a von 9.4 entfernt ist, halten fast alle Ammoniakmoleküle ein Proton fest. Anders gesagt: Mit dem Ammoniak scheiden die Nieren eine gleich große Menge Protonen aus. *Diese Protonen sind, im Gegensatz zu den phosphatgepufferten, nicht titrierbar, da der pK_a-Wert zu weit im basischen Bereich liegt.*

Die Pufferung des Urins durch Ammoniak und die Elimination überflüssigen Stickstoffs als Harnstoff hängen zusammen. Liegt eine azidotische Stoffwechsellage vor, ist die Glutaminase in der Leber gehemmt, in der Niere stimuliert. Durch das verkleinerte NH_3-Angebot in der Leber wird Bicarbonat, der wichtigste extrazelluläre Puffer und Substrat für die Harnstoffsynthese, gespart. Dafür übernimmt die Niere einen größeren Anteil an der Stickstoffausscheidung und fängt damit gleichzeitig die zusätzlichen Protonen im Harn ab. Umgekehrt regt eine Alkalose die Harnstoffsynthese in der Leber an und verkleinert so die Bicarbonat-Konzentration sowie die Ammoniakausscheidung durch die Niere.

15.4 Der Energiestoffwechsel

Ob Tag oder Nacht, ohne Unterbruch fließt der Strom der Glucose, der Aminosäuren, der Ketonkörper, des Bicarbonats etc. durch die Tubuluszellen der Niere, begleitet – und oft angetrieben – von Natriumionen. Die Na^+-K^+-ATPase, die den Na^+-Gradienten aufrecht erhält, verbraucht mit 440 kcal/kg·Tag entsprechend viel Energie.

Die Nieren bestehen, vom Blickpunkt des Energiestoffwechsels aus betrachtet, aus zwei verschiedenen Teilen: aus der gut durchbluteten **Rinde**, deren *aerober* Stoffwechsel für den hohen Sauerstoffverbrauch verantwortlich ist und Fettsäuren, Ketonkörper und Lactat, aber praktisch keine Glucose oxidiert; und aus dem Nieren**mark**, wo die *Glycolyse* den Hauptteil des ATPs liefert, während Fettsäuren, Lactat und Ketonkörper kaum genutzt werden. Wie das Hirn und die Erythrocyten ist also auch ein Teil der Niere auf Glucose angewiesen.

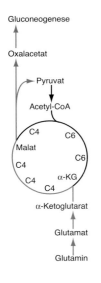

Gluconeogenese

Oxalacetat

Pyruvat

Acetyl-CoA

C4 C6
Malat
C4 C6
C4 α-KG
C4

α-Ketoglutarat

Glutamat

Glutamin

Warum der Nierenrinde die glycolytischen Enzyme fehlen, lässt sich aus der Funktion der proximalen Tubuli ableiten. Die Hexokinase würde die für den Transit bestimmte Glucose phosphorylieren. Glucose-phosphat aber vermag Zellmembranen nicht zu durchqueren, würde entweder in der Glycolyse zu Lactat abgebaut oder müsste, um dennoch ins Blut rückresorbiert zu werden, von einer Phosphatase dephosphoryliert werden – ein Verlustgeschäft, da jedesmal ein ATP verbraucht würde.

Der Verzicht auf Glycolyse erlaubt es der Nierenrinde, Glucose zu synthetisieren. Neuere Untersuchungen haben gezeigt, dass die Nieren für *40% der Gluconeogenese* verantwortlich sind. Vor dem Frühstück (nüchtern) stammen 50% der Blutglucose aus der Gluconeogenese (20% aus den Nieren, 30% aus der Leber); der Rest wird aus dem Glycogenvorrat der Leber mobilisiert.

Der Stoffwechsel des Marks und der Rinde ergänzen sich. Das Mark oxidiert Glucose zu Lactat; die Rinde nimmt Lactat auf und macht daraus Glucose.*

---

* Ein Teil des Lactats dient allerdings dem eigenen Energiebedarf, siehe oben.

Auch die Ammoniakabsonderung in den Urin passt ins Gefüge. Nachdem Glutamin seine beiden Aminogruppen abgegeben hat, fließt α-Ketoglutarat in den Zitratzyklus, verlässt diesen als Malat und kann über Pyruvat vollständig verstoffwechselt werden (siehe Kapitel 4). Was über den Eigenbedarf der Zelle hinausgeht, dient der Gluconeogenese.

15.5 Die Biochemie des Urins

In Tabelle 15.1 sind wichtige Metaboliten und Salze des Urins aufgelistet.

Verbindung	Ausscheidung pro Tag	Verbindung	Ausscheidung pro Tag
Stickstoffhaltig		**Salz**	
Harnstoff	20-35 g (330-580 mmol)	Natrium	100-150 mmol
Creatinin	1-2 g (8-17 mmol)	Kalium	60-80 mmol
Harnsäure	0,35-2,0 g (2-12 mmol)	Calcium	4-11 mmol
Aminosäuren	1-3 g	Magnesium	3-6 mmol
Eiweiß	<150 mg	Chlorid	120-240 mmol
Ammonium (NH_4^+)	keine Angabe	Sulphat	30-60 mmol
		Phosphat	10-40 mmol
Zucker		**Andere**	
Glucose	0,06-0,2 g (0,4-1,1 mmol)	Ketonkörper	0,01-0,1 g (0,17-1,7 mmol)
Fructose	ca. 60 mg	Vanillinmandelsäure	3,3-6,5 mg
Lactose	keine Angabe	Cortisol	50-180 µg

Tabelle 15.1 Metaboliten und Salze im Harn.

Stickstoffhaltige Metaboliten
- Stickstoff wird vor allem als **Harnstoff** ausgeschieden. Beachten Sie die Größenordnungen der verschiedenen stickstoffhaltigen organischen Metaboliten im Urin! Wieviel Harnstoff und Creatinin ausgeschieden wird, hängt u.a. von der Ernährung ab, die Creatininausscheidung auch von der Muskelmasse.
- Lässt man den Urin stehen, spaltet die **Urease** aus Bakterien den Harnstoff in Ammoniak und Bicarbonat:
$$OC(NH_2)_2 + 2\,H_2O \rightleftharpoons 2\,NH_3 + HCO_3^- + H^+$$
Da der so entstandene Ammoniak zusätzliche Protonen bindet, steigt der pH-Wert des Urins.

Zucker
- **Glucose**: Erhöht bei *Diabetes mellitus*. Polyurie (große Urinmengen, bedingt durch den osmotischen Druck der Glucose im Urin), Durst

215

und Gewichtsverlust sind typisch für unbehandelten Diabes mellitus vom Typ I. Bestimmung der Uringlucose mit Teststreifen auf enzymatischer Basis.

- **Fructose**: erhöht nach Konsum großer Fructosemengen und bei Fructosurie (Fructoseintoleranz).
- **Lactose**: Gelangt bei Schwangerschaft und während der Laktationsphase aus der Brustdrüse ins Blut und den Urin. Lactose wird normalerweise vor der Resorption im Darm gespalten, kann aber bei Lactoseintoleranz auch ganz resorbiert werden und erscheint dann im Urin.
- **Galactose**: im Urin bei Säuglingen und Galactosämie.
- **Pentosen**: Bei essentieller Pentosurie.

Fettstoffwechsel

- **Ketonkörper**: bei *Ketose*. Diabetische Ketoazidose und Ketonurie sind typisch für Diabetes mellitus Typ I.

Purinstoffwechsel

Harnsäure

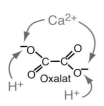

- **Harnsäure**: Saure Umgebung verringert die Löslichkeit der Harnsäure (Verschiebung zur undissoziierten, wenig löslichen Form). Typisch bei Gicht.

Nierensteine

Nierensteine sind oft aus mehreren Komponenten gemischt. Calciumoxalat und Calciumphosphat machen zusammen 66% aller Nierensteine aus.

- **Calciumoxalat**: in etwa 50% der Fälle idiopathisch (d.h.: man kennt die Ursache nicht); weiter bei Primärem Hyperparathyreoidismus, idiopathischer Hypercalciurie, wenig Urincitrat, Hyperoxalurie und Hyperuricosurie.

nicht dissoziiert
(saurer Urin)

- **Calciumphosphat**: bei renal-tubulärer Acidose.
- **Harnsäure**: Gicht, Leukämie, niedriges Urin-pH (siehe oben).
- **Struvit**: bei Infektionen mit Bakterien, die Urease bilden.
- **Cystin**: bei Cystinurie.

Pa

Nierensteine und Urin-pH

Ein *alkalisches* pH im Urin begünstigt die Bildung von Nierensteinen aus Ca-Oxalat. Der Grund: Sinkt die Protonenkonzentration, liegt Oxalat vermehrt als Anion vor, dessen negative Ladungen Ca^{2+} binden. Umgekehrt drängen, ist das pH tief, die Protonen an die Carboxylgruppen, neutralisieren die Ladungen und verhindern die Komplexbildung mit Calcium.

Im Falle der Harnsäuresteine verhält es sich umgekehrt: Urat, dessen eine negative Ladung Calcium nicht interessiert, ist als geladenes Anion wasserlöslich, als neutrale Säure (H^+ assoziiert) aber fällt es leicht aus. Je saurer der Urin, desto größer die Wahrscheinlichkeit, dass sich ein Stein bildet. **Allopurinol** hemmt die Xanthinoxidase, die aus gut löslichem *Hypoxanthin* Xanthin, und aus Xanthin Harnsäure macht. Mit Allopurinol behandelte Gichtpatienten können so ihre Purinabbauprodukte als Hypoxanthin ausscheiden, ohne dass sich Nierensteine bilden.

15.6 Vitamin D und EPO

Vitamin D
7-Dehydrocholesterin wird in der Haut zu **Cholecalciferol** gespalten und danach in der *Leber* zu 25-Hydroxycholecalciferol und in der *Niere* zu 1,25-Dihydroxycholecalciferol (Vitamin D) oxidiert (siehe Seite 147).

Erythropoietin (EPO)
Mangelt es an Sauerstoff, wird in der Niere die EPO-Synthese stimuliert. EPO ist ein *Glycoprotein* mit einem Molekulargewicht von ca. 30'000 Dalton; es stimuliert die Synthese roter Blutkörperchen. Induziert wird die EPO-Synthese durch HIF1α, denselben Hypoxia Inducible Factor, der auch für die metabolische Umstellung hypoxischer Tumoren zuständig ist.

EPO wird heute gentechnisch hergestellt, legitime Empfänger sind z.B. anämische Patienten, deren EPO-Produktion durch eine Nierenkrankheit eingeschränkt ist. Weniger legitim ist die Verwendung durch Ausdauersportler. Gentechnisch hergestelltes EPO unterscheidet sich aber, da es in Hefezellen hergestellt wird, in seinem *Glycosylierungsmuster* und kann deshalb nachgewiesen werden.

ZUSAMMENFASSUNG

- Der **Transport** durch die Tubuluszellen, in beide Richtungen, spielt eine wichtige Rolle in den Nieren:
  - Sekundär aktiver Transport durch Na^+-Cotransporter und passiver Transport aus den Zellen ins Blut (Glucose, Aminosäuren),
  - Diffusion und Aquaporin für Wasser,
  - Cotransporter und Antiporter für Ionen,

- Antiporter für **organische** Anionen und Kationen.
- Der **Energiestoffwechsel** ist vorwiegend **aerob** in der Rinde, **anaerob** im Nierenmark. Bevorzugte Substrate sind deshalb Fettsäuren, Ketonkörper und Lactat für die Rinde, Glucose für das Mark.
- **Gluconeogenese** in der Nierenrinde.
- **Glutamin und Glutamat**: Ausscheidung der Stickstoffgruppen als Ammoniak nach Desaminierung; Verwendung des Kohlenstoffgerüsts für die Gluconeogenese, den Energiestoffwechsel oder den Transport organischer Ionen.
- **Nierensteine** enthalten in den meisten Fällen Calcium, Phosphat und Oxalat in wechselnder Zusammensetzung.

15.7 Die Nebennieren

Die Nebennieren**rinde** produziert Gluco**cortic**oide, Mineralo**cortic**oide* und Geschlechtshormone, das Mark die **Katecholamine**.

Das Nebennierenmark

Das Nebennierenmark produziert die Katecholamine **Adrenalin** (= Epinephrin) und **Noradrenalin** (= Norepinephrin) aus *Tyrosin*. Weitere Angaben finden Sie auf Seite 164, die Syntheseschritte sind in der Abbildung 15.3 dargestellt. Für die einzelnen Schritte braucht es:

1. Tyrosinhydroxylase: O_2, NADPH/H$^+$ und Tetrahydrobiopterin.
2. Aromatische L-Aminosäure-Decarboxylase: Pyridoxalphosphat.
3. Dopamin-β-Hydroxylase: O_2, Vitamin C.
4. Phenylethanolamin-N-Methyltransferase: S-Adenosylmethionin.

Die Nebennierenrinde

Alle Rindenhormone – Glucocorticoide, Mineralocorticoide und Geschlechtshormone – sind *Steroidhormone* und werden aus *Cholesterin* hergestellt.

---

* Lateinisch Cortex = Rinde.

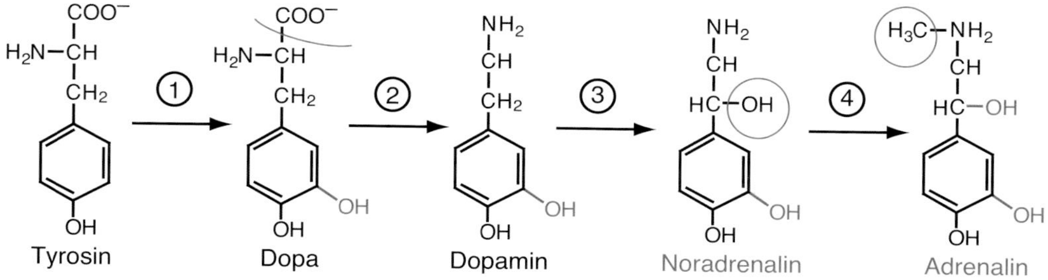

Abbildung 15.3 Die Synthese von (Nor)Adrenalin. 1: Tyrosinhydroxylase; 2: Aromatische L-Aminosäure-Decarboxylase; 3: Dopamin-β-Hydroxylase; 4: Phenylethanolamin-N-Methyltransferase.

Synthese und Abbau allgemein

Das Cholesterin, aus dem die Zellen der Nebennierenrinde ihre Hormone herstellen, stammt entweder aus der Eigensynthese, oder es wird mit dem LDL über den LDL-Rezeptormechanismus aufgenommen. Die Zellen besitzen ein Cholesterin-Zwischenlager in Form von Lipidtröpfchen, in denen es als Ester vorliegt. ACTH (adrenocorticotropes Hormon) aus der Hypophyse stimuliert unter anderem die Cholesterin-Esterase, die Cholesterin von der veresterten Fettsäure trennt.

Der erste Schritt der Steroidsynthese führt vom Cholesterin zum **Pregnenolon**, erfolgt an der inneren Mitochondrienmembran, und ist für alle Steroidhormone der gleiche. Die **Cholesterin-Desmolase** katalysiert die Reaktion; sie enthält *Cytochrom P450*. Pregnenolon ist Ausgangspunkt sämtlicher Steroidhormone. Die Syntheseschritte erfolgen am endoplasmatischen Reticulum und in den Mitochondrion. Die Abbildung 15.4 zeigt als Beispiel die Synthese von *Cortisol*.

Am Abbau sind NADPH-abhängige Hydroxylierungen und Kettenverkürzungen beteiligt, ausgeschieden werden die Abbauprodukte nach *Glucoronierung* oder *Sulfatierung* meist über die Nieren.

Es folgen die drei wichtigsten Steroidhormone der Nebennierenrinde und einige ihrer Eigenschaften:

Cortisol, das wichtigste **Glucocorticoid**:

Synthese und Abbau: siehe oben. Die Synthese wird durch **ACTH** (= Adrenocorticotropes Hormon = Corticotropin) aus der Hypophyse stimuliert.
Transport: Im Blut an **Transcortin** gebunden (Steroidhormone sind wasserunlöslich!).

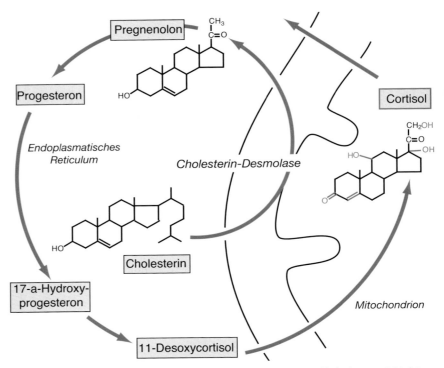

Abbildung 15.4　Die Cortisol-Synthese. Pregnenolon, das erste Zwischenprodukt, ist allen Steroidhormonen gemeinsam.

Wirkung auf den Stoffwechsel: Stimuliert die Gluconeogenese durch Induktion von Schlüsselenzymen (z.B. der Phosphoenolpyruvat-Carboxykinase) und durch Aminosäure-Mobilisierung aus den Proteinen des Skelettmuskels (glucogene Aminosäuren als Substrat für die Gluconeogenese). Hemmt die Glucoseaufnahme in den Muskel und das Fettgewebe.

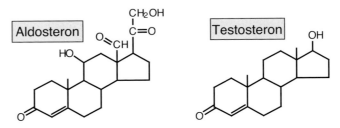

Abbildung 15.5　Aldosteron und Testosteron, zwei Corticosteroide.

Aldosteron, das wichtigste **Mineralocorticoid**:

Synthese: Cholesterin → Pregnenolon → Progesteron → drei Hydroxylierungs- und Oxidationsschritte → Aldosteron. Stimuliert durch **ACTH** und **Angiotensin II**.

Wirkung: Fördert die Rückresorption von Natrium in den Nieren.

Testosteron, das wichtigste **Geschlechtshormon** der Nebennieren:

Synthese: Die Testosteron-Synthese der Nebennierenrinde ist, verglichen mit der Synthese in den Testes, in erwachsenen Männern von geringer Bedeutung.

> 'Mr Leopold Bloom ate with relish the inner organs of beasts and fowls. He liked thick giblet soup, nutty gizzards, a stuffed roast heart, liverslices fried with crustcrumbs, fried hencods' roes. Most of all he liked grilled mutton kidneys which gave his palate a fine tang of faintly scented urine.
> Kidneys were in his mind as he ...'
>
> *James Joyce, Ulysses*

16 | Ernährung und Vitamine

Was verstehen wir unter «Grundumsatz» und wie groß ist er? Wieviele Kalorien liefern Brot, Butter und Wein? Wozu dienen die Vitamine und Spurenelemente? Mit diesen und anderen kaum umstrittenen Fragen befasst sich die Biochemie der Ernährung. In ein Ernährungskapitel lassen sich aber auch Ratschläge zur «ausgewogenen» Ernährung schmuggeln. Das ist zwar interessant, würde aber die Halbwertszeit eines Lehrbuchs gefährlich verkürzen. Deshalb beschränke ich mich hier auf die trockeneren, aber gesicherten Fakten.

16.1 Energiefragen

Die Energiebilanz – aufgenommene minus verbrauchte Energie – bestimmt letztendlich die Gewichtsentwicklung. Der *Verbrauch* lässt sich so einteilen:

1. Der **Grundumsatz**. Er hält den Menschen am Leben und wird nach dem Aufwachen, 12 bis 14 Stunden nach der letzten Mahlzeit, an der liegenden Versuchsperson gemessen. Es gelten folgende Regeln:
   - Grundumsatz = 1 kcal (4,2 kJ)/kg Körpergewicht und Stunde.
   - Der Grundumsatz der Männer ist höher als derjenige der Frauen.
   - Die inneren Organe, v.a. Hirn, Herz, Nieren und Leber, sind überproportional stark am Grundumsatz beteiligt.
   - Hormone (z.B. Thyroxin) beeinflussen den Grundumsatz.
2. Die **nahrungsbedingte Thermogenese** (postprandiale Thermogenese). Nach der Nahrungsaufnahme steigt der Energieverbrauch, weil die Verdauung, die Resorption, der Transport und die Speicherung der Nahrung Energie benötigen. Die postprandiale Thermogenese beträgt etwa 10% des Grundumsatzes und hängt von der Zusammensetzung der Nahrung ab:
   - Proteine: hoch (ca. 20-30% der mit den Proteinen zugeführten Energie).
   - Alkohol: hoch (ca. 10-30% der mit dem Alkohol zugeführten Energie).
   - Kohlenhydrate: tief (ca. 5-10% der mit den Kohlenhydraten zugeführten Energie).
   - Fett: noch tiefer (ca. 3% der mit dem Fett zugeführten Energie).

Die nahrungsbedingte Thermogenese lässt sich noch Stunden nach der Nahrungsaufnahme nachweisen. Deshalb muss man mit dem Bestimmen des *Grundumsatzes* zuwarten, bis ihr Beitrag zum Gesamtumsatz abgeklungen ist (siehe oben).

3. Die **aktivitätsbedingte Thermogenese**. Sie hängt von der Muskelarbeit ab, die Unterschiede sind dementsprechend groß.

4. Gemessen wird der Umsatz mit Hilfe der **direkten** oder **indirekten Calorimetrie**.
   - **Direkte Calorimetrie**: In einer geschlossenen Kammer wird die Wärmeabgabe gemessen, eine aufwändige Prozedur.
   - **Indirekte Calorimetrie**: Der Umsatz wird mit Hilfe des Sauerstoffverbrauchs abgeschätzt. (Der *aerobe* Anteil des Stoffwechsels ist viel größer als der *anaerobe*, diese Methode ist deshalb legitim). Für *Glucose* gilt: 1 Mol Glucose + 6 Mol $O_2 \rightarrow$ 6 Mol CO_2 + 6 Mol H_2O ($\Delta G^{\circ\prime}$ = 2898kJ). Da 1 Mol O_2 = 22,4 l, werden pro Liter Sauerstoff 21,6 kJ frei (2898 geteilt durch 6 x 22,4). Der Mensch lebt aber nicht von Brot allein → respiratorischer Quotient.

RQ = $V_{CO_2} : V_{O_2}$

5. Der **respiratorische Quotient** (RQ) gibt das Verhältnis zwischen Mol (oder Volumen, V) gebildetem CO_2 und Mol aufgenommenem Sauerstoff an. Der RQ der drei Energieträger beträgt:
   - *Kohlenhydrate*: 1 (6 CO_2 pro 6 O_2, siehe oben).
   - *Protein*: 0,83. (Mittelwert für ein repräsentatives Aminosäuregemisch).
   - *Fett* (Triolein): 0,71. (Die Kohlenstoffatome der Fettsäuren tragen, mit Ausnahme der Carboxylgruppe, *kein O*; die vollständige Oxidation benötigt mehr Sauerstoff).
   - Aus dem gemessenen RQ lässt sich der Anteil der drei Energieträger an der Energiegewinnung abschätzen: Je höher der RQ, desto größer der Kohlenhydratanteil. Tief liegt er bei fettreicher, kohlenhydratarmer Nahrung und im Fastenzustand.

Aktivität	kcal/h
Schlafen	70
Autofahren	80
Gehen (langsam)	200
Jogging (12km/h)	750
Velofahren (15km/h)	385
Velofahren (30km/h)	835
Schwimmen	500

Tabelle 16.1 Energiebedarf.

Zusammenfassend merken wir uns: Erwachsene, die nur leichte Arbeit verrichten, brauchen 50-60% der Energie für den Grundumsatz, 10% für die postprandiale Thermogenese und 30-40% für das Muskelspiel. **Pr**

Die Tabelle 16.1 vermittelt eine *grobe* Übersicht über die Kosten verschiedener Aktivitäten. Interessant: Porschefahren und Schlafen unterscheiden sich kaum.

Die Energieträger

Die drei Energieträger und der Alkohol enthalten:

Fett:	9,3 kcal/g	(39,1 kJ/g)
Kohlenhydrat:	4,1 kcal/g	(17,2 kJ/g)
Eiweiß:	4,1 kcal/g	(17,2 kJ/g)
Ethanol:	7,1 kcal/g	(29,8 kJ/g)

Pr

Zu welchen Anteilen Fette, Eiweiße und Kohlenhydrate den Energiebedarf decken sollten, ist Gegenstand von Glaubenskriegen. Tragen Sie die zum Zeitpunkt Ihres Studiums geltenden Werte selber ein! Der *durchschnittliche* Bewohner westlicher Länder verhält sich so:

Kohlenhydrat:	45 - 55	% der Gesamtenergie	Empfohlen:
Fett:	30 - 40	% der Gesamtenergie	Empfohlen:
Eiweiß:	15	% der Gesamtenergie	Empfohlen:

Pr

Während man auf die Kohlenhydrate theoretisch verzichten kann, sind Fette und Eiweiße lebensnotwendig. Warum?

Antwort: Essentielle Amino- und Fettsäuren, Aufnahme lipophiler Vitamine.

Kohlenhydrate

Der **glykämische Index** (GI) ist ein Maß dafür, wie schnell die Glucose eines kohlenhydrathaltigen Nahrungsmittels im Blut erscheint. Der GI eines Nahrungsmittels wird so bestimmt: Nach Einnahme einer Menge, die 50 Gramm Kohlenhydrate enthält, wird die Glucosekonzentration im Blut während 2 Stunden gemessen. Das Integral (die Fläche unter der Kurve) wird durch das Integral dividiert, das man nach Einnahme eines Standards (50g Glucose oder Weißbrot) erhält: $GI = Integral_{Probe} : Integral_{Standard}$ x 100.

Es wird empfohlen, sich an Lebensmittel mit niedrigem GI zu halten. Teigwaren, Kartoffeln, Brot, Reis, Frühstücks«cereal» und «Zucker» (Saccharose) haben hohe GI-Werte, Früchte und Leguminosen (Bohnen) tiefe. Allerdings variieren die Werte stark. Sie hängen nicht nur von der Herstellungsart und der Kombination mit anderen Nahrungsmitteln ab, sondern auch von den Probanden, an denen die GI-Werte bestimmt wurden.

Eiweiß

Gesunde Erwachsene benötigen 0,5-1g Eiweiß pro kg Körpergewicht und Tag, um die Verluste zu ersetzen (siehe Kapitel 11.3). Doch sind nicht alle Nahrungseiweiße gleichwertig: Da der Organismus nur die 8 essentiellen Aminosäuren nicht selber herstellen kann, hängt die Proteinmenge, die man aufnehmen muss, von deren Menge ab. Der Begriff der **biologischen Wertigkeit** trägt diesem Umstand Rechnung.

Definition **biologische Wertigkeit**: (retinierter N / resorbierter N) x 100. Oder, einfacher ausgedrückt: Die biologische Wertigkeit ist ein Maß dafür, wie viele g Nahrungseiweiß eine bestimmte Menge Körpereiweiß ersetzen können. Werden x Gramm durch x Gramm Nahrungseiweiß ersetzt, ist die Wertigkeit 100. Braucht es mehr als x Gramm, *sinkt* die Wertigkeit.

Eiweiße, die in ihrer Zusammensetzung den körpereigenen Eiweißen nahestehen, haben eine hohe Wertigkeit. Ein paar Beispiele:

Ei («Eiweiß»):	100		Sojaprotein:	70
Fleisch:	75		Reis, Weizenmehl:	60
Fisch:	75		Erbsen:	50
Kartoffel:	75		Mais:	40

Der Tagesbedarf an essentiellen Aminosäuren beträgt:

Valin:	0,8g pro Tag		Threonin:	0,5g pro Tag
Leucin:	1,1g pro Tag		Tryptophan:	0,25g pro Tag
Isoleucin:	0,7g pro Tag		Methionin:	1,1g pro Tag
Phenylalanin:	1,1g pro Tag		Lysin:	0,8g pro Tag

Fette

Die beiden mehrfach ungesättigten Fettsäuren **Linolsäure** ($C18:2\omega$-6) und **Linolensäure** ($C18:3\omega$-3) sind *essentiell*. Deren verlängerte Abkömmlinge **Arachidonsäure** ($C20:4\omega$-6, aus Linolsäure), **Eicosapentaensäure** ($C20:5\omega$-3, aus Linolensäure) und **Docosahexaensäure** ($C22:6\omega$-3, ebenfalls aus Linolensäure) kann der Mensch zwar synthetisieren, aber nicht in ausreichender Menge. Näheres über diese Fettsäuren finden Sie im Kapitel 10.3.

Tabelle 16.2 vermittelt eine Idee über die Zusammensetzung der wichtigsten Nahrungsmittel.

	Protein	KH	Fett	kcal/100g
Rindfleisch	21,3	–	18,0	115
Eier	12,5	0,7	10,6	167
Milch	3,3	4,7	3,6	69
Butter	0,6	–	79,0	773
Brot	6,8	47,8	1,1	237
Kartoffeln	1,5	15,4	0,1	70
Reis (poliert)	1,6	19,5	0,1	88
Teigwaren (m. Ei)	3,4	18,2	2,6	118
Erbsen	4,3	10,8	0,4	73
Erdnüsse	19,9	13,4	44,5	627
Haferflocken	9,5	63,3	6,3	375
Apfel	0,3	12,4	0,4	55

Tabelle 16.2 Die Zusammensetzung einiger ausgewählter Lebensmittel (g/100g). Es handelt sich um Frischgewicht – den größten Anteil hat das Wasser. KH: Kohlenhydrate.

16.2 Vitamine

Diese Liste der Vitamine beschränkt sich auf das Wichtigste. Unter den Rubriken «Vorkommen», «Funktion» und «Mangel» sind nur die typischsten, oft erwähnten (und geprüften) Beispiele aufgeführt. *Es gibt 13 Vitamine.*[*]   **Pr**

Fettlösliche Vitamine

Die fettlöslichen Vitamine merkt man sich mit dem Begriff «ADEK». Fettlösliche Vitamine sind, um resorbiert zu werden, auf Micellen und damit auf Fett in der Nahrung angewiesen. Im Blut findet man sie auch in Lipoproteinen.

---

[*] Eine nützliche Information: Steht auf einer Verpackung mit «Designer Food», «Functional Food», «Neutraceuticals» oder anderweitigen Geschmacksverirrungen: «enthält über 20 Vitamine», wissen Sie, womit Sie es zu tun haben.

Vitamin A (Abbildung 16.1)

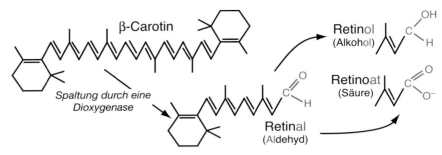

Abbildung 16.1 β-Carotin und Retinoide.

Struktur:	Es handelt sich um die Retinoide **Retinol, Retinal** und **Retinoat**. **Carotinoide** sind orange-rot-farbige Vorläufer («Provitamin A»), die nach der Aufnahme in den Mucosazellen des Darms zu Vitamin A gespalten werden.
Vorkommen:	Carotinoide: Pflanzen (Karotten, gelbe Früchte, Blätter). Retinoide: tierische Lebensmittel (Leber enthält besonders viel davon).
Funktion:	Am Sehvorgang beteiligt (Stichwort: Rhodopsin).
Mangel:	Schlechtes Sehen in der Dunkelheit bis Nachtblindheit, Hyperkeratose, verminderte Wundheilung.
Toxizität:	Überdosierung möglich, aber nicht mit Carotinoiden.

Vitamin D (Abbildung 16.2)

Struktur:	Die Vitamin D-Formen (Calciferole), können vom Organismus aus Cholesterin synthetisiert werden (Kapitel 10.4). Vitamin D_2 = Ergocalciferol; Vitamin D_3 = Cholecalciferol und – hier gezeigt – 1,25-Dihydroxycholecalciferol = Calcitriol, *die biologisch aktive Form.* Wird im Blut am **Vitamin D-Bindungsprotein** transportiert.
Vorkommen:	Milch, Butter, Eier und Meeresfische.
Funktion:	Calciumstoffwechsel: Die Calciumresorption im Darm und die Reabsorption in der Niere werden gesteigert, die Mineralisierung der Knochenmatrix gefördert. Induziert die Transkription der beteiligten Proteine (z.B. Calbindin, Ca^{2+}-ATPase).

| Mangel: | **Rachitis** bei Kindern, **Osteomalacie** bei Erwachsenen, verursacht durch zu wenig Sonnenlicht, zu geringe Zufuhr oder Malabsorption. |
| Toxizität: | Überdosierung mit Vitaminpräparaten möglich. |

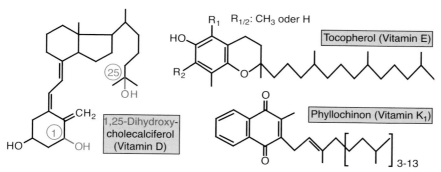

Abbildung 16.2 Die Vitamine D, E und K

Vitamin E (Abbildung 16.2)

Struktur:	4 **Tocopherole** und 4 **Tocotrienole** werden unter dem Begriff **Vitamin E** zusammengefasst. Das lipophile Molekül steckt in den Membranen und Lipoproteinen.
Vorkommen:	Nur Pflanzen und Cyanobakterien können Vitamin E synthetisieren. Unsere Hauptquellen sind Vollkornprodukte und Blattgemüse.
Funktion:	Die Tocopherole schützen die Membranen vor Oxidierung. Sie hemmen daneben Entzündungen, die Blutgerinnung und die Thrombocytenaggregation.
Mangel:	Nur bei gestörter Fettabsorption. Neuropathien.
Toxizität:	Selten. Blutungen nach Überdosen.

Vitamin K (Abbildung 16.2)

Struktur:	Auch «Vitamin K» ist ein Sammelbegriff: **Phyllochinon** (K_1), **Menachinon** (K_2) und **Menadion** (K_3) gehören dazu.
Vorkommen:	Grüne Pflanzen, Fleisch, Eier.
Funktion:	Ist an der Carboxylierung von Glutamylresten beteiligt. Zu den Proteinen, die dergestalt modifiziert werden, gehören auch die **Blutgerinnungsfaktoren** 2,7,9 und 10 (Merkwort: «1972»).

229

Mangel:	Malabsorptionsbedingter Mangel stört die Blutgerinnung. Die Blutgerinnungshemmer *Marcoumar/Warfarin* hemmen Vitamin K.
Toxizität:	Selten. Fördert Thrombogenese.

Wasserlösliche Vitamine

Die meisten wasserlöslichen Vitamine tragen «B»-Namen. Gebräuchlich sind aber nur B_1 = Thiamin, B_2 = Riboflavin, B_6 = Pyridoxin und B_{12} = Cobalamin.

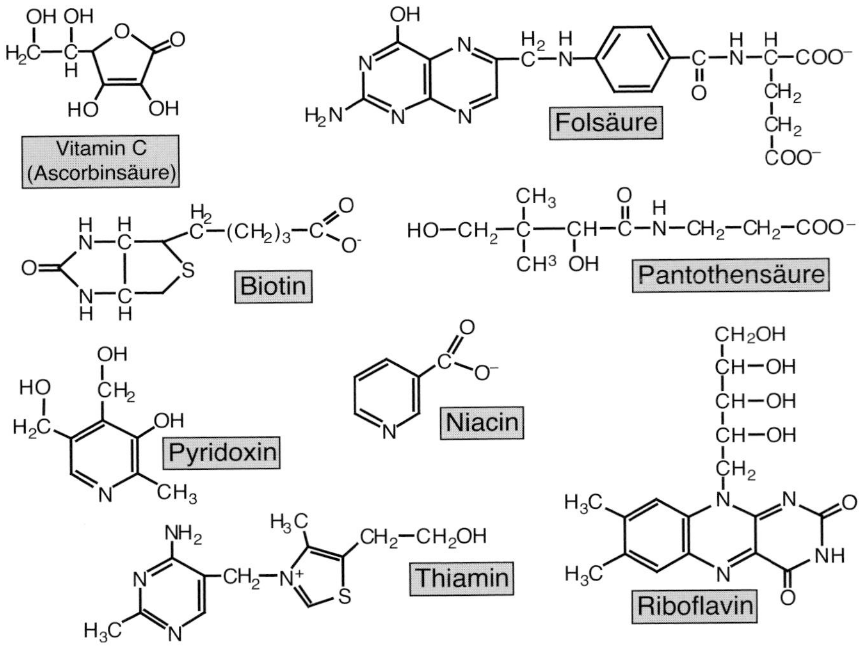

Abbildung 16.3   Die wasserlöslichen Vitamine (ohne B_{12}).

Thiamin = Vitamin B_1

Struktur:	1 Pyrimidinring, 1 Thiazolring (siehe Abbildung 16.3). Hitzelabil.
Vorkommen:	Innereien, Vollkorngetreide.
Funktion:	Coenzym der α-**Keto-Decarboxylasen** (Pyruvatdehydrogenase, α-Ketoglutarat-Dehydrogenase etc.) und der **Transketolase** (Hexosephosphat-Shunt!). Aktiv ist die phosphorylierte Form (Thiaminpyrophosphat), aufgenommen wird aber nur das dephosphorylierte Thiamin.

230

Mangel:	Kohlenhydratreiche Nahrung erfordert größere Vitamin B_1-Mengen (α-Keto-Dehydrogenasen!). Vitamin B_1-Mangel macht sich vor allem im *glucoseverbrauchenden Zentralnervensystem* bemerkbar. Die klassische Mangelkrankheit heißt **Beriberi**.
Toxizität:	keine.

Riboflavin = Vitamin B_2

Struktur:	Riboflavin ist Bestandteil des **Flavinmononucleotids** (FMN) und des **Flavin-Adenin-Dinucleotids** (Abbildung 16.3) (FAD).
Vorkommen:	Weit verbreitet, v.a. Milch, Innereien. Auch in Gemüsen, fehlt aber im (nicht künstlich angereicherten) Getreide.
Funktion:	Elektronenübertragung: Komplex I der Atmungskette, verschiedene Redox-Reaktionen.
Mangel:	Vitamin B_2-Mangel tritt kaum isoliert auf.
Toxizität:	Nicht bekannt.

Niacin = Vitamin B_3

Struktur:	Substituierter Pyridinring (Abbildung 16.3). Bestandteil des NAD(H) und des NADP(H)
Vorkommen:	Innereien, Hefe, Fleisch, Vollkorngetreide. Im Mais ist Niacin peptidgebunden und muss, damit es resorbiert werden kann, in alkalischer Lösung vom Peptid getrennt werden. Die Indianer Zentralamerikas waren gut in Biochemie: Sie pflegten ihren Mais vor der Zubereitung in Kalkwasser einzuweichen und die Bindung so zu hydrolysieren.
Funktion:	Redoxreaktionen.
Mangel:	**Pellagra** («raue Haut»), eine Kombination von Dermatitis, Demenz und Diarrhoe.
Toxizität:	Nur bei Überdosierung mit Präparaten.

Pantothensäure = Vitamin B_5

Struktur:	Bestandteil des **Coenzyms A** (Abbildung 16.3).
Vorkommen:	Weitverbreitet, besonders hohe Konzentrationen in Eigelb und Innereien.
Funktion:	Als Bestandteil des CoA: Oxidative Decarboxylierungen und viele weitere Reaktionen. Die Pantothensäure ist außerdem Teil des *Fettsäuresynthase-Komplexes*.

Mangel: Selten.

Toxizität: Keine.

Pyridoxin = Vitamin B_6

Struktur: Pyridoxin ist der Sammelbegriff für Pyridoxol, Pyridoxamin und Pyridoxal (siehe Seite 154 und Abbildung 16.3).

Vorkommen: Leber, Fisch, Hefe, Weizen, in geringerer Menge auch in Milch, Eiern und Gemüsen.

Funktion: Transaminierung, Decarboxylierung und Spaltung bestimmter C – C -Bindungen («Eliminierung»). Vitamin B_6 ist als **Pyridoxalphosphat** an ein Lysin des Enzyms gebunden aktiv. B_6 ist für den *Proteinmetabolismus* besonders wichtig.

Mangel: Neurologische und dermatologische Symptome. Selten.

Toxizität: Möglich.

Biotin

Struktur: siehe Abbildung 16.3.

Vorkommen: Leber, Nieren, Ei und Hefe.

Funktion: Biotin ist ein Coenzym für **Carboxylasen**. (Carboxylasen kombinieren CO_2 mit einem Kohlenstoffgerüst, Beispiel: Pyruvatcarboxylase).

Mangel: Kommt kaum vor.

Toxizität: –

Folsäure

Struktur: siehe Abbildung 16.3. Folsäure wird zur biologisch aktiven **Tetrahydrofolsäure** reduziert (NADPH-abhängige Folatreductase).

Vorkommen: Grüne Blätter (lat. folium = Blatt), Leber, Niere, Bohnen. Im Getreide steckt zwar viel Folat, doch geht es beim Mahlen verloren und wird oft nachträglich wieder zugesetzt. Folat ist hitzeempfindlich.

Funktion: Übertragung von C1-Gruppen (C1: Methyl, Formyl, Formiat und Hydroxymethyl). An der Nucleotid- und Cholinsynthese beteiligt.

Mangel: Häufig, trifft v.a. schwangere Frauen, alte Menschen, Raucher und Alkoholiker.

Toxizität: –

Cobalamin = Vitamin B$_{12}$

Siehe Seite 95. Stichworte zur Erinnerung: Extrinsic und Intrinsic Factor, enthält Cobalt, nicht in Pflanzen (Problem für Veganer), perniziöse Anämie.

Vitamin C = L-Ascorbinsäure

Struktur: Es handelt sich um ein **Lacton**, Abbildung 16.3.

Vorkommen: Citrusfrüchte, Tomaten, Paprika, Rosenkohl etc.

Funktion: Antioxidans. Reduziert die Metalle aktiver Enzymzentren, z.B. das Eisen der *Prolylhydroxylase*. Hydroxyprolin und Hydroxylysin schaffen die Voraussetzung für die Vernetzung der Kollagenfasern.

Mangel: Skorbut.

Toxizität: –

«Limies»

Skorbut traf früher vor allem Seeleute, deren einseitige Diät – Gepökeltes, Biscuits und dergleichen – kaum Vitamin C enthielt. Bis die Engländer empirisch herausfanden, dass sich die Krankheit durch den Konsum von *Limonen* vermeiden liess, die fortan auf langen Reisen mitgeführt wurden. (Symptome treten nach 50 bis 80 Tagen Vitamin C-freier Ernährung auf). Danach hießen englische Seeleute «Limies», ein Name, der in den USA später zu einem Synonym für alle Engländer wurde. Warum Limonen Skorbut verhindern, hat man aber erst 1932 herausgefunden.

16.3 Calcium und die Spurenelemente

Calcium

Vorkommen: Milchprodukte. In zweiter Linie Fisch, Nüsse und getrocknete Bohnen.

Mangel: Osteoporose, Tetanie.

Kupfer

Vorkommen: Innereien und viele weitere Quellen.

Funktion: Redoxreaktionen ($Cu^{2+} \rightleftarrows Cu^{1+}$). Zum Beispiel im Komplex IV der Atmungskette, in der *Cu-Zn-Superoxid-Dismutase* und in der *Ferrooxidase I*.

Mangel: Selten. Anämie.

Iod

Vorkommen:	Meerestiere, iodiertes Tafelsalz.
Funktion:	Bestandteil des *Thyroxins*.
Mangel:	Häufig. *Struma* («Kropf») und, wenn der Embryo betroffen ist, *Kretinismus*.

Fluor

Vorkommen:	Meeresfisch, fluoridiertes Speisesalz.
Funktion:	Bestandteil des Zahnschmelzes.
Mangel:	Karies.

Eisen

Siehe Kapitel 13.3.

Magnesium

Vorkommen:	Milchprodukte, Nüsse, Leguminosen, grüne Gemüse und . . . Schokolade.
Mangel:	Schwindel, Muskelkrämpfe bei, zum Beispiel, Diuretica-bedingtem Verlust.

Mangan

Vorkommen:	Unter anderem Vollkornprodukte.
Funktion:	Bestandteil der *PEP-Carboxykinase*, der *Pyruvatcarboxylase* und der *Mn-Superoxiddismutase*.
Mangel:	Kommt nicht vor.

Molybdän

Vorkommen:	Weit verbreitet.
Funktion:	Elektronenübertragung. Beispiel: *Xanthinoxidase*.
Mangel:	Kommt nicht vor.

Selen

Vorkommen:	Weit verbreitet, doch hängt der Selengehalt der Lebensmittel von der Zusammensetzung der Böden, auf denen sie gewachsen sind, ab.
Funktion:	Bestandteil der *Glutathion-Peroxidase* und Enzyme des *Thyroxin-Stoffwechsels*.

| **Mangel**: | Selten, kommt in selenarmen Regionen vor (China). Cardiomyopathie und Störung der Schilddrüsenfunktion. |
| **Toxizität**: | Das Zehnfache der empfohlenen Tagesmenge von 100 μg ist bereits toxisch (Übelkeit, Durchfall, Haarausfall, Haut- und Nervenschäden). |

Zink

Vorkommen:	Austern, Leber, Nüsse, Samen, etc.
Funktion:	Cofaktor vieler Enzyme.
Mangel:	Selten. Trifft am ehesten Alkoholiker, alte Menschen und Vegetarier. Anämie, Sterilität, gestörte Wundheilung und Skelettabnormalitäten.

'I am glad you do not set too much store by the reports of the Scientific Committee. Almost all the food faddists I have ever known, nut-eaters and the like, have died young after a long period of senile decay. The British soldier is far more likely to be right than the scientists. All he cares about is beef. . . . The way to lose the war is to try to force the British public into a diet of milk, oatmeal, potatoes, etc, washed down on gala occasions with a little lime juice.'

Churchill in einem Brief, 1940
Zitiert in: Churchill (Roy Jenkins, 2001)

A | Toolbox

(Andreas Wicki und Jörg Hagmann)

A.1 Kohlenhydrate

A.1.1 Monosaccharide

Kohlenhydrate sind **Polyhydroxyaldehyde** oder **Polyhydroxyketone**, welche der allgemeinen Summenformel $C_n(H_2O)_m$ gehorchen. Sie können durch Oxidation aus **Polyalkoholen** entstehen, zum Beispiel:

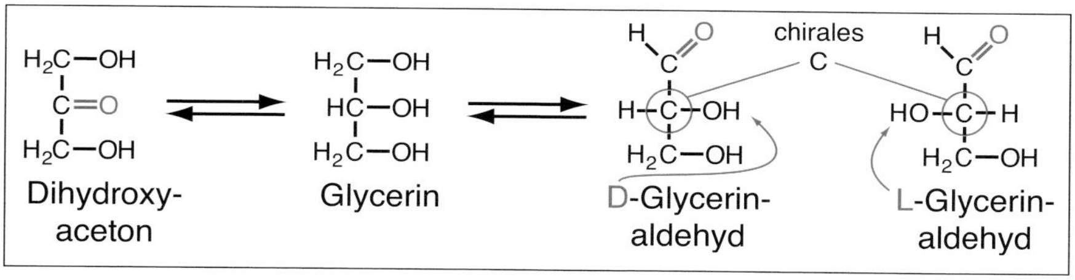

Die Oxidation einer *primären* (endständigen, 1'C) Hydroxylgruppe führt zu einem **Aldehyd**, die Oxidation einer *sekundären* (2'C) OH-Gruppe zu einem **Keton**. Kohlenhydrate mit einer Ketongruppe nennt man **Ketosen** (Endung -ulosen, außer bei der Fructose), Kohlenhydrate mit einer Aldehyd-Gruppe **Aldosen** (Endung -ose). Das 2'C-Atom im Glycerinaldehyd ist **chiral** (4 verschiedene Substituenten), weshalb zwei optische Isomere möglich sind: eine **L-** und eine **D-Konfiguration**. D-Glycerinaldehyd ist der Grundkörper aller Kohlenhydrate der D-Reihe. Auch Ketosen können chiral sein. *Die meisten Kohlenhydrate liegen in der D-Konfiguration vor, obwohl es auch solche mit einer L-Konfiguration gibt (Beispiel.: L-Fucose).*

Kohlenhydrate werden nach der Anzahl C-Atome in **Triosen** (drei C-Atome), **Tetrosen** (vier C-Atome), **Pentosen** (fünf C-Atome) und **Hexosen** (sechs C-Atome) eingeteilt. Glycerinaldehyd und Dihydroxyaceton sind Beispiele für die einfachsten Kohlenhydrate, die Triosen. *Die meisten tierischen Kohlenhydrate gehören hingegen zu den Pentosen und den Hexosen.*

A.1.1.1 Hexosen

Glucose ist die wichtigste Aldohexose. Andere Aldohexosen, wie Mannose und Galaktose, entstehen durch *Epimerisierung*: sie unterscheiden sich von Glucose nur in der Ausrichtung einer Hydroxylgruppe an einem C-Atom.

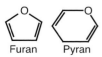

Diese Formeln heißen **Fischer-Formeln** und zeigen die *offene Form* der Aldohexosen. Das am stärksten oxidierte C steht oben, die Hydroxylgruppen zweigen je nach Konformation nach rechts oder links ab. Im Menschen liegen Aldohexosen meist nicht als offenkettige Form, sondern als Ring vor. Dabei reagiert die Aldehydgruppe des 1'C mit dem 5'C unter Bildung eines 6er-Ringes (fünf C-Atome und ein O-Atom im Ring). Die Reaktion, die zur Bildung eines Ringes führt, nennt man **Halbacetalbildung**. Der resultierende 6er-Ring wird **Pyranose** genannt. Die Ringform der Kohlenhydrate kann auf zwei Arten dargestellt werden: mit der **Haworth-Formel** und mit der **Sessel-Formel**.

Beim Ringschluss entsteht ein zusätzliches asymmetrisches C-Atom in der 1'C-Position. Dieses Phänomen heißt **Anomerie**, und die zwei entstehenden Anomere werden mit α oder β gekennzeichnet. Die offenkettige, die α- und die β-Form liegen miteinander im Gleichgewicht:

Die Verwandlung einer Form in die andere wird **Mutarotation** genannt. Die Anomerie wird durch die verschiedene Anordnung der OH-Gruppe am 1'C angezeigt.

Fructose ist die wichtigste Ketohexose. Ähnlich wie die Glucose kann sie durch eine Halbketalreaktion in eine Ringform überführt werden. Da bei

Fructose die Keto-Gruppe am 2'C- mit dem 5'C-Atom reagiert, entsteht nur ein 5er-Ring. Der geschlossene 5er-Ring wird **Furanose** genannt.

α-D-Fuctose (= α-D-Fructofuranose) — D-Fructose — β-D-Fuctose (= β-D-Fructofuranose)

A.1.1.2 Pentosen

Ribose und **Desoxyribose** sind die beiden wichtigsten Pentosen. Wie die Hexosen kommt es auch bei den Pentosen zu einem Ringschluss. Es entsteht dabei eine **Furanose** (ein 5er-Ring).

D-Ribose — β-D-Ribose — D-Desoxyribose — β-D-Desoxyribose

Cave: die Desoxyribose gehorcht der Summenformel $C_n(H_2O)_m$ **nicht**, da ein Sauerstoffatom fehlt.

A.1.2 Die wichtigsten chemischen Reaktionen der Monosaccharide

Oxidation:
Oxidation des 1'C Aldehyds → **Gluconolacton** → **Gluconsäure**.
Zweifache Oxidation der 6'C Hydroxylgruppe → **Glucuronsäure**.

Gluconat — Gluconolacton — Glucose — Glucuronat

239

Reduktion:

Reduktion der 1'C-Aldehydgruppe der Glucose oder der 2'C-Ketogruppe der Fructose → **Sorbitol**.

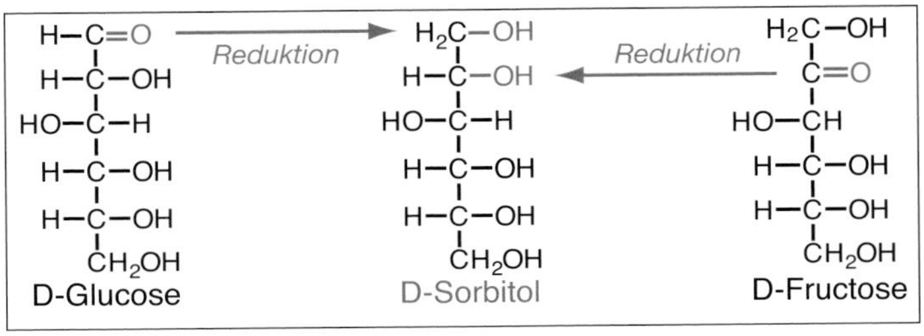

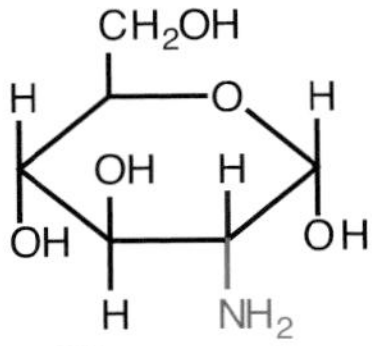

Aminierung:

Die 2'C-OH-Gruppe von Glucose kann durch NH_3 ersetzt werden, es entsteht **Glucosamin**. Dasselbe gilt für Mannose und Galaktose. Diese Gruppe von Kohlenhydraten wird auch **Aminozucker** genannt.

Glucosamin

Schiff'sche Base:

Die offenkettige Aldehyd-Form der Glucose kann mit der Aminogruppe einer Aminosäure oder eines Proteins reagieren. Die Reaktion führt zur Bildung einer **Schiff'schen Base** und ist nach der **Amadori-Umlagerung** irreversibel.

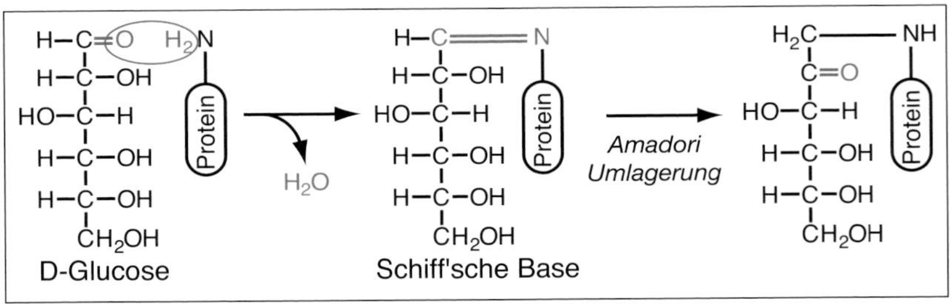

A.1.3 Di-, Oligo- und Polysaccharide

A.1.3.1 Disaccharide

Disaccharide bestehen aus zwei durch eine glykosidische Bindung miteinander verknüpften Monosacchariden. Dabei reagiert bei Aldosen das 1'C Halbacetal mit der 4'C-OH- oder der 6'C-OH-Gruppe unter Abspaltung von Wasser zu einem Vollacetal. Da das 1'C-Atom asymmetrisch ist und in einer α- und β-anomeren Form vorkommt, gibt es auch zwei Arten der glykosidischen Bindung: α-glykosidisch und β-glykosidisch. Für Ketosen gilt: das 2'C Halbketal reagiert mit einer C-OH-Gruppe unter

Wasserabspaltung zu einem Vollketal. Auch hier wird das 2'C-Atom bei der Ringschließung asymmetrisch (→ α- oder β-glykosidisch).

Die wichtigsten Disaccharide:

Name	glykosidische Bindung	Monomere
Maltose	Glc (α-1,4) Glc	Glucose (Glc) + Glucose
Isomaltose	Glc (α-1,6) Glc	Glucose + Glucose
Cellobiose	Glc (β-1-4) Glc	Glucose + Glucose
Lactose	Gal (β-1,4) Glc	Galaktose (Gal) + Glucose
Saccharose	Glc (α-1,β-2) Frc	Glucose + Fructose (Frc)

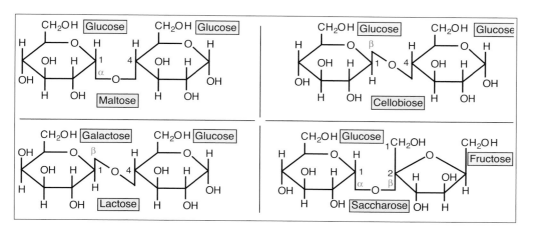

Die glykosidische Bindung zwischen zwei Kohlenhydraten ist eine **O-glykosidische** Bindung, da zwei OH-Gruppen miteinander reagieren. Daneben gibt es auch **N-glykosidische** Bindungen, wenn z.B. ein Kohlenhydrat mit der NH_2-Gruppe einer Base oder eines Proteins reagiert.

A.1.3.2 Oligosaccharide

Kohlenhydratketten mit 3-10 Monosacchariden werden als **Oligosaccharide** bezeichnet. Oligosaccharide sind häufig O- oder N-glykosidisch an Protein (**Glykoproteine**) oder Lipide (**Glykolipide**) gebunden. Freie Oligosaccharide kommen nur selten vor. Ein klassisches Beispiel für ein Protein mit Oligosaccharid-Ketten ist das AB0-Blutgruppenantigen. Der Proteinteil (= H-Antigen) sitzt in der Membran der Erythrocyten. Die Oligosaccharide (bestehend aus 3-4 Monosacchariden) ragen in den Extrazellulärraum.

A.1.3.3 Polysaccharide

Polysaccharide sind Kohlenhydrate mit *mehr als 10 Monomeren*. **Homoglykane** werden von einer einzigen Sorte Monosacchariden aufgebaut, während **Heteroglykane** aus verschiedenen Monomeren bestehen.

Glycogen (Homoglykan; Kapitel 8.1):
α-1,4-verknüpfte Glucoseketten mit α-1,6-Verzweigungen. Die Ketten sind helical gewunden.

Stärke (Homoglykan; siehe Seite 91):
Pflanzlicher Kohlenhydratspeicher. Wie Glycogen, kommt aber in zwei Formen vor:
1. **Amylose**: unverzweigt.
2. **Amylopektin**: α-1,6-Verzweigungen, aber weniger als Glycogen.

Cellulose (Homoglykan):
Pflanzliches Strukturpolysaccharid. β-1,4-verknüpfte Glucose-Einheiten. Linear, nicht helical.

Dextran (Homoglykan):
Ein bakterielles Polysaccharid aus α-1,6, α-1,3, α-1,4 und α-1,2-verzweigten Glucoseeinheiten. Wird in der Medizin als *Plasmaexpander* verwendet.

Inulin (Heteroglykan):
Ein **Polyfructosan** aus 20 bis 30 β-2,1-verknüpften Fructoseeinheiten und einer terminalen α-D-Glucose. Wird zur Bestimmung der glomerulären Filtrationsrate verwendet.

Weitere Heteroglykane im Kapitel 9.2.

A.1.4 Glycoside

Glycoside sind chemische Verbindungen, die über einen Alkohol (bisweilen aber auch über eine Thio-, Amino- oder Selen-Gruppe) mit einem Kohlenhydrat verbunden sind. Wird die Definition von Glycosiden weit gefasst, so gehören die oben erwähnten Di-, Oligo- und Polysaccharide auch zu den Glycosiden. Daneben gibt es in der Natur aber auch Glykoside, die in der Medizin relevant sind und deshalb erwähnt werden sollen:

Verbindung	Beispiel
Kohlenhydrat + Steroid	**Digitoxin** (ein Herzglykosid)
Kohlenhydrat + microbielles Stoffwechselprodukt	**Aminoglykosid-Antibiotika**
Kohlenhydrat + microbielles Stoffwechselprodukt	**Macrolid-Antibiotika**
Kohlenhydrat + Benzimidazol	**Vitamin B$_{12}$**

A.1.5 Auftrennung von Kohlenhydraten

Kohlenhydrate können durch **Chromatographie** analytisch aufgetrennt werden. Die häufigsten Methoden sind die **Adsorptions-**, die **Gelfiltrations-**, die **Ionenaustauscher-** und die **Affinitäts-Chromatographie**.

A.2 Aminosäuren, Peptide und Proteine

A.2.1 Aminosäuren

So sieht die allgemeine Formel einer Aminosäure aus:

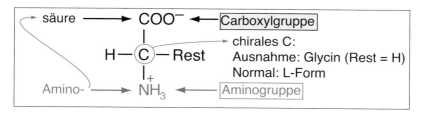

Bei physiologischem pH (ca. 7,4) sind sowohl die Carboxylgruppe wie auch die α-Aminogruppe (entgegengesetzt) geladen: Wir sprechen von **Zwitterionen** oder **Ampholyten**. Die 20 **proteinogenen** Aminosäuren werden aufgrund der chemischen Struktur ihres Restes in 4 Klassen eingeteilt:

Die 10 neutralen, apolaren Aminosäuren besitzen reine Kohlen-Wasserstoff-Ketten, einen aromatischen Ring oder ein Schwefelatom:

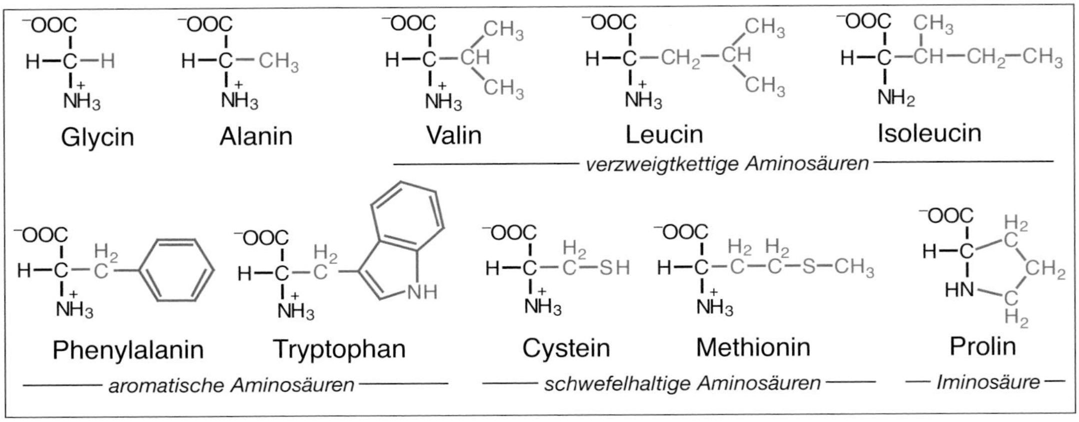

Glycin | Alanin | Valin | Leucin | Isoleucin

verzweigtkettige Aminosäuren

Phenylalanin | Tryptophan | Cystein | Methionin | Prolin

aromatische Aminosäuren — *schwefelhaltige Aminosäuren* — *Iminosäure*

Die 5 polaren, aber nicht ionisierten (= neutralen) Aminosäuren tragen Hydroxyl- oder Amidogruppen:

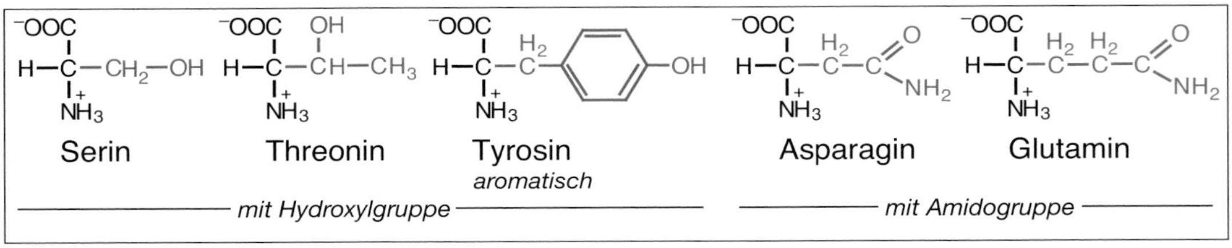

Serin | Threonin | Tyrosin *aromatisch* | Asparagin | Glutamin

mit Hydroxylgruppe — *mit Amidogruppe*

Die 2 geladenen, sauren Aminosäuren tragen je eine zusätzliche Carboxylgruppe:

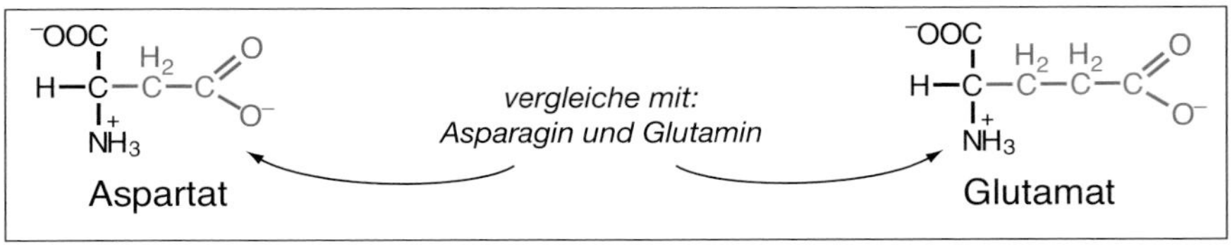

Aspartat

vergleiche mit: Asparagin und Glutamin

Glutamat

Die 3 geladenen, basischen Aminosäuren besitzen eine zusätzliche geladene Aminogruppe:

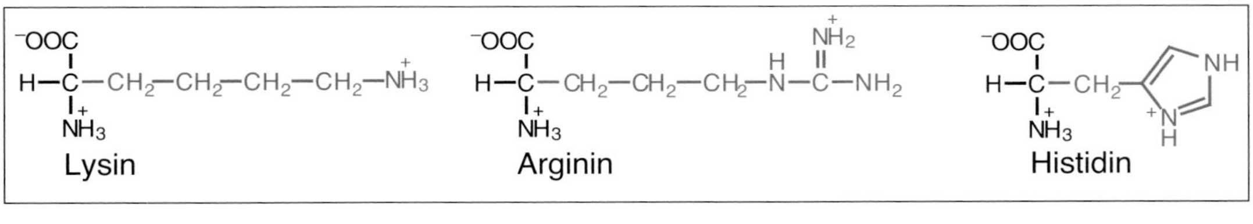

Lysin | Arginin | Histidin

Alle 20 Aminosäuren auf einen Blick (alphabetisch, mit Code):

Alanin	Ala	A	hydrophob
Arginin	Arg	R	
Asparagin	Asn	N	
Aspartat	Asp	D	
Cystein	Cys	C	semiessentiell, hydrophob
Glutamat	Glu	E	
Glutamin	Gln	Q	
Glycin	Gly	G	
Histidin	His	H	
Isoleucin	Ile	I	essentiell, hydrophob
Leucin	Leu	L	essentiell, hydrophob
Lysin	Lys	K	essentiell
Methionin	Met	M	essentiell, hydrophob
Phenylalanin	Phe	F	essentiell, hydrophob
Prolin	Pro	P	
Serin	Ser	S	
Threonin	Thr	T	essentiell
Tryptophan	Trp	W	essentiell
Tyrosin	Tyr	Y	semiessentiell
Valin	Val	V	essentiell, hydrophob

Essentiell: muss mit der Nahrung zugeführt werden.
Semiessentiell: wird aus einer essentiellen Aminosäure hergestellt.
Alle anderen Aminosäuren: können aus Stoffwechselprodukten des Kohlenhydratstoffwechsels hergestellt werden.

A.2.2 Stoffwechsel der Aminosäuren

Aminosäuren können durch die folgenden 4 Grundreaktionen metabolisiert werden:

1. Umwandlung der Seitenketten unter Erhalt der α-Amino-Carbonsäure-Gruppierung.
2. Decarboxylierung.
3. Transaminierung zu 2-Oxosäuren (= α-Ketosäuren).
4. Oxidative Desaminierung zu 2-Oxosäuren (= α-Ketosäuren).

Die Prozesse 1 - 3 benötigen **Pyridoxalphosphat** als Co-Faktor. Als Zwischenprodukt wird jeweils eine **Schiff'sche Base** gebildet.

A.2.2.1 Modifizierte Aminosäuren

Modifizierte Aminosäuren werden nicht während der Translation in Proteine eingebaut, sondern nachträglich im Protein chemisch modifiziert. Sie können auch als *Intermediärprodukte des Stoffwechsels* auftreten.

Name	Organ/Gewebe	Vorkommen
4-Hydroxy-Prolin	Bindegewebe	Kollagen
5-Hydroxy-Lysin	Bindegewebe	Kollagen
γ-Carboxy-Glutamat	Blutgerinnung	Faktor II, VII, IX, X («1972»)
Ornithin	Leber	Harnstoffzyklus
Citrullin	Leber	Harnstoffzyklus

Tabelle A.1 Modifizierte Aminosäuren

Die γ-Carboxylierung von Glutamat findet in der Leber statt und ist Vitamin-K abhängig.

A.2.2.2 Biogene Amine

Biogene Amine entstehen durch Decarboxylierung einer Aminosäure durch die *L-Aminosäure-Decarboxylase*. Beispiele finden Sie in der Tabelle A.2.

A.2.3 Peptide

A.2.3.1 Peptide und die Peptidbindung

Peptide sind Polymere der Aminosäuren. **Dipeptide** bestehen aus zwei, **Tripeptide** aus drei Aminosäuren, u.s.w. **Oligopeptide** werden aus 10-100 Aminosäuren gebildet, **Polypeptide** aus > 100. Die Bindung zwischen der Carboxylgruppe einer Aminosäure und der Aminogruppe der nächsten Aminosäure heißt **Peptidbindung**. Chemisch betrachtet sind Peptide **Säureamide**, sie zerfallen bei der Hydrolyse in Aminosäuren. Die Bildung einer Peptidbindung erfolgt normalerweise an den Ribosomen, gespalten wird sie durch **Peptidasen**.

Peptide werden gemäß Konvention so notiert, dass die freie Aminogruppe nach links schaut und die Carboxylgruppe nach rechts. Das Ende

Aminosäure	Amin	nach Modifizierung	Vorkommen
Glutamat	γ-Aminobutyrat (GABA)	–	Neurotransmitter
Histidin	Histamin	–	Allergische Reaktion (v.a. Coombs Typ I)
Tyrosin	Dopamin	Noradrenalin, Adrenalin	Neurotransmitter
Tyrosin	Tyramin	–	Käse
Tryptophan	Serotonin	Melatonin	Neurotransmitter
Cystein	Taurin	–	Taurocholsäuren
Cystein	Cysteamin	–	CoA
Serin	Ethanolamin	Cholin	Phospholipide
Lysin	Cadaverin	–	bakterielles Abbauprodukt, Ribosomen
Ornithin	Putrescin	–	bakterielles Abbauprodukt, Ribosomen
Methionin	Spermidin	Spermin	Prostata, Ribosomen
Threonin	Propanolamin	–	Vitamin B$_{12}$ NC
Aspartat	β-Alanin	–	Pantothensäure (CoA)

Tabelle A.2 Biogene Amine.

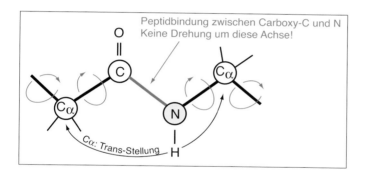

mit der freien Aminosäure wird **Aminoterminus** (oder **N-Terminus**) genannt, das Ende mit der freien Carboxylgruppe **Carboxyterminus** (oder
C-Terminus).

Die Peptidbindung wird aus einer α-Aminogruppe und einer α-
Carboxylgruppe gebildet. Selten kann eine Aminogruppe mit einer γ-
Carboxylgruppe reagieren. Beispiel: Glutathion.

A.2.3.2 Andere kovalente Bindungen zwischen Aminosäuren

Neben der Peptidbindung ist die **Disulfid-Brücke** die einzige relevante
kovalente Bindung zwischen Aminosäuren. Sie spielt bei der Bildung der
Tertiärstruktur eines Proteins eine Rolle (siehe unten) und entsteht, wenn
zwei freie Cysteinreste miteinander reagieren. Zwei *einzelne*, durch eine
Disulfidbrücke verbundene Cysteine bilden ein **Cystin** (ohne e).

247

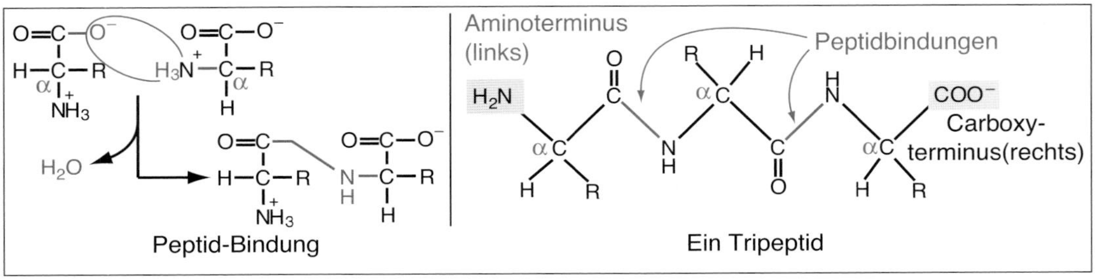

Peptid-Bindung	**Ein Tripeptid**

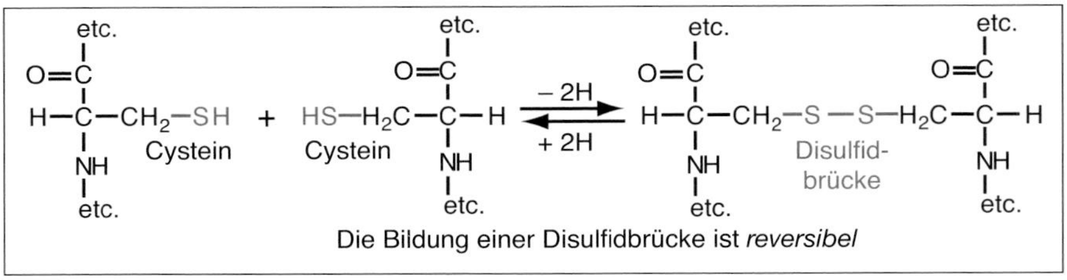

Aminoterminus (links)

Peptidbindungen

Carboxy-terminus(rechts)

Cystein + Cystein $\xrightarrow[+ 2H]{- 2H}$ Disulfid-brücke

Die Bildung einer Disulfidbrücke ist *reversibel*

A.2.4 Proteine

Proteine sind große Polypeptide, aber die Grenze zwischen Polypeptiden und Proteinen ist nicht klar definiert. Ein Protein weist 4 strukturelle Ebenen auf:

Ebene	Beschreibung	Name	Bindungen
Primärstruktur	Reihenfolge der Aminosäuren	Aminosäuren-sequenz	Peptidbindung
Sekundärstruktur	Interaktion des Grundgerüsts ohne Seitenketten	α-Helix β-Faltblatt	Wasserstoffbrücken Wasserstoffbrücken
Tertiärstruktur	Interaktion des Grundgerüsts und der Seitenketten	–	Disulfidbindungen Wasserstoffbrücken Ionenbindungen Hydrophobe Interaktion
Quartärstruktur	Interaktion von nichtkovalent gebundenen Peptiden	Protein-Untereinheiten	Wasserstoffbrücken Ionenbindungen Hydrophobe Interaktion

Tabelle A.3 Die vier Ebenen der Proteinstruktur.

Bis zur Tertiärstruktur handelt es sich um eine *einzige Aminosäurekette*, die kompliziert gefaltet ist. Die Quartärstruktur beschreibt die Interaktion von *Aminosäurenketten, die nicht über eine Peptidbindung miteinander verbunden* sind.

A.2.5 Fällung und Denaturierung

Proteine können gefällt und/oder denaturiert werden. Bei der Fällung (=Präzipitation) geht ein Protein aus der gelösten Form in einen Niederschlag über. Während der Denaturierung wird die Tertiärstruktur eines Proteins zerstört, die Primärstruktur bleibt erhalten. Eine Denaturierung kann zur Fällung eines Proteins führen, weil dessen Löslichkeit sinkt. Proteine können aber auch ohne gleichzeitige Denaturierung gefällt werden. Umgekehrt fallen denaturierte Proteine nicht immer aus.

Die Denaturierung eines Proteins ist meist irreversibel, nur selten ist eine Renaturierung möglich.

A.2.6 Auftrennung von Proteinen

Proteine können mit einer **Polyacrylamid-Gel-Elektrophorese** (PAGE) aufgetrennt werden. In einem Polyacrylamid-Gel wandern Proteine aufgrund ihrer negativen Ladung zur Anode. Häufig werden Proteine vor der Elektrophorese denaturiert und die Ladungen mit Natrium-Dodecylsulfat (SDS), einem anionischen Detergens, überdeckt. Die Wanderungsgeschwindigkeit hängt dann vor allem von der Proteingröße ab.

A.3 Lipide

Alle fettähnlichen Verbindungen werden in der Gruppe der Lipide zusammengefasst. Das Hauptkriterium für die Zugehörigkeit zu den Lipiden ist die *Löslichkeit*. Lipide sind *in Wasser unlöslich*, sie können lediglich **kolloidale oder micellare Emulsionen** bilden. Die kovalente Bindung einer polaren Gruppe an ein Lipid führt zu einer **amphiphilen** (teils hydrophilen, teils lipophilen) Verbindung. Die Gruppe der Lipide ist heterogen, sie werden deshalb in verschiedene Stoffklassen eingeteilt.

A.3.1 Fettsäuren

Fettsäuren sind **Monocarbonsäuren**, die bei physiologischem pH in dissoziierter Form vorliegen (COO^-). Der aliphatische Teil der Fettsäuren (= die Kohlenwasserstoffkette) kann Einfach- oder Doppelbindungen enthalten. Fettsäuren, die Doppelbindungen enthalten, nennt man **ungesättigte Fettsäuren**. Doppelbindungen liegen in der **cis-** oder der **trans-**Form vor (Tiere: meist cis). Bezüglich des **Schmelzpunktes** gilt: Eine Fettsäure ist

249

umso flüssiger, je *kürzer* sie ist, je *mehr Doppelbindungen* sie enthält und je mehr Doppelbindungen in der *cis-Form* vorliegen. **Öl** besteht aus flüssigen Fettsäuren, **Talg** aus festen.

Das am höchsten oxidierte C-Atom (COOH) wird als **1'C** gezählt. Doppelbindungen werden durch ein großes Delta (Δ) gekennzeichnet, wobei die hochgestellt Zahl das betroffene C-Atom angibt (z.B. cis-Δ^9 bei der Ölsäure). Mit einem kleinen Omega (ω) wird die Entfernung der letzten Doppelbindung vom Methylende her angegeben (z.B. ω-9 für die Ölsäure). Weitere Beispiele auf Seite 140 ff.

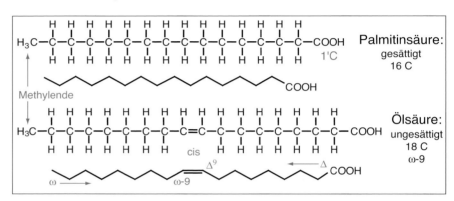

C-Atome	Gesättigt	Ungesättigt	
2	Essigsäure		
3	Propionsäure		
4	Buttersäure		
6	Capronsäure		
8	Caprylsäure		
10	Caprinsäure		
12	Laurinsäure		
14	Myristinsäure		
16	Palmitinsäure	Palmitoleinsäure	ω-7, Δ^9
18	Stearinsäure	Ölsäure	ω-9, Δ^9
		Linolsäure	ω-6, $\Delta^{9,12}$
		Linolensäure	ω-3, $\Delta^{9,12,15}$
20	Arachidinsäure	Arachidonsäure	ω-6, $\Delta^{5,8,11,14}$

Tabelle A.4 Einige Fettsäuren. $\Delta^{9,12}$ bedeutet: 2 Doppelbindungen zwischen C9 und C10 (Δ^9) und zwischen C12 und C13 (Δ^{12}).

Klasse	Untergruppen	Aufbau	Beispiele
Nicht-hydrolysierbare Lipide	Kohlenwasserstoffe	reine Kohlenwasserstoffe	Alkane, Carotinoide (β-Carotin u.a.)
	Alkohole	Kohlenwasserstoffe + OH	langkettige Alkanole, Carotinoid-Alkohole, Sterine (Cholesterin u.a.)
	Säuren	Kohlenwasserstoffe + COOH	Fettsäuren
Einfache Ester	Fette	Fettsäuren + Glycerin	Triglyceride
	Wachse	Fettsäuren + Alkohol	Bienenwachs
	Sterinester	Fettsäuren + Cholesterin	Cholesterinester
Phospholipide	Phosphatidsäuren	Fettsäuren + Glycerin + Phosphat	Phosphatidsäure
	Phosphoglyceride	Fettsäuren + Glycerin + Phosphat + Aminoalkohol	Phosphatidylcholin, Phosphatidylinositol
	Sphingosin-phosphatide	Fettsäure + Sphingosin + Phosphat	Sphingomyelin
Glykolipide	Cerebroside	Fettsäure + Sphingosin + Zucker	Cerasin, Cerebron
	Ganglioside	Fettsäure + Sphingosin + Zucker + Sialinsäure	GM1, GM2
	Sulfatide	Fettsäure + Sphingosin + Zucker + Sulfat	Galacto-Cerebro-Sulfatid

Tabelle A.5 Die Lipide.

A.3.2 Fette

Fette sind Esterverbindungen aus Fettsäuren und Glycerin. Das klassische Speicherfett besteht aus **Triacylglycerin**, dreifach mit Fettsäuren verestertem Glycerin. Da Triglyceride *apolar* sind, werden sie auch als **Neutralfette** bezeichnet.

A.3.3 Isoprenderivate

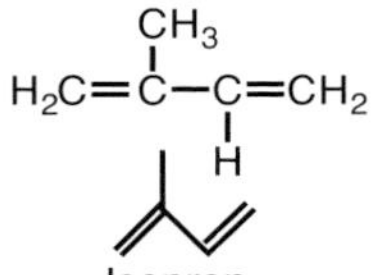

Isopren

Isopren ist eine apolare, verzweigte Kohlenwasserstoffkette aus 5 C-Atomen. Aus Isopren entstehen **Cholesterin**, die **fettlöslichen Vitamine** (A, D, E, K) und das **Ubichinon**. Durch Polymerisation und weiteren Umbau von Isopren entstehen die **Terpene**, Ausgangsprodukte für die fettlöslichen Vitamine A, E und K, welche vom Menschen nicht produziert werden können.

A.3.4 Cholesterin und Cholesterinderivate

Cholesterin entsteht aus 6 Isopreneinheiten. Zu den wichtigsten Derivaten des Cholesterins gehören die **Gallensäuren**, die **Steroidhormone** (Glucocorticoide, Mineralocorticoide und Geschlechtshormone) und das **Vitamin D**, welches den Calcium- und Phosphathaushalt reguliert. Cholesterin kann an seiner Hydroxylgruppe (Position 3) mit einer Fettsäure zu einem **Cholesterinester** verestert werden.

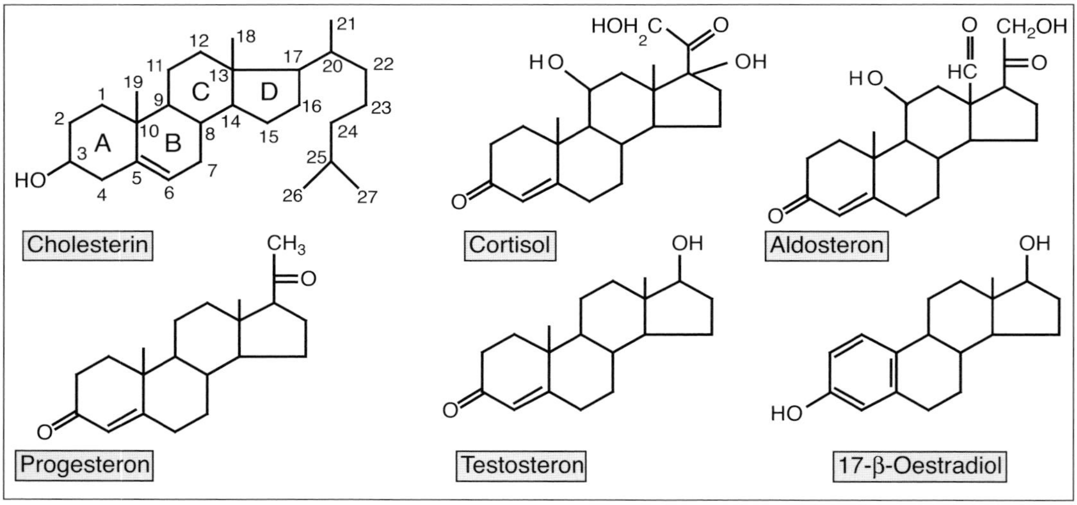

Cholesterin

Cortisol

Aldosteron

Progesteron

Testosteron

17-β-Oestradiol

A.3.5 Phospholipide

Phospholipide entstehen durch die Veresterung einer Phosphorsäure mit Glycerin (→ **Phosphoglyceride**) oder Sphingosin (→ **Sphingophosphatide**). Da Phospholipide eine polare Phosphatgruppe tragen, sind sie amphiphil und vor allem in den Zellmembranen anzutreffen. Die einfachsten Beispiele für Phospholipide sind die **Phosphatidsäure** (ein Phosphoglycerid) und das **Sphingomyelin** (ein Sphingophosphatid).

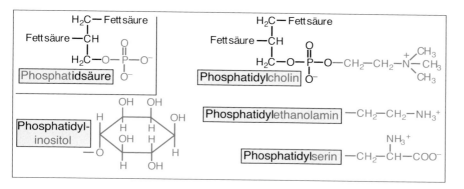

Die meisten Phospholipide sind jedoch **Phosphorsäure-Di-Ester**: die Phosphatgruppe ist zusätzlich mit **Cholin, Ethanolamin, Serin** oder **Inositol** verestert. Außer in der Zellmembran sind Phospholipide auch in der *Gallenflüssigkeit* (als Emulgatoren) und im *Surfactant* (reduziert die Oberflächenspannung der Alveolen) anzutreffen.

A.3.6 Sphingosinderivate

Fettsäuren können statt mit Glycerin auch mit **Sphingosin** (einem Aminoalkohol) reagieren (**Amidbindung**). Das einfachste Sphingosinderivat ist **Ceramid**.

Durch die Veresterung der freien Hydroxylgruppe des Sphingosins mit einer Phosphorsäure entstehen die **Sphingosinphosphatide** (siehe oben). Der wichtigste Vertreter ist das **Sphingomyelin**. Es kommt vor allem in den Myelinscheiden der Neurone vor.

Cerebroside entstehen durch die Verbindung eines Sphingosinderivates mit einem Kohlenhydratrest. **Ganglioside** besitzen zusätzlich einen **Sialinsäure**rest (meistens N-Acetyl-Neuraminsäure).

A.3.7 Auftrennung von Lipiden

Lipide werden meist durch Chromatographie, insbesondere die **Dünnschicht-Chromatographie**, aufgetrennt.

B | pK-Werte einiger Säuren und Basen

(Andreas Wicki)

Henderson-Hasselbalch'sche Gleichung: $pH = pK + \log \frac{A^-}{AH}$
Physiologischer pH-Wert des Blutes = 7.37-7.43

Name	Reaktion	pK-Werte	Ladung[*]
Phosphorsäure	$H_3PO_4 \longleftrightarrow H_2PO_4^- + H^+$	$pK_1 = 2.0$	HPO_4^{2-}[**]
	$H_2PO_4^- \longleftrightarrow HPO4^{2-} + H^+$	$pK_2 = 7.1$	
	$HPO_4^{2-} \longleftrightarrow PO_4^{3-} + H^+$	$pK_3 = 12.3$	
Kohlensäure	$H_2CO_3 \longleftrightarrow HCO_3^- + H^+$	$pK = 6{,}1$	HCO_3^-
Ammoniak	$NH_4^+ \longleftrightarrow NH_3 + H^+$	$pK = 9.2$	NH_4^+
Glycin	$R\text{-}COOH \longleftrightarrow R\text{-}COO^-$	$pK_1 = 2.35$	$R\text{-}COO^-$
	$R\text{-}NH_3^+ \longleftrightarrow R\text{-}NH_2$	$pK_2 = 9.8$	$R\text{-}NH_3^+$

[*] Form, die bei physiologischem pH-Wert dominiert.
[**] Auch $H_2PO_4^-$, wenn eine *Acidose* vorliegt.

C Funktionelle Gruppen

(Andreas Wicki)

1 Funktionelle Gruppen mit Sauerstoff

- Hydroxylgruppe = Alkoholgruppe (-OH)
- Carbonylgruppe
  - Keton (R-CO-R)
  - Aldehyd (R-CO-H)
- Carboxylgruppe (-COOH)

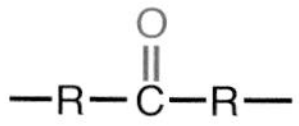

Keton

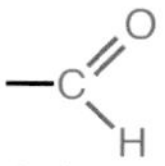

Aldehyd

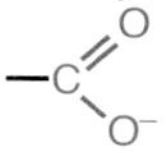

Carboxyl

Wichtige Reaktionen:

Oxidation: Alkohol → Carbonyl → Carboxyl

Reduktion: Carboxyl → Carbonyl → Alkohol

Ether: Reaktion zweier Hydroxylgruppen. $R\text{-}CH_2\text{-}OH$ + $HO\text{-}CH_2\text{-}R \rightarrow R\text{-}CH_2\text{-}O\text{-}CH_2\text{-}R + H_2O$

Ester: Reaktion eines Alkohols mit einer Säure. $R\text{-}CH_2\text{-}OH + HO\text{-}CO\text{-}CH_2\text{-}R \rightarrow R\text{-}CH_2\text{-}O\text{-}CO\text{-}CH_2\text{-}R + H_2O$

Säureanhydrid: Reaktion zweier Säuren. $R\text{-}CH_2\text{-}CO\text{-}OH + HO\text{-}CO\text{-}CH_2\text{-}R \rightarrow R\text{-}CH_2\text{-}CO\text{-}O\text{-}CO\text{-}CH_2\text{-}R + H_2O$

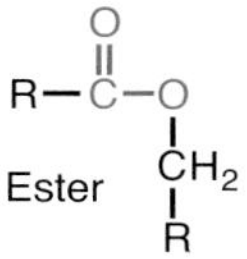

Ester

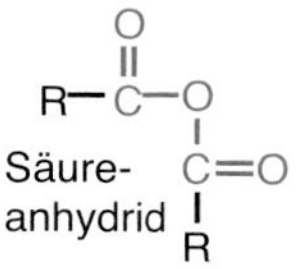

Säure-anhydrid

2 Funktionelle Gruppen mit Schwefel

- Thiolgruppe (-SH)

Wichtige Reaktionen:

Oxidation: $R\text{-}CH_2\text{-}SH + HS\text{-}CH_2\text{-}R \rightarrow R\text{-}CH_2\text{-}S\text{-}S\text{-}CH_2\text{-}R$

Reduktion: $R\text{-}CH_2\text{-}S\text{-}S\text{-}CH_2\text{-}R \rightarrow R\text{-}CH_2\text{-}SH + HS\text{-}CH_2\text{-}R$

Thioester: Reaktion eines Thiols mit einer Säure. $R\text{-}CH_2\text{-}SH + HO\text{-}CO\text{-}CH_2\text{-}R \rightarrow R\text{-}CH_2\text{-}S\text{-}CO\text{-}CH_2\text{-}R + H_2O$

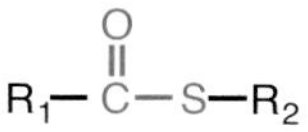

Thioester

3 Funktionelle Gruppen mit Stickstoff

- Aminogruppe ($-NH_2$, -NH, -N-)
- Amidogruppe (CO-NH)

Wichtige Reaktionen:

Säureamid (Peptidbindg.):   Reaktion einer Carboxylgruppe (einer Aminosäure) mit der Aminogruppe (einer anderen Aminosäure). R-COOH + H_2N-R → R-CO-HN-R + H_2O

Imin/Schiff'sche Base: Reaktion einer Carbonylgruppe mit einem primären Amin.

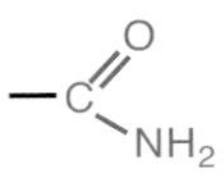

Amid	Säureamid	Schiff'sche Base

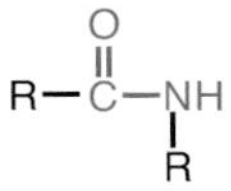

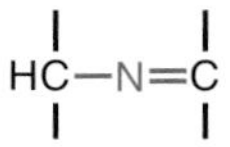

D | Angeborene Stoffwechselkrankheiten

(Andreas Wicki)

Angeborene Mutationen von Enzymen und Transportproteinen führen zu einer Vielzahl verschiedener Stoffwechselkrankheiten. Diese Liste soll Ihnen helfen, von einer bekannten Krankheit auf den Proteindefekt und umgekehrt schließen zu können. Die Krankheitsbilder sind nach biochemischen Kategorien geordnet. Weitere Informationen zu Erbkrankheiten finden Sie in der OMIM-Datenbank (Online Mendelian Inheritance in Man) der Johns-Hopkins-Universität. Die OMIM-Website kann direkt über die Datenbank des National Center for Biotechnology Information (www. ncbi.nlm.nih.gov) abgefragt werden.

D.1 Lysosomale Speicherkrankheiten

Enzymdefekte können zu einem gestörten Abbau körpereigener Stoffe führen. Unvollständige Abbauprodukte werden in den Lysosomen gespeichert. Lysosomale Speicherkrankheiten werden eingeteilt nach dem Substrat, das in den Lysososmen anfällt und nicht weiter abgebaut werden kann. Die Gesamt-Inzidenz aller ca. 50 Typen lysosomaler Speicherkrankheiten ist ca. 1:5'000-1:8'000. Klinisch führen lysosomale Speicherkrankheiten häufig zu neurologischen Symptomen.

D.1.1 Gestörter Abbau von Glykosaminoglykanen (=Mukopolysaccharidosen)

No.	Name	Enzymmangel oder -defekt
MPS I	Hurler-Scheie Syndrom	α-L-Iduronidase.
MPS II	Morbus Hunter	Iduronat-Sulfatase.
MPS III	Morbus Sanfilippo	Heparan N-Sulfatase (=Typ A), α-N-Acetylglucosaminidase (=Typ B), AcetylCoA-α-Glucosaminid-Acetyltransferase (=Typ C), N-Acetylglucosamine-6-Sulfatase (Typ D).
MPS IV	Morbus Morquio	N-Acetylgalactosamin-6-Sulfat Sulfatase (=Typ A), β-Galactosidase (=Typ B).
MPS VI	Morbus Maroteaux-Lamy	Aryl-Sulfatase B.
MPS VII	Morbus Sly	β-Glucuronidase.
MPS IX	Hyaluronidase-Mangel	Hyaluronidase.

No.	Name	Enzymmangel oder -defekt
GM 1	GM1-Gangliosidose	Gangliosid-β-Galactosidase.
GM 2	GM2-Gangliosidose	β-Hexoaminidase A (=Morbus Tay-Sachs, Morbus Sandhoff oder juveniler Typ), GM2 activator factor (=AB variant).
-	Morbus Fabry	Galactocerebrosidase A.
-	Morbus Gaucher	β-Glucosidase (infantile, juvenile oder adulte Form).
-	Morbus Farber	Ceramidase.
-	Metachromatische Leukodystophie	Aryl-Sulfatase A.
-	Morbus Krabbe	Galactocerebrosidase.
-	Morbus Niemann-Pick Typ A und B	Sphingomyelinase.
-	Mucosulfatidose	Sulfatase-modifizierender Faktor 1.
-	Sphingolipid Aktivator-protein Mangel	Prosaposin, Saposin B oder Saposin C.

D.1.3 Gestörter lysosomaler Glykogen-Abbau

Die Glykogen-Speicherkrankheit Typ II (=Morbus Pompe) ist eine lysosomale Speicherkrankheit. Die anderen Glykogen-Speicherkrankheiten werden unter Abschnitt D.6 abgehandelt.

No.	Name	Enzymmangel oder -defekt
II	Morbus Pompe	Saure Alpha-1,4-1,6-Glucosidase.

D.1.4 Gestörter Auf- oder Abbau des Glykan-Teils der Glykoproteine (=Oligosaccharidosen)

No.	Name	Enzymmangel oder -defekt
-	Fucosidose	α-L-Fucosidase.
-	Mannosidose	α-Mannosidase.
I	Sialidose Typ I	Neuraminidase 1.
-	Aspartylglucosaminurie	Aspartylglucosamin-Amid-Hydrolase.
-	Morbus Schindler	N-Acetylgalactosaminidase (Typ I = infantile neuro-axonale Dystrophie, Typ II = Morbus Kanzaki).

- Galactosialidose	Protektives Protein/Cathepsin A.
- Congenitaler N-Glykosylierung-Defekt	Phosphomannomutase-2, Mannosephosphat-Isomerase, Dicholglycosyltransferase, Dolicholmannosyltransferase, Dolichol-Mannose-Synthase, Dolicholglucosyltransferase, Mannosyl-Transferase, Dolicholphosphotransferase, α-Mannosyltransferase, β-Mannosyltransferase, Mannosyl-α-1,6-glycoprotein-β-1,2-N-Acetylglucosamintransferase, Glucosidase 1, GDP-Fucosetransporter 1, β-1,4-Galactosyltransferase, Oligomerer Golgi-Komplex-7, und weitere.

D.1.5 Defekter Abbau oder Transport von Cholesterin, Cholesterinestern oder anderen komplexen Lipiden

No.	Name	Enzymmangel oder -defekt
-	Neuronale Ceroid Lipofuscinose	Palmitoyl-Protein-Thioesterase-1, Pepstatin-insensitive Peptidase, lysosomales Transmembranprotein CLN3, CLN5, CLN6, CLN8.
-	Morbus Niemann-Pick Typ C	NPC1, NPC2 (diese Proteine sind mit dem SREBP cleavage activating protein verwandt).
-	Morbus Wolman	Liposomale saure Lipase = Cholesterinester-Hydrolase.

D.1.6 Gestörter Abbau saurer Mucopolysaccharide, Sphingolipide oder Glycolipide (=Mucolipidosen)

No.	Name	Enzymmangel oder -defekt
I	Mucolipidose I = Sialidose II	Neuraminidase 1.
II	Mucolipidose II	N-Acetylglucosamin-1-Phosphotransferase.
III	Mucolipidose III = Pseudo-Hurler	N-Acetylglucosamin-1-Phosphotransferase.

D.1.7 Defekter lysosomaler Transport

No.	Name	Enzymmangel oder -defekt

| - | Cystinose | Cystinosin (lysosomales Membranprotein). |
| - | Sialurie | Na-Phosphat-Cotransporter (Infantiler oder finnischer Typ), UDP-N-Acetylglucosamin-2-Epimerase (Französischer Typ). |

D.1.8 Defekter Proteinabbau

No. *Name* | *Enzymmangel oder -defekt*

| - | Pycnodysostose | Cathepsin K. |
| - | Winchester-Syndrom | Matrix-Metalloprotease 2. |

D.2 Peroxysomen-Krankheiten

Der Abbau von Fettsäuren (β-Oxidation) kann sowohl in den Mitochondrien, als auch in den Peroxysomen erfolgen. Sehr lange Fettsäuren (very long-chain fatty acids = VLCFA, 20-26 Kohlenstoffatome in der Kette) werden nur in den Peroxysomen abgebaut. Peroxysomen-Krankheiten äußern sich deshalb i.d.R. durch erhöhte VLCFA-Spiegel (Ausnahmen: Rhizomele chondrodysplasia punctata, Primäre Oxalurie, Glutarat-Acidurie, Akatalasämie). Diese sind oft von neurologischen Symptomen begleitet. Die häufigste Störung, die X-chromosomale Adrenoleukodystrophie, hat eine Inzidenz von ca. 1:17'000, die anderen Krankheiten kommen bei ca. 1:50'000 Geburten vor.

Name	*Enzymmangel oder -defekt*
X-chromosomale Adrenoleukodystrophie	ALDP-Membrantransporter (Transportiert VLCFA-CoA-Synthase).
Refsum-Krankheit	Phytanoyl-CoA Hydroxylase.
Zellweger Syndrom	Verschiedene Mutationen in den PEX-Proteinen.
D-bifunktionales Protein-Mangel	D-bifunktionales Protein.
Pseudo-Neonatale Adrenoleukodystrophie	Acyl-CoA-Oxidase-1.
2-Methylacyl-CoA-Racemase-Mangel	2-Methylacyl-CoA-Racemase.
Rhizomele chondrodysplasia punctata	PEX7 (Typ 1) oder DHAPAT (Typ 2).
Primäre Oxalurie	Glyoxylat-Aminotransferase, (Typ 1), Glyoxylat-Reductase (Typ 2).
Glutarat-Acidurie Typ 3	GlutarylCoA-Oxidase.
Akatalasämie	Katalase.

PEX = Proteine, die für die Entwicklung von Peroxysomen notwendig sind.
DHAPAT = Dihydroxyaceton-Phosphat-Acyltransferase.

D.3 Störungen des Fettsäuren-Metabolismus (mit Ausnahme peroxysomaler Störungen und lysosomaler Speicherkrankheiten)

Die häufigste Störung der Fettsäuren-Oxidation mit einer Inzidenz von ca. 1:10'000 (zumindest in Mittel- und Nordeuropa) ist der Mangel an Mittelketten-Acyl-CoA-Dehydrogenase (MCAD). Ein MCAD-Mangel führt zu einer Hypoglycämie, einer Fettsäuren-Acidurie, gestörter Ketogenese und niedrigen Carnitin-Spiegeln. Diese metabolischen Veränderungen verursachen schließlich neurologische, hepatische und muskuläre Symptome.

Name	*Enzymmangel oder -defekt*
Primärer Carnitinmangel	Plasmamembran-Carnithin-Transporter OCTN2.
Carnitin-Palmitoyl-Transferase-1-Mangel	Carnitin-Palmitoyl-Transferase-1 (CPT-1).
Carnitin-Acylcarnitin-Translocase-Mangel	Carnitin-Acylcarnitin-Translocase.
Carnitin-Palmitoyl-Transferase-2-Mangel	Carnitin-Palmitoyl-Transferase-2 (CPT-2).
Very long chain Acyl-CoA-Dehydrogenase-Mangel	Very long chain Acyl-CoA-Dehydrogenase.
Langketten-3-Hydroxyacyl-CoA-Dehydrogenase-Mangel	Langketten-3-Hydroxyacyl-CoA-Dehydrogenase.
Mitochondriales Trifunktionales Protein Mangel	Trifunktionales Protein (TFP).
Mittelketten-Acyl-CoA-Dehydrogenase-Mangel	Mittelketten-Acyl-CoA-Dehydrogenase (MCAD).
Kurzketten-Acyl-CoA-Dehydrogenase-Mangel	Kurzketten-Acyl-CoA-Dehydrogenase.
Glutarat-Acidurie Typ II	Elektronentransfer-Flavoprotein (A, B oder DH).
Kurzketten-3-Hydroxyacyl-CoA-Dehydrogenase-Mangel	Kurzketten-3-Hydroxyacyl-CoA-Dehydrogenase.
Kurz- und Mittelketten-3-Hydroxyacyl-CoA-DH-Mangel	Kurz- und Mittelketten-3Hydroxyacyl-CoA-Dehydrogenase.
Mittelketten-3-Ketoacyl-CoA-Thiolase-Mangel	Mittelketten-3-Ketoacyl-Thiolase.

| 2,4-Dienoyl-CoA-Reductase-Mangel | 2,4-Dienoyl-Reductase. |
| Sjögren-Larsson Syndrom | Fett-Aldehyd-Dehydrogenase. |

D.4 Störungen des Fettsäuren-Glycerol-Metabolismus

Ein Mangel an Glycerol-Kinase äußert sich in Hyperglycerolämie, z.T. begleitet von Hypoglycämie und Ketoacidose. Bei Erwachsenen treten oft keine Symptome auf und der Enzymdefekt bleibt unerkannt.

Name	*Enzymmangel oder -defekt*
Glycerol-Kinase-Mangel	Glycerol-Kinase.

D.5 Störungen des Fettsäuren-Keton-Metabolismus

Diese Gruppe von Enzymdefekten kann klinisch eine Hypoglycämie mit oder ohne Ketoacidose auslösen.

Name	*Enzymmangel oder -defekt*
3-Hydroxy-3-Methyl-Glutaryl-CoA-Synthase-Mangel	Mitochondriale 3-Hydroxy-3-Methylglutaryl-CoA-Synthase (HMG-CoA-Synthase).
Succinyl-CoA-3-Oxoacid-CoA-Transferase-Mangel	Succinyl-CoA-3-Oxoacid-CoA-Transferase.
Aceto-Acetyl-CoA-Thiolase-Mangel	Cytoplasmatische Aceto-Acyl-CoA-Thiolase.

D.6 Glykogen-Speicherkrankheiten

Glykogen kann nicht oder nur ungenügend in Glucose verwandelt werden. Klinisch besteht häufig eine Hypoglycämie, z.T. begleitet von muskulären, hepatischen oder neurologischen Symptomen. Es handelt sich um eine eher seltene Gruppe von Stoffwechselkrankheiten (die Gesamt-Inzidenz wird je nach Quelle auf 1:20'000-1:100'000 geschätzt).

No.	*Name*	*Enzymmangel oder -defekt*
I	Morbus von Gierke	Glucose-6-Phosphatase (Typ Ia), Glucose-6-Phosphat Translocase (Typ Ib), microsomaler Phosphat oder Pyrophosphat Transporter (Typ Ic), microsomaler Glucose Transporter (Typ Id).

II	Morbus Pompe (s. auch oben)	Saure Alpha-1,4-1,6-Glucosidase (Typ IIa), Lysosomales Membranprotein 2 (Typ IIb).
III	Morbus Cori	Amylo-1,6-Glucosidase und Oligoglucan-transferase (= debranching enzyme, Typ IIIa und IIIb), nur Amylo-1,6-Glucosidase (Typ IIIc), nur Oligoglucantransferase (Typ IIId).
IV	Morbus Andersen	Amylo-1,4-1,6-Transglucosidase (=branching enzyme).
V	Morbus McArdle	Glykogen-Phosphorylase des Muskels.
VI	Morbus Hers	Phosphorylase der Leber.
VII	Morbus Tarui	Phosphofructokinase.
VIII	-	X-chromosomale Phosphorylase-Kinase.
IX	-	Phosphorylase-Kinase von Muskel und Leber (Typ IXb), Phosphorylase der Leber (Typ IXc), Muskel Phosphorylase-Kinase (Typ IXd). Cave: Typ IXa = VIII.
O	Morbus Lewis	Glykogensynthase.

D.7 Störungen der Gluconeogenese

Eine gestörte Gluconeogenese führt – wie die Glykogen-Speicherkrankheiten – zu einer Hypoglycämie.

KH	Name	Enzymmangel oder -defekt
Pyruvat	Pyruvat-Carboxylase-Mangel	Pyruvat-Carboxylase.
Pyruvat	PEPCK Mangel	Phosphoenolpyruvat-Carboxy-Kinase.
Fructose	Fructose-1,6-Diphosphatase-Mangel	Fructose-1,6-Diphosphatase.

D.8 Andere Störungen des Kohlenhydratmetabolismus oder -transports

Defekte der Glykolyse sind selten und gleichen klinisch den Glykogen-Speicherkrankheiten. Ein gestörter Fructose-Abbau kann zu Hypoglycämie führen, während eine Störung im Galaktosemetabolismus einen Katarakt sowie weitere renale, hepatische und neurologische Symptome verursachen kann.

KH	Name	Enzymmangel oder -defekt
Galactose	Galactosämie	(i) Galactose-1-Phosphat-Uridyl-Transferase (klassische Galaktosä-

		mie), oder (ii) Galaktosekinase, oder (iii) Uridine-di- Phosphat-4-Epimerase.
Fructose	(hereditäre) Fructose-Intoleranz	Fructose-1-Phosphat Aldolase.
Fructose	Benigne Fructosurie	Fructokinase.
Pyruvat	Pyruvat-Dehydrogenase-Mangel	Pyruvat-Dehydrogenase.
Pyruvat	Pyruvat-Kinase-Mangel	Pyruvat-Kinase.
Pyruvat	Lactat-Dehydrogenase-Mangel	Lactat-Dehydrogenase.
Glucose	Favismus	Glucose-6-Phosphat-Dehydrogenase.
Glucose	Fanconi-Bickel Syndrom	Glucose-Transporter-2.
Glycerat	Phosphoglycerat-Kinase-Mangel	Phosphoglycerat-Kinase.
Glycerat	Phosphoglycerat-Mutase-Mangel	Phosphoglycerat-Mutase.

D.9 Störungen der mitochondrialen oxidativen Phosphorylierung

Ist die oxidative Phosphorylierung gestört, so steigt der NADH:NAD Quotient und es kommt zu einer Lactacidose. Klinisch folgen neurologische und muskuläre Symptome. Neben Enzymdefekten sind Mutationen der mitochondrialen tRNA (mt-tRNA) und die daraus folgende gestörte Synthese mitochondrialer Proteine eine Ursache für eine gestörte oxidative Phosphorylierung. Die Inzidenz dieser Erkrankungen wird auf ca. 1:30'000 geschätzt.

Name	*Enzymmangel oder -defekt, tRNA-Defekt*
Lebersche hereditäre Opticus-Neuropathie	Komplex I (NADH-Dehydrogenase 1-, NADH-Dehydrogenase 4- oder NADH-Dehydrogenase 6-Untereinheit; diese werden in der mtDNA codiert).
MELAS	mt-tRNAleu.
MERRF	mt-tRNAlys.
Kearns-Sayre syndrome and CPEO	ca. 120 verschiedene Deletionen in der mtDNA beschrieben.
Leigh disease and NARP	Komplex V = ATP-Synthase (Untereinheit 6; in mt DNA kodiert).

MELAS = mitochondrial encephalopathy, lactic acidosis and stroke-like episodes.
MERRF = myoclonic epilepsy with ragged red fibers.

266

CPEO = chronic progressive external ophthalmoplegia.
NARP = neurogenic muscle atrophy and retinitis pigmentosa.

D.10 Störungen des Aminosäurenstoffwechsels und des Stoffwechsels organischer Säuren (<10 C-Atome lang)

Störungen des Aminosäurestoffwechsels führen zur Anhäufung von Aminosäuren-Metaboliten im Blut oder im Urin. Die häufigste Erkrankung, die Phenylketonurie, hat eine Inzidenz von ca. 1:10'000 und führt unbehandelt zu einer Mikrozephalie und einer schweren Beeinträchtigung der neurologischen Entwickung und der Intelligenz. Die Ahorn Sirup Krankheit führt aufgrund ihrer neurologischen Symptomatik unbehandelt zum Tod und hat eine Inzidenz von ca. 1:50'000. Die Gruppe der organischen Acidämien (Propionsäure-Acidämie, Methylmalonsäure-Acidämie und Isovaleriansäure-Acidämie) führt zu neurologischen, hepatotoxischen, hämatologischen oder immunologischen Symptomen.

Aminosäure	*Name*	*Enzymmangel oder -defekt*
Phenylalanin	Phenylketonurie	Phenylalaninhydroxylase.
Phenylalanin	Dihydropteridinreductase-Mangel	Dihydropteridin-Reductase.
Phenylalanin	Pterin-4a-Carbinolamin-DH-Mangel	Pterin-4α-Carbinolamin-Dehydratase.
Phenylalanin	Biopterin-Synthese-Mangel	GTP-Cyclohydrolase oder 6-Pyruvoyl-tetrahydropterin-Synthase oder Spiapterinreductase.
Tyrosin	Oculocutaner Albinismus Typ 1	Tyrosinase-Defekt.
Tyrosin	Alcaptonurie	Saure Homogentisin-Oxydase.
Tyrosin	Tyrosinämie	Fumaryl-Acetoacetase (=Typ 1), Tyrosinaminotransferase (=Typ 2), 4-Hydroxyphenylpyruvate-Dioxygenase (=Typ III, oder transiente Tyrosinämie, oder Hawkinsinuria).
verzweigtk. AS	Ahorn Sirup Krankheit	α-Ketoaciddecarboxylase-Komplex (IA = Komplexteil E1β, IB = E1β, II = E2, III = E3).
verzweigtk. AS	Propionsäure-Acidämie	Propionyl-CoA-Carboxylase (Typ I = α-Untereinheit, Typ II = β-Untereinheit).

verzweigtk. AS	Methylmalonsäure-Acidämie	Methylmalonyl-CoA-Mutase oder mitochondriale Cobalamin-Translocase oder ATP:Cobalamin- Adenosyl-Transferase.
verzweigtk. AS	Isovaleriansäure-Acidämie	Isovaleryl-CoA-Dehydroge-nase.
verzweigtk. AS	Methylmalonat-Acidämie -Homocystinurie megaloblastäre Anämie	Methylmalonyl-CoA-Mutase und Methylen-Tetrahydrofolat-Homocystein-Methyltransferase, oder Intrinsic factor oder Cubilin (= Rezeptor für den Intrinsic factor) oder Transcobalamin II.
verzweigtk. AS	Methylmalon-Semialdehyd-DH-Mangel	Methylmalon-Semialdehyd-Dehydrogenase.
verzweigtk. AS	Methylcrotonyl-CoA-Carboxylase-Mangel	3-Methylcrotonyl-CoA-Carboxylase.
verzweigtk. AS	Methylglutaconyl-Acidurie	3-Methylglutaconyl-CoA-Hydratase (Typ I), Taffazin (Typ II) und weitere Formen.
verzweigtk. AS	HMG-CoA-Lyase-Mangel	3-Hydroxymethylglutaryl-CoA-Lyase.
verzweigtk. AS	Mevalonat-Acidurie	Mevalonat-Kinase.
verzweigtk. AS	Acetoacetyl-CoA-Thiolase-Mangel	Mitochondriale Acetoacetyl-CoA-Thiolase.
verzweigtk. AS	Isobutyryl-CoA-DH-Mangel	Isobutyryl-CoA-Dehydroge-nase.
verzweigtk. AS	Methacryl-Acidurie	3-Hydroxyisobutyryl-CoA-Deacylase.
verzweigtk. AS	3-Hydroxybutyryl-Acidurie	3-Hydroxyisobutyrat-Dehydrogenase.
verzweigtk. AS	2-Methylbutyryl-Glycinurie	Short branched-chain Acyl-CoA-Dehydrogenase.
verzweigtk. AS	Ethylmalonat-Encephalopathie	ETHE1 (mitochondriales Protein unbekannter Funktion).
verzweigtk. AS	Malonat-Acidurie	Malonyl-CoA-Decarboxylase.
verzweigtk. AS	Hypervalinämie	Mitochondriale branched-chain Aminotransferase-2.
verzweigtk. AS	Methylmalon Acidämie	(i) Methylmalonsäure-CoA-Mutase, oder (ii) Methylmalonsäure- CoA-Racemase, sowie andere Enzyme.

Methionin/Cystein	Homocyteinurie	(i) Cystathionin-Synthase oder (ii) Methylen-Tetrahydrofolat-Reductase.
Methionin/Cystein	Methylen-THF-Reductase-Mangel	Methylen-Tetrahydrofolat-Reductase.
Methionin/Cystein	Methylmalonat-Acidämie-Homocystinurie	Mehionin-Synthase-Reductase oder Methylen-Tetrahydrofolat-Homocystein-Methyltransferase.
Methionin/Cystein	Hypermethioninämie	Methionin-Adenosyltransferase I und III.
Methionin/Cystein	Cystathioninurie	γ-Cystathionase.
Methionin/Cystein	Sulfit-Oxidase-Mangel	Sulfit-Oxidase.
Methionin/Cystein	Molybdän-Cofaktor-Defekt	Molybdän-Cofaktor oder Molybdopterin-Synthase oder Gephyrin.
Prolin	Hyperprolinämie	Prolin-Oxidase (Typ 1), Δ1-Pyrrolin-5-Carboxylat-Dehydrogenase (Typ 2).
Prolin	Δ1-Py-5-Carboxylat-Synthase-Mangel	Δ1-Pyrrolin-5-Carboxylat-Synthase.
Prolin	Hyperhydroxyprolinämie	4-Hydroxyprolin-Oxidase.
Prolin	Prolidase-Mangel	Prolidase.
β/γ Aminosäuren	Hyper-β-Alaninämie	β-Alanin-α-ketoglutarat-Aminotransferase.
β/γ Aminosäuren	Methylmalonat-Malonatsemialdehyd-Dehydrogenase-Mangel	Methylmalonat-Malonatsemi-aldehyd-DH.
β/γ Aminosäuren	Methylmalonat-Semialdehyd-DH-Mangel	Methylmalonat-Semialdehyd-Dehydrogenase.
β/γ Aminosäuren	Hyper-β-Aminoisobutyrat-Acidurie	D(R)-3-Aminoisobutyryl-Pyruvat-Aminotransferase.
β/γ Aminosäuren	GABA-Transaminase-Mangel	4-Aminobutyrat-α-Ketoglutar-at-Aminotransferase.
β/γ Aminosäuren	4-Hydroxybutyrat-Acidurie	Succinyl-Semialdehyd-Dehydrogenase.
β/γ Aminosäuren	Carnosinämie	Carnosinase.
Lysin	Hyperlysinämie	Lysin-α-Ketoglutarat-Reductase.
Lysin	2-Ketoadipat-Acidämie	2-Ketoadipat-Dehydrogenase.
Lysin	Glutarat-Acidämie	Typ I Glutaryl-CoA-Dehydrogenase.
Lysin	Saccharopinurie	α-Aminoadipyl-Semialdehyd-Glutamat-Reductase.

γ-glutamyl-Cyclus	γ-Glutamylcystein-Synthase-Mangel	γ-Glutamylcystein-Synthase.
γ-glutamyl-Cyclus	Pyroglutamat-Acidurie	Glutathion-Synthase.
γ-glutamyl-Cyclus	γ-Glutamyl-Transpeptidase-Mangel	γ-Glutamyl-Transpeptidase.
γ-glutamyl-Cyclus	5-Oxoprolinase-Mangel	5-Oxoprolinase.
Histidin	Histidinämie	L-Histidin-Ammonium-Lyase.
Histidin	Urocanat-Acidurie	Urocanase.
Glycin	Non-Ketotische Hyper-glycinämie	Glycin-Cleavage-Enzyme-System.
Methylglycin	Sarcosinämie	Sarcosin-Dehydrogenase.
Glycerat	D-Glycerat-Acidurie	D-Glycerat-Kinase.
verschiedene AS	Morbus Hartnup	Aminosäuretransporter für neutrale Aminosäuren (System B0).
verschiedene AS	Cystinurie	Renaler dibasischer Aminosäurentransporter.
verschiedene AS	Iminoglycinurie	Renaler Prolin-, Hydroxyprolin und Glycin-Transporter.
verschiedene AS	Guanidinoacetat-MTF-Mangel	Guanidinoacetat-Methyltransferase.

β/γ **Aminosäuren**: β und γ beziehen sich auf die Kohlenstoffatome: α: Zweites C, die «normalen», proteinogenen Vertreter gehören dazu; β: Drittes C (z.B. β-Alanin); γ: Viertes C (z.B. GABA = γ-Aminobutyrat).

D.11 Störungen des Harnstoffzyklus

Defekte des Harnstoffzyklus sind charakterisiert durch die Trias Hyperammoniämie, Encephalopathie und respiratorische Alkalose (Ausnahme: Ornithinämie, führt zu Blindheit). Diese Trias äußert sich häufig in neurologischen, gastrointestinalen und/oder psychiatrischen Symptomen. Die Inzidenz von Störungen des Harnstoffzyklus ist ca. 1:10'000.

Name	*Enzymmangel oder -defekt*
Ornithin-Transcarbamylase-Mangel	Ornithin-Transcarbamylase (OTC).
Carbamyl-Phosphat-Synthase-Mangel	Carbamyl-Phosphat-Synthase 1.
Citrullinämie	Argininosuccinylsäure-Synthetase (Typ 1), Citrin (Typ 2).
Argininosuccinyl Acidurie	Argininosuccinat-Lyase.
Arginase-Mangel	Arginase 1.

N-Acetylglutamat Synthetase-Mangel	N-Acetylglutamat-Synthetase.
Hyperammoniämie-Hyperornithinämie-Homocitrullinämie	Mitochondriale Ornithin-Translocase (ORNT1).
Lysinurie-Proteinintoleranz-Syndrom	Dibasischer Aminosäurentransporter.
Ornithinämie	Ornithin-Aminotransferase.
Hyperinsulinismus-Hyperammoniämie	Erhöhte Aktivität der Glutamat-Dehydrogenase.

D.12 Störungen des Pyrimidin-Metabolismus

Defekte im Pyrimidin-Metabolismus verursachen hämatologische, immunologische und/oder neurologische Symptome.

Name	*Enzymmangel oder -defekt*
orotische Acidurie	UMP Synthetase (Typ 1), Orotidin-5'-Decarboxylase (Typ 2).
Dihydropyrimidin-Dehydrogenase-Mangel	Dihydropyrimidin-Dehydrogenase.
Dihydropyrimidinurie	Dihydropyrimidinase.
β-Ureidopropionase-Mangel	β-Ureidopropionase.
Pyrimidin-5'-Nucleotidase-Mangel	Pyrimidin-5'-Nucleotidase.
Hyper-IgM-Syndrom Typ 2	Activation-induzierte Cytidin-Desaminase.

D.13 Störungen des Purin-Metabolismus

Defekte des Purin-Metabolismus können zu einer Hyper- oder Hypouricämie, einer Urolithiasis sowie einer muskulären Hyper- oder Hypotonie und einem neurologischen Defizit führen.

Name	*Enzymmangel oder -defekt*
Calcium-Pyrophosphat-Arthropathie (Chondrocalcinose 2)	Erhöhte Nucleosid-Triphosphat-Pyrophosphohydrolase.
Lesch-Nyhan-Syndrom	Hypoxanthin-Guanin-Phosphoribosyl-Transferase.

Erhöhte Aktivität der Phosphoribosyl-Pyrophosphat-Synthase	Phosphoribosyl-Pyrophosphat-Synthase.
Phosphoribosyl-Pyrophosphat-Synthase-Mangel	Phosphoribosyl-Pyrophosphat-Synthase.
Hereditäre Xanthinurie	Xanthin-Dehydrogenase (Typ 1), Xantin-Dehydrogenase und Aldehyd-Oxidase (Typ 2).
Adenin-Phosphoribosyl-Transferase-Mangel	Adenin-Phosphoribosyl-Transferase.
Adenosin-Desaminase-Mangel	Adenosin-Desaminase.
Erhöhte Aktivität der Adenosin-Desaminase	Adenosin-Desaminase.
Purin-Nucleosid-Phosphorylase-Mangel	Purin-Nucleosid-Phosphorylase.
Myoadenylat-Desaminase-Mangel	Myoadenylat-Desaminase.
Adenylat-Kinase-Mangel	Adenylat-Kinase.
Adenylsuccinat-Lyase-Mangel	Adenylsuccinat-Lyase.

D.14 Störungen der Häm-Synthese (Porphyrien)

Defekte der Häm-Synthese führen zu einer Anhäufung von Häm-Vorstufen im Körper. Häm-Zwischenprodukte werden im Urin ausgeschieden und färben diesen rot. Anreicherung in der Haut führt zu Phototoxizität, Anreicherung in der Leber zu neurovisceralen Symptomen. Porphyrien werden in zwei Klassen eingeteilt: Steht der Defekt eines Enzyms in den Erythrocyten im Vordergrund, entsteht eine erythropoietische Porphyrie (häufigstes Symptom: Phototoxizität). Ist ein hepatisches Enzym betroffen, so spricht man von einer hepatischen Porphyrie (klassischerweise mit neurovisceralen Symptomen, auch wenn Phototoxizität vorkommen kann). Erworbene Porphyrien können im Gegensatz zu angeborenen Porphyrien durch Medikamente verursacht werden.

Name	Enzymmangel oder -defekt
Congenitale erythropoietische Prophyrie	Uroporphyrinogen II Co-Synthase.
Erythropoietische Protoporphyrie	Ferrochelatase.
ALA Dehydratase-Mangel	δ-Aminolävulinsäure-Dehydratase.
Akute intermittierende Porphyrie	Porphobilinogen-Desaminase (=Uroporphyrinogen I Synthase).

272

Hereditäre Koproporphyrie	Koproporphyrinogen-Oxidase.
Porphyria variegata	Protoporphyrinogen-Oxidase.
Porphyria cutanea tarda	Uroporphyrinogen-Decarboxylase.
Hepatoerythropoietische Porphyrie	Uroporphyrinogen-Decarboxylase.

D.15 Störungen des Häm-Abbaus und der Häm-Ausscheidung

Das klassische klinische Symptom eines gestörten Häm-Abbaus und einer gestörten Häm-Ausscheidung ist der Ikterus. Der Morbus Gilbert-Meulengracht und das Crigler-Najjar-Syndrom führen zu einer Erhöhung des unconjugierten Bilirubins, während das Dubin-Johnson und das Rotor-Syndrom zu einer Erhöhung des conjugierten Bilirubins führen.

Name	*Enzymmangel oder -defekt*
Morbus Gilbert-Meulengracht	UDP-Glucuronosyltransferase.
Crigler-Najjar-Syndrom	UDP-Glucuronosyltransferase.
Dubin-Johnson-Syndrom	Kanalikulärer multispezifischer Transporter organischer Anionen (CMOAT).
Rotor-Syndrom	Unbekannter Proteindefekt.

273

E | Index